全球油气资源
潜力与分布
（2021 年）

中国石油勘探开发研究院（RIPED） 编

石油工业出版社

内 容 提 要

本书在国家油气科技重大专项"全球油气资源评价与选区选带研究"基础上，根据油气勘探新发现、新资料和地质新认识，采用适用性的评价方法，完成了新一轮海外425个盆地常规—非常规油气资源潜力复评，获得了自主知识产权的包括盆地、国家、大区的基础数据。

本书可为政府主管部门、中国油气企业"走出去"拓展海外油气业务、制定发展战略提供参考与依据，适合从事海外油气勘探开发业务的管理人员和研究人员、大专院校从事海外油气资源研究的教师、学生参考使用。

图书在版编目（CIP）数据

全球油气资源潜力与分布（2021年）/ 中国石油勘探开发研究院编 .—北京：石油工业出版社，2021.9

ISBN 978-7-5183-4836-7

Ⅰ.①全… Ⅱ.①中… Ⅲ.①油气资源－资源分布－世界－2021 Ⅳ.① TE155

中国版本图书馆 CIP 数据核字（2021）第 179052 号

审图号：GS（2021）6207 号

出版发行：石油工业出版社有限公司

（北京安定门外安华里 2 区 1 号　100011）

网　　址：www.petropub.com

编辑部：（010）64253017　　图书营销中心：（010）64523633

经　　销：全国新华书店

印　　刷：北京中石油彩色印刷有限责任公司

2021 年 9 月第 1 版　2021 年 9 月第 1 次印刷
889×1194 毫米　开本：1/16　印张：11.25
字数：280 千字

定价：280.00 元

（如出现印装质量问题，我社图书营销中心负责调换）

版权所有，翻印必究

《全球油气资源潜力与分布（2021年）》

编 委 会

主　　编：马新华　窦立荣　史卜庆

编　　委：万仑坤　范子菲　张志伟　张兴阳　张光亚
　　　　　田作基　王红军　计智锋　肖坤叶　郑俊章
　　　　　张庆春

指导专家：童晓光　赵文智　胡永乐　穆龙新

编 写 组：万仑坤　温志新　王兆明　贺正军　宋成鹏
　　　　　刘小兵　刘祚冬　边海光　陈瑞银　王雪玲
　　　　　汪永华　李恒萱　陈　曦　栾天思

序
PREFACE

　　能源始终是经济社会发展的动力。一个多世纪以来，全球经济增长与油气消费增量呈正相关关系。我国经济社会高速发展，油气消费需求也在不断增长。2020年我国石油和天然气对外依存度已分别超过73%和43%。这与我国国内油气资源禀赋不足有关，国内稳产上产难度越来越大。同时，油气行业又面临低碳转型的挑战。中国政府提出的"30/60双碳目标"，是对国际社会的郑重承诺，也关系到中华民族的永续发展。能源的低碳化无碳化发展，是世界能源发展的大趋势，但也不会是一蹴而就的。国内外多家机构预测，即使在最激进情景下，2050年油气仍将占世界一次能源消费的20%左右。推进低碳化发展必须与保障能源安全并重考虑。因此，作为全球最大的能源消费国，我国合理有效利用境外油气资源特别是天然气，仍将是未来20~30年保障国家能源安全、推进低碳化发展的重要战略之一。尤其重要的是，深入开展国际油气资源合作，是推进"一带一路"倡议走深走实的重点领域和基石。

　　自1993年开始，中国石油认真贯彻落实中央"两种资源、两个市场"的要求，将境外油气合作作为公司发展的重要战略之一。历经28年的发展，中国石油海外业务，特别是"一带一路"油气合作已经取得了辉煌成就。截至2020年底，中国石油在中东、中亚—俄罗斯、非洲、美洲和亚太五大油气合作区33个国家，管理运营着90个油气项目。2019年，中国石油海外油气权益产量首次超过1亿吨油当量，其中82%的权益油气产量来自"一带一路"沿线国家。随着非洲和中亚等地区早期海外油气项目合同陆续到期，公司海外增储上产难度越来越大，获取新的优质勘探开发资产势在必行。制定实施新的发展战略，首当其冲的，必须在全球范围内搞清楚剩余油气可采储量分布在哪些国家、哪些盆地，合理评估全球已发现油气田还有多大储量增长空间，科学预测待发现油气可采资源潜力及分布在哪些盆地、哪些层系。埃克森美孚、壳牌、英国石油等国际大石油公司在上百年跨国经营历史过程中，持续将上述问题作为重要战略基础进行系统研究，成为公司业务拓展及优化资产结构的重要依据。通过定期对外发布评价结果，国际大公司不断提升其在全球油气行业的影响力和话语权。相比之下，我国石油公司在该领域的研究还相对薄弱，被动接受和跟跑状态并未根本改善。

　　"十三五"期间，中国石油勘探开发研究院全球油气资源评价团队通过深入系统地开展全球油气地质评价，对全球（除中国外）425个盆地未来30年的油气资源总量开展了科学评价与预测，包括31620个油气田剩余可采储量及其增长空间与分布，829个常规油气成藏组合待发现可采资源潜力与分布，512个非常规油气成藏组合（致密气、页岩气、煤层气、致密油、油页岩、重油和油砂等7类非常规资源类型）技术可采资源潜力与分布。本书即是该项重要研究成果的系统总结，不仅解决了国际石油公司及权威机构只公布评价结果、无法甄别其准确性的掣肘，也实现了中国石油公司对全球油气资源科学认识的"新突破"。可以预见，研究成果将为我国国家层面制定能源发展战略规划及油气行业政策提供重要参考，也将为中国石油公司未来获取境外优质油气资产提供资源评价基础和发展方向。

周吉平

世界石油理事会副主席

中国石油天然气集团有限公司原董事长

2021年8月于北京

前　言

FOREWORD

随着中国油气消费对外依存度逐年快速攀升，油气供应给国民经济持续发展和国家能源安全造成的影响越来越大。合理有效利用国外油气资源，缓解国内能源需求压力，成为中国国家石油公司和有志参与国际油气合作的各类企业的时代责任与义务。"走出去"利用国外油气资源需要把握一个关键问题：全球剩余油气资源还有多少，在哪里，如何合理有效利用？回答这一关键问题，需要从国家油气战略出发，以中国人的视角和方法自主开展全球油气资源潜力评价，获得自主的评价结果与认识。

从 2008 年开始，国家油气科技重大专项"大型油气田及煤层气开发"设立了"全球剩余油气资源及油气资产快速评价技术"项目，经过十多年的持续研究，创建了以"成藏组合"为单元的油气资源评价技术体系，完成评价范围最广、资源类型最全的全球油气资源评价。2017 年，中国石油勘探开发研究院（RIPED）首次通过《全球油气勘探开发形势及油公司动态》向社会发布了"十二五"全球油气资源的自主评价结果，数据和结果截至 2015 年底。

"十三五"期间，全球油气勘探取得长足发展，不断开辟新领域，共发现 1511 个常规油气田，累计新增可采储量 110×10^8t 油当量（不含北美陆上，但包括阿拉斯加陆上）。新区新领域储量占比为 41%，揭示了 27 个新成藏组合，成为重要的储量增长点。成熟盆地滚动勘探增储占比为 59%，主要来自滚动扩边。受技术与油价多因素影响，非常规油气差异化发展，页岩油/致密油、页岩气勘探开发发展迅猛，成为最为重要的非常规资源类型。另外，还有部分盆地勘探效果欠佳，前沿领域地质认识有新变化，有必要开展新一轮油气资源评价。基于此，依托"十三五"国家油气科技重大专项项目 29"全球油气资源评价与选区选带研究"（2016ZX05029），形成了以盆地为整体，以油气系统为核心的常规—非常规油气全资源类型筛选标准与流程，建立以"成藏组合"为基本单元，适用于不同勘探程度的常规—非常规油气全资源类型评价方法体系，对全球 425 个盆地（不含中国）进行了再认识与再评价。

本书由中国石油勘探开发研究院海外研究中心相关专家和技术人员共同编写完成。马新华、窦立荣、史卜庆提出了总体编写思路，并对全书进行了审定。前言、概要和第一章由温志新、王兆明完成；第二章由温志新、王兆明、刘小兵等完成；第三章由边海光、陈瑞银等完成；第四章由边海光、陈曦等完成；第五章由刘小兵、王雪玲等完成；第六章由宋成鹏等完成；第七章由刘小兵、李恒萱等完成；第八章和第九章由贺正军等完成；第十章由刘祚冬、栾天思等完成；第十一章由温志新、王兆明、窦立荣等完成；最后由窦立荣、史卜庆、万仑坤、温志新、王兆明完成了整个稿件的统编与修改完善并最终定稿。

需要特别感谢的是童晓光院士从"十一五"以来主持开展全球油气资源评价研究，制定了详细的研究思路与计划，培养了一支全球油气资源评价队伍，并带领和指导科研人员不断深化此项研究，为中国石油海外油气业务拓展持续提供技术支持。衷心感谢周吉平教授百忙之中为本书作序；感谢中国石油国际勘探开发有限公司给予的大力支持；感谢叶先灯教授、贾勇教授、薛良清教授、刘合年教授、宋新民教授、潘校华教授等领导和专家的指导。感谢 IHS Markit 公司、WoodMackenzie 公司提供的数据及资料等方面的支持。

受水平和资料所限，本书难免存在不尽人意之处，真诚地希望广大读者能够提出宝贵的意见和建议，使我们在今后的研究和工作中不断提高。

编写组
2021 年 7 月

概　　要

2020年，中国石油对外依存度达73%，天然气对外依存度达43%。"走出去"合理有效利用世界油气资源是中国油公司的时代责任和义务。全球油气地质与资源潜力评价是开展国外油气合作业务的基础。国际大油公司和研究机构已纷纷开展自主研究，但大多作为核心信息，不对外公开。美国地质调查局（USGS）以含油气系统为核心，开展了美国本土和全球部分盆地的油气资源评价，并不定期向公众发布。国际能源署（IEA）每年定期公布能源展望，英国石油公司（BP）每年定期更新全球油气储产量及消费现状。这些数据是分析国际油气勘探潜力、油气供需及制定油气战略的基础，因此需要从国家油气战略出发，以中国人的视角和方法自主开展全球油气资源潜力评价，获得具有自主知识产权的评价结果与认识。

自2008年以来，以国家油气科技重大专项及中国石油天然气集团有限公司重大科技专项为依托，创新形成了以"成藏组合"为单元的常规、非常规油气资源评价方法，全面完成了全球主要含油气盆地（不含中国）的常规油气资源和7种类型的非常规油气资源地质与资源潜力评价，首次获得了具有自主知识产权的评价数据，并于2017年首次向社会发布，填补了国内空白，引起了社会的广泛关注和应用。"十三五"期间，在国家油气科技重大专项项目29"全球油气资源评价与选区选带研究"的持续资助下，形成了滚动评价、持续更新、定期发布的新机制，为中国油公司"走出去"和国家制定能源战略提供了重要的决策依据。

"十三五"以来，全球共发现1511个常规油气田，累计新增可采储量110×10^8t油当量（不含北美陆上，但包括阿拉斯加陆上），常规油气新发现主要来自94个盆地，呈现出新发现个数减少、单个油田平均规模增加、天然气储量占比超六成、海域储量占比超七成等趋势和特点。来自新区新领域的新增储量占比为41%，揭示了27个新成藏组合，特别是海域白垩系的重力流砂岩、生物礁等成藏组合贡献较大；成熟盆地滚动勘探增储占比59%，主要来自滚动扩边、岩性地层圈闭及基岩潜山等油气藏。受技术与油价多因素影响，非常规油气差异化发展，页岩/致密油气发展迅猛，成为最为重要的非常规资源类型。这些常规和非常规油气新发现、新进展都是开展更新评价的重点。

本次发布的成果和数据是在"十二五"全球油气资源评价的基础上，根据"十三五"的油气勘探新发现、新资料、新认识，基于常规—非常规油气形成条件，重新厘定常规—

非常规油气类型标准，形成了以盆地为整体，以油气系统为核心的常规—非常规油气全资源类型筛选标准与流程；建立以"成藏组合"为基本单元，适用于不同勘探程度的常规—非常规油气评价方法体系，对全球 425 个盆地（不含中国）进行了更新评价，首次建立了全球远景圈闭基础数据管理平台，在此基础上实现了对全球常规—非常规油气资源潜力与分布的再评价与再认识。

本轮评价的全球常规资源由累计产量、剩余可采储量、已发现油气田储量增长量、待发现可采资源量四部分构成。对于 425 个盆地的累计产量、剩余可采储量主要根据 IHS Markit 公司的相关数据重新进行统计和更新；对于已发现油气田储量增长，根据"十二五"的储量增长函数重新计算了已发现油气田未来 30 年的储量增长潜力；根据新发现、新资料、新认识，完成了 152 个盆地的待发现资源量更新评价。对于非常规油气资源，本轮重点更新评价了 132 个盆地 260 个成藏组合的页岩油气技术可采资源量。在此基础上获得了新一轮 425 个盆地自主知识产权的油气资源评价结果。全套数据包括 31620 个油气田剩余可采储量及其增长潜力，829 个成藏组合的常规待发现油气可采资源潜力，页岩油/致密油、油页岩、重油、油砂、致密气、页岩气、煤层气 7 种类型 512 个成藏组合的非常规油气技术可采资源潜力。

根据最新的评价结果，全球常规油气可采资源量为 $10966.5×10^8t$ 油当量，其中常规石油可采资源量为 $5277.8×10^8t$，占比 48.1%；凝析油 $534.8×10^8t$，占比 4.9%；天然气 $603×10^{12}m^3$，占比 47%。常规油气资源大区分布由高到低依次是中东、俄罗斯、中南美、北美、非洲、中亚、亚太、欧洲。截至 2020 年底，已累计采出石油和天然气 $2391.8×10^8t$ 油当量，采出程度为 21.8%，剩余常规油气资源的勘探开发潜力仍然巨大（图 1、表 1）。

剩余油气可采储量代表了未来开发的潜力。截至 2020 年底，全球剩余油气可采储量为 $4262.7×10^8t$ 油当量，占全球常规油气可采资源量的 38.9%。由多到少依次分布于俄罗斯、沙特阿拉伯、卡塔尔等国家；富集于阿拉伯、东委内瑞拉、西西伯利亚等盆地；碎屑岩和碳酸盐岩储层各占 49.3% 和 50.7%；陆上和海域占比分别为 59.8% 和 40.2%；主要位于前陆、裂谷、被动陆缘三类盆地和白垩系、侏罗系、二叠系、古近系、新近系等层系中。

已发现油气田储量增长可以代表未来滚动勘探的潜力，全球已发现油气田储量增长潜力为 $1104.8×10^8t$ 油当量，占全球常规油气可采资源量的 10.1%。主要分布于俄罗斯、沙特阿拉伯、卡塔尔等国家；富集于阿拉伯、扎格罗斯、西西伯利亚等盆地；碎屑岩和碳酸盐岩储层各占 51.5% 和 48.5%；陆上和海域占比分别为 56.9% 和 43.1%；由多到少依次位于前陆、被动陆缘、裂谷三类盆地和白垩系、侏罗系、古近系、二叠系、新近系等层系中。

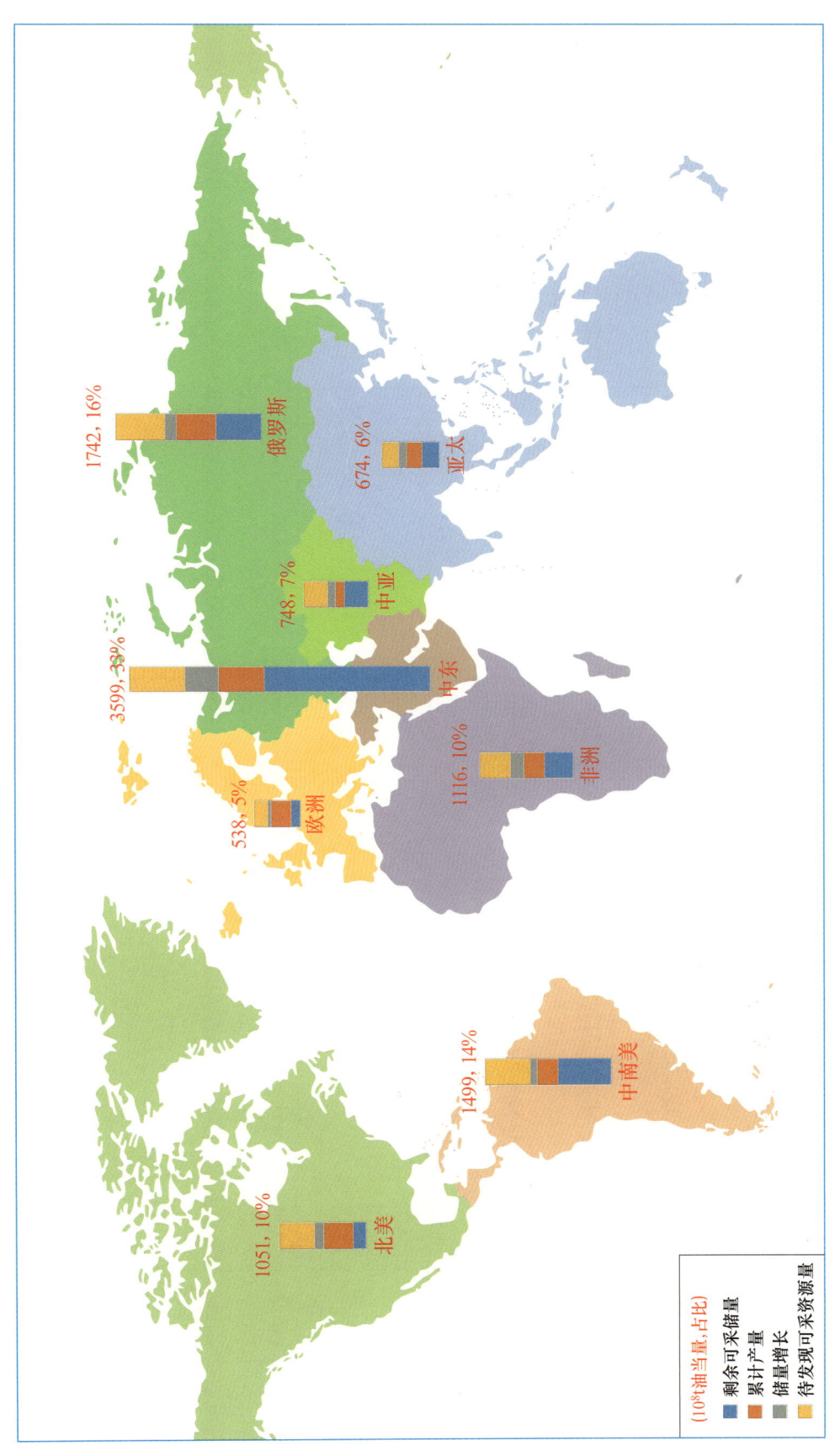

图 1　全球常规油气资源量大区平面分布图（米勒圆柱投影）

表 1 全球不同类型常规油气资源大区统计表

大区	累计产量 石油(10⁸t)	累计产量 凝析油(10⁸t)	累计产量 天然气(10¹²m³)	剩余可采储量 石油(10⁸t)	剩余可采储量 凝析油(10⁸t)	剩余可采储量 天然气(10¹²m³)	已发现油气田储量增长量 石油(10⁸t)	已发现油气田储量增长量 凝析油(10⁸t)	已发现油气田储量增长量 天然气(10¹²m³)	待发现可采资源量 石油(10⁸t)	待发现可采资源量 凝析油(10⁸t)	待发现可采资源量 天然气(10¹²m³)	合计(10⁸t油当量)
北美	219.15	5.11	13.73	90.90	4.22	9.10	69.77	4.07	4.23	160.08	56.01	24.58	1050.8
中南美	178.84	3.72	7.61	512.10	9.53	11.95	51.09	2.64	2.78	404.57	12.78	15.57	1499.2
欧洲	101.34	6.62	15.85	47.00	5.61	6.75	8.79	2.75	2.43	56.41	13.71	9.56	537.9
非洲	171.45	8.06	7.19	129.70	20.36	23.48	76.06	5.20	9.87	133.26	38.65	21.89	1116.4
中东	470.00	14.57	8.60	923.17	86.39	111.84	167.08	34.70	22.88	295.55	47.75	39.11	3598.5
中亚	47.72	4.00	6.53	47.84	14.23	25.67	20.59	5.51	8.18	50.21	12.75	23.44	748.3
俄罗斯	247.74	5.32	25.75	191.51	21.85	38.47	63.79	3.72	7.60	148.84	38.43	47.58	1741.7
亚太	83.52	7.99	10.29	29.01	12.38	20.42	19.98	4.51	8.07	60.77	21.61	11.99	673.7
总计	1519.8	55.4	95.5	1971.2	174.6	247.7	477.1	63.1	66.1	1309.7	241.7	193.7	10966.5

待发现油气可采资源量主要代表了未来风险勘探的潜力与方向。全球待发现油气可采资源量为 3207.2×10^8t 油当量，占全球常规油气可采资源量的 29.2%。主要分布于俄罗斯、巴西、美国等国家；富集于阿拉伯、西西伯利亚、扎格罗斯等盆地；碎屑岩和碳酸盐岩储层各占 59.5% 和 40.5%；陆上和海域占比分别为 50.9% 和 49.1%；由多到少依次分布于被动陆缘、前陆、裂谷三类盆地和白垩系、侏罗系、二叠系、古近系和新近系等层系中。

根据本轮的评价结果，全球非常规油气技术可采资源量为 6352.3×10^8t 油当量，其中非常规石油技术可采资源量为 4049.3×10^8t，占比 63.7%；非常规天然气技术可采资源量 $269.5\times10^{12}m^3$，占比 36.3%。技术可采资源量大区分布由多到少依次为北美、中南美、俄罗斯、非洲、欧洲、中东、亚太、中亚。随着经济有效开发技术的持续进步，非常规油气未来将成为现实的接替资源，特别是页岩油气资源（图2、表2）。

表2 全球不同类型非常规油气资源大区统计表

大区	非常规石油技术可采资源量（10^8t）				非常规天然气技术可采资源量（$10^{12}m^3$）			合计（10^8t 油当量）
	页岩油	重油	油砂	油页岩	页岩气	煤层气	致密气	
北美	313.59	324.70	403.39	544.53	74.32	16.98	5.41	2412.8
中南美	89.38	418.20	0.00	153.23	40.48	0.03	0.11	1008.0
欧洲	23.63	84.24	17.93	200.09	16.69	2.01	0.73	491.9
非洲	63.35	64.77	25.00	69.68	31.66	0.59	0.00	498.4
中东	59.00	180.59	0.00	62.65	16.08	0.00	0.18	441.2
中亚	16.61	44.57	59.40	0.00	2.68	0.00	0.00	143.5
俄罗斯	130.26	88.96	125.67	338.18	19.66	13.11	0.34	966.1
亚太	42.21	68.76	0.03	36.71	22.24	5.96	0.20	390.4
总计	738.0	1274.8	631.4	1405.1	223.8	38.7	7.0	6352.3

全球 72.9% 的非常规石油可采资源分布在北美、俄罗斯和中南美洲。美国、俄罗斯、加拿大等前五国家占比超过 66%；阿尔伯达、东委内瑞拉、阿拉伯等前20个盆地富集 70% 的非常规石油可采资源量；主要分布于前陆、克拉通、裂谷三类盆地中；富集于白垩系、侏罗系、古近系、新近系、泥盆系等层系中。其中页岩油（含致密油）技术可采资源量为 738×10^8t，非常规资源占比为 11.6%；重油技术可采资源量为 1274.8×10^8t，占比为 20.1%；油砂技术可采资源量为 631.4×10^8t，占比为 9.9%；油页岩技术可采资源量为 1405.1×10^8t，占比为 22.1%。

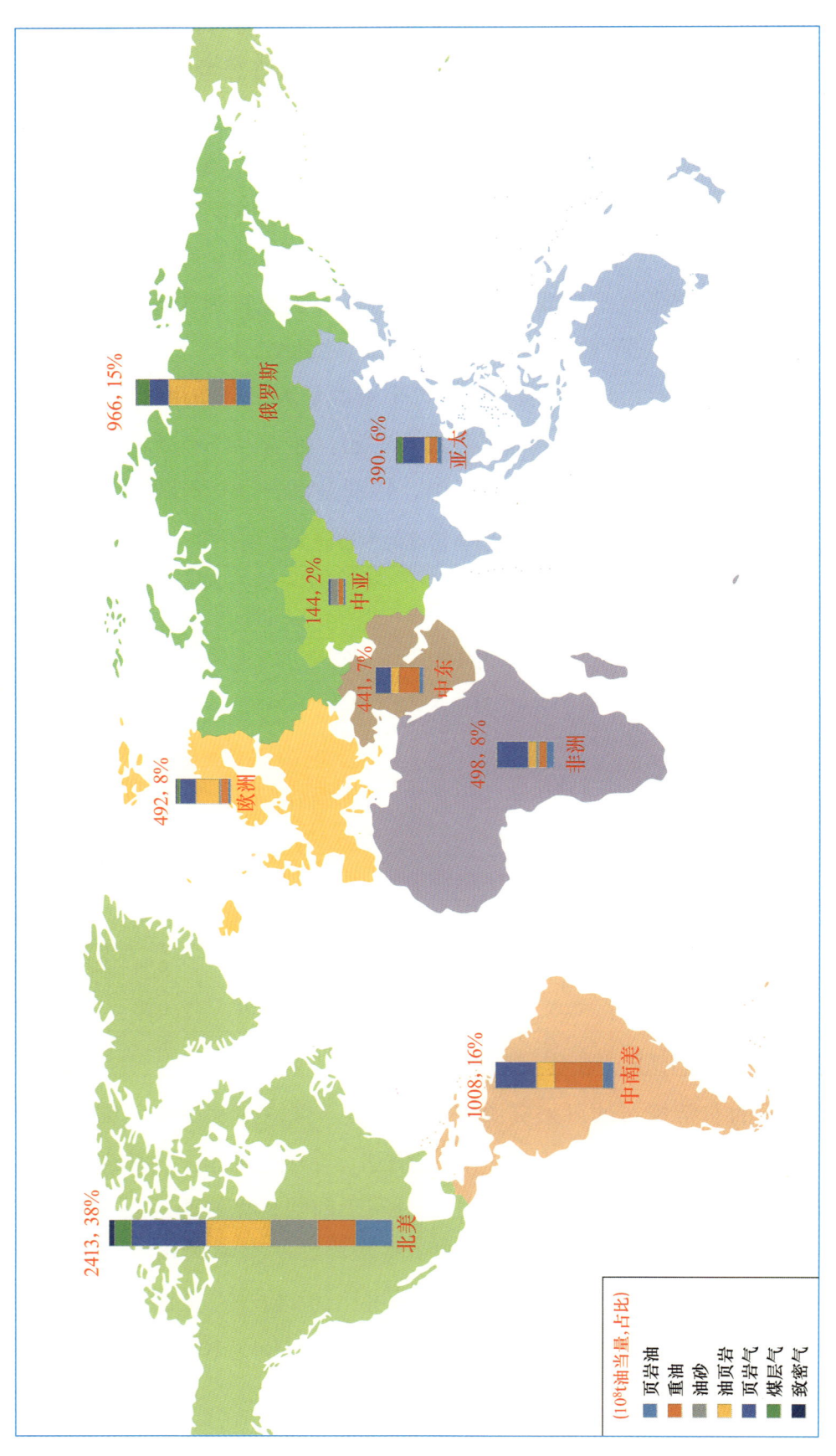

图 2 全球非常规油气技术可采资源量大区平面分布图（米勒圆柱投影）

全球 63.3% 的非常规天然气可采资源富集在北美、中南美和俄罗斯。美国、俄罗斯、加拿大等前五国家占比超过 63%；阿尔伯达、美国海湾、阿巴拉契亚等 26 个盆地富集 80% 的非常规天然气资源。主要分布于前陆、克拉通、裂谷三类盆地中，富集于白垩系、侏罗系、石炭系、泥盆系以及志留系等地层。其中页岩气技术可采资源量为 $223.8\times10^{12}m^3$，占非常规资源的 30.1%；煤层气技术可采资源量为 $38.7\times10^{12}m^3$，占非常规资源的 5.2%；致密气技术可采资源量为 $7.0\times10^{12}m^3$，占非常规资源的 0.9%。

将油气地质条件、油气待发现资源潜力相结合，常规石油未来重点勘探领域主要分布于 7 大盆地群：北大西洋被动陆缘盆地群、中大西洋被动陆缘盆地群、南大西洋北段被动陆缘盆地群、南大西洋中段被动陆缘盆地群、南大西洋南段被动陆缘盆地群、俄罗斯前陆—裂谷盆地群和扎格罗斯/阿拉伯前陆盆地群。常规天然气未来重点勘探领域主要分布于 6 大盆地群：扎格罗斯/阿拉伯前陆盆地群、东非海域被动陆缘盆地群、北大西洋被动陆缘盆地群、中亚裂谷—前陆盆地群、俄罗斯前陆—裂谷盆地群和北极被动陆缘盆地群。页岩油未来重点有利领域主要分布于 7 大盆地群：北美前陆盆地群、安第斯前陆盆地群、北非克拉通盆地群、中西非裂谷系盆地群、俄罗斯前陆—裂谷盆地群、扎格罗斯/阿拉伯前陆盆地群和东南亚弧后盆地群。页岩气未来重点勘探领域主要分布于 7 大盆地群：北美前陆盆地群、南美中部克拉通盆地群、安第斯前陆盆地群、北非克拉通盆地群、俄罗斯前陆—裂谷盆地群、扎格罗斯/阿拉伯前陆盆地群和澳大利亚中部克拉通盆地群。

结合勘探进展、资源国招标计划与合作环境，建议近期应重点关注十大合作机会，主要包括：圭亚那滨海盆地及其周边、加勒比海周缘、南大西洋两岸盐下、南非海域、东地中海海域、西北非海域、东非索马里海域、扎格罗斯盆地深层、俄罗斯北极地区和东非裂谷系。

目 录
CONTENTS

序 ··· I

前言 ··· III

概要 ··· V

第一章　全球油气资源评价方法 ·· 1

第一节　评价思路与评价流程 ·· 1

一、油气资源类型与定义 ·· 1

二、整体评价思路与流程 ·· 3

第二节　评价方法 ·· 5

一、常规待发现油气资源评价方法 ·· 5

二、已发现油气田储量增长评价方法 ··· 6

三、非常规油气资源评价方法 ·· 6

第二章　全球油气资源分布特征 ·· 8

第一节　常规油气资源 ·· 8

一、剩余可采储量分布特征 ··· 8

二、已发现油气田储量增长趋势 ··· 12

三、待发现油气资源分布特征 ·· 17

第二节　非常规油气资源 ·· 21

一、非常规油气可采资源大区分布 ·· 22

二、非常规油气可采资源国家（地区）分布 ·· 23

三、非常规油气可采资源盆地分布 ·· 25

四、非常规油气可采资源盆地类型分布 ·· 27

五、非常规油气可采资源层系分布 ·· 28

第三章　北美地区油气资源分布 ·· 30

第一节　常规油气资源 ·· 30

一、剩余可采储量分布 ··· 30

二、已发现油气田储量增长趋势 ··· 33

三、待发现油气资源分布特征……………………………………………………… 35
　第二节　非常规油气资源…………………………………………………………… 38
　　一、非常规油气可采资源国家（地区）分布……………………………………… 39
　　二、非常规油气可采资源盆地分布………………………………………………… 40

第四章　中南美洲地区油气资源分布…………………………………………………… 43
　第一节　常规油气资源……………………………………………………………… 43
　　一、剩余可采储量分布……………………………………………………………… 43
　　二、已发现油气田储量增长趋势…………………………………………………… 46
　　三、待发现油气资源分布特征……………………………………………………… 49
　第二节　非常规油气资源…………………………………………………………… 52
　　一、非常规油气可采资源国家（地区）分布……………………………………… 53
　　二、非常规油气资源盆地分布……………………………………………………… 55

第五章　欧洲地区油气资源分布………………………………………………………… 58
　第一节　常规油气资源……………………………………………………………… 58
　　一、剩余可采储量分布……………………………………………………………… 58
　　二、已发现油气田储量增长趋势…………………………………………………… 61
　　三、待发现油气资源分布特征……………………………………………………… 64
　第二节　非常规油气资源…………………………………………………………… 66
　　一、非常规油气可采资源国家（地区）分布……………………………………… 67
　　二、非常规油气资源盆地分布……………………………………………………… 69

第六章　非洲地区油气资源分布………………………………………………………… 72
　第一节　常规油气资源……………………………………………………………… 72
　　一、剩余可采储量分布……………………………………………………………… 72
　　二、已发现油气田储量增长趋势…………………………………………………… 75
　　三、待发现油气资源分布特征……………………………………………………… 78
　第二节　非常规油气资源…………………………………………………………… 81
　　一、非常规油气可采资源国家（地区）分布……………………………………… 82
　　二、非常规油气资源盆地分布……………………………………………………… 84

第七章　中东地区油气资源分布………………………………………………………… 87
　第一节　常规油气资源……………………………………………………………… 87
　　一、剩余可采储量分布……………………………………………………………… 87

二、已发现油气田储量增长趋势……………………………………………… 90
　　三、待发现油气资源分布特征……………………………………………… 93
　第二节　非常规油气资源分布……………………………………………………… 96
　　一、非常规油气可采资源国家（地区）分布……………………………… 97
　　二、非常规油气资源盆地分布……………………………………………… 98

第八章　中亚地区油气资源分布……………………………………………………… 101
　第一节　常规油气资源……………………………………………………………… 101
　　一、剩余可采储量分布……………………………………………………… 101
　　二、已发现油气田储量增长趋势……………………………………… 104
　　三、待发现油气资源分布特征……………………………………………… 107
　第二节　非常规油气资源…………………………………………………………… 110
　　一、非常规油气可采资源国家（地区）分布……………………………… 111
　　二、非常规油气资源盆地分布……………………………………………… 111

第九章　俄罗斯地区油气资源分布…………………………………………………… 114
　第一节　常规油气资源……………………………………………………………… 114
　　一、剩余可采储量分布……………………………………………………… 114
　　二、已发现油气田储量增长趋势……………………………………… 116
　　三、待发现油气资源分布特征……………………………………………… 118
　第二节　非常规油气资源…………………………………………………………… 120
　　一、非常规油气可采资源类型分布………………………………………… 120
　　二、非常规油气资源盆地分布……………………………………………… 122

第十章　亚太地区油气资源分布……………………………………………………… 125
　第一节　常规油气资源……………………………………………………………… 125
　　一、剩余可采储量分布……………………………………………………… 125
　　二、已发现油气田储量增长趋势……………………………………… 128
　　三、待发现油气资源分布特征……………………………………………… 131
　第二节　非常规油气资源…………………………………………………………… 135
　　一、非常规油气可采资源国家（地区）分布……………………………… 136
　　二、非常规油气资源盆地分布……………………………………………… 137

第十一章　未来重点勘探领域与合作方向…………………………………………… 140
　第一节　未来重点勘探领域………………………………………………………… 140

|　一、常规石油重点勘探领域 … 140
|　二、常规天然气重点勘探领域 … 142
|　三、页岩油未来重点勘探领域 … 144
|　四、页岩气未来重点勘探领域 … 146
第二节　近期值得重点关注的合作机会 … 148
|　一、圭亚那滨海盆地及其周边 … 148
|　二、加勒比海周缘 … 148
|　三、南大西洋两岸盐下 … 149
|　四、南非海域 … 149
|　五、东地中海海域 … 149
|　六、西北非海域 … 150
|　七、东非索马里海域 … 150
|　八、扎格罗斯盆地深层 … 150
|　九、俄罗斯北极地区 … 150
|　十、东非裂谷系 … 151

参考文献 … 152
附录 … 156

第一章 全球油气资源评价方法

全球油气资源由常规油气资源和非常规油气资源构成。常规油气资源包括累计产量、剩余可采储量、已发现油气田储量增长量和待发现可采资源量四种资源序列。非常规油气资源主要评价了页岩油/致密油、重油、油砂、油页岩、页岩气、致密气、煤层气7种类型。本次评价将常规、非常规油气资源整体考虑，形成了以盆地为整体，以油气系统为核心，以成藏组合为单元的常规—非常规油气全资源类型的评价流程与方法体系。

第一节 评价思路与评价流程

一、油气资源类型与定义

常规油气资源指现有技术能获得自然工业产量的圈闭型油气资源（地下圈闭中能自由流动的油气），包括累计产量、剩余可采储量、已发现油气田储量增长量和待发现可采资源量四种资源序列。累计产量是油气田（藏）投入开发后，所有油气产量的累加。本次评价所采用的数据源自 IHS Markit 公司有历史记录的油气田产量，数据截至2020年底。剩余可采储量指油气田（藏）投入开发后，在现有技术和经济条件下，尚未采出的油气可采储量，即可采储量与累计产量之差，本次剩余可采储量据 IHS Markit 公司数据统计至2020年底，相当于2P可采储量。已发现油气田储量增长是指油气田自发现后在评价和开发的整个生命周期中由于滚动勘探、技术进步和计算方法不同等因素新增加的可采储量，是未来数十年新增油气储量的重要来源。由于受技术和认识程度所限，本次评价指未来30年后的储量增长潜力。待发现油气可采资源量指到目前为止虽然还没有发现，但在今后的时间内，在勘探工作量充分投入和勘探技术不断进步的情况下能最终发现的油气可采资源量（表1-1）。每种资源又细分为石油、凝析油和天然气。

本次评价的非常规油气资源量为技术可采资源量，指不同资源类型，在现有技术条件下能够采出的资源量，包括页岩油/致密油、重油、油砂、油页岩、页岩气、致密气和煤层气7种资源类型。其中重油指油层温度条件下，不易流动或不能流动的原油，黏度在 100~10000mPa·s，重度为 10~20°API（相对密度 0.934~1.0）。油砂又称沥青砂，特指含有天然沥青的砂岩或其他岩石，由沥青、砂粒、水、黏土等组成，黏度大于 10000mPa·s，重度小于 10°API（相对密度大于 1.0）。页岩油指赋存于富有机质页岩层系中的石油，富含有机质页岩层系烃源岩内粉砂岩、细砂岩、碳酸盐岩无自然产能或自然产能低于工业石油产量下限，需采用特殊工艺技术措施才能获得工业石油产量。本次页岩油技术可采资源量也包含了烃源岩层系上下相邻的致密油，如致密砂岩、致密碳酸盐岩等储层中的石油；其储层覆压基质渗透率不超过 0.100mD，单井一般无自然产能，在一定经济条件和技术措施下可获得工业石油产量。油页岩指灰分含量和有机质含量较高的可燃页岩，有机质含量较高但未成熟，低温干馏可获得油页岩油，一般含油率大于 3.5%，发热量大于 4.18MJ/kg。页岩气指以游离态、吸附态赋存于富有机质页岩层段中的天然气，其页岩层覆压基质渗透率不超过 0.001mD，单井一般无自然产能，在一定经济条件和技术措施下可获得工业天然气产量。致密气指储集在致密砂岩等储层中的天然气，其储层的覆压基质渗透率不超过 0.100mD，单井一般无自然产能，但在一定经济条件和技术措施下可获得工业天然气产量。煤层气赋存在煤层中，以吸附在煤基质颗粒表面为主，并部分游离于煤孔隙中或溶解于煤层水中的烃类气体，甲烷含量一般大于 85%（表 1-1）。

表 1-1 常规—非常规油气资源的类型与定义

	类型	定义
常规油气	累计产量	油气田投入开发后，所有油气产量的累加。数据截至 2020 年底
	剩余可采储量	油气田（藏）投入开发后，在现有技术和经济条件下，尚未采出的油气可采储量，本次评价所采用的储量为可采储量
	储量增长	油气田自发现后在评价和开发的整个生命周期中由于滚动勘探、技术进步和计算方法不同等因素新增加的可采储量
	待发现可采资源量	到目前为止虽然还没有发现，但在今后时间内，在勘探工作量充分投入和勘探技术不断进步的情况下最终能发现的油气可采资源量
非常规油气	重油	油藏温度下，黏度 100~10000mPa·s，重度 10~20°API 的石油
	油砂	油藏温度下，黏度>10000mPa·s，重度<10°API 的石油
	页岩油（含致密油）	富含有机质页岩层系烃源岩内或与之相邻的粉砂岩、细砂岩、碳酸盐岩，覆压基质渗透率不超过 0.1mD（空气渗透率小于 1mD）等储层中的石油
	油页岩	油页岩是一种高灰分的固体可燃有机矿产，有机质含量较高但未成熟，低温干馏可获得油页岩油
	页岩气	赋存于富有机质页岩层段中，主体上为自生自储的、大面积连续型天然气聚集，覆压基质渗透率一般不超过 0.001mD
	致密气	覆压基质渗透率不超过 0.1mD 或空气渗透率不超过 1mD 的砂岩或其他致密储层中的天然气
	煤层气	在煤化作用过程中生成的，主要以吸附态赋存于煤层或煤系地层的甲烷气，甲烷含量一般大于 85%

二、整体评价思路与流程

依据源控论，常规、非常规所有油气资源类型的形成，都是烃源岩在不同热成熟度阶段生成不同相态烃类，分布于烃源岩到圈闭运移输导路径不同位置的结果。以一个盆地内所有烃源岩层为出发点，按空间位置对油气全生命周期的资源量分布进行评价预测，是整体评价技术的核心。评价流程见图1-1，具体操作步骤如下：

步骤一，以评价对象盆地为整体，厘定所有的有效烃源岩层系数量及其纵向分布。

步骤二，确定各烃源岩层连通的输导体系发育情况。缺少断裂与烃源岩层沟通、烃源岩顶底板致密，导致排烃不畅滞留在烃源岩层内的油气为源内油气；油气源断裂发育或烃源岩层顶底板不致密，在生烃增压为主的动力作用下排出烃源岩层的油气为源外油气。

步骤三，根据岩性，将烃源岩层分为泥页岩（包括泥质灰岩）和煤系地层两类，根据有机质类型，将泥页岩进一步分为倾向生油的Ⅰ型、Ⅱ$_1$型和倾向生气的Ⅱ$_2$型、Ⅲ型。

步骤四，根据成熟度指标R_o值的大小，将泥页岩源内的油气分为油页岩、页岩油和页岩气。其中油页岩的标准为R_o小于0.5%，含油率大于3.5%，发热量大于4.18MJ/kg。页岩油的标准为R_o为0.5%~1.3%，有机质类型为Ⅰ型或Ⅱ$_1$型，渗透率小于0.1mD。页岩气资源可存在于两种情况：一类是有机质类型为Ⅰ型或Ⅱ$_1$型的地层，热成熟度R_o大于1.3%；另一类是有机质类型为Ⅱ$_2$型或Ⅲ型的地层，热成熟度R_o大于0.5%即可。煤系中其热成熟度R_o大于0.5%，可发育煤层气资源。根据热成熟度，将步骤三中所述的倾油的Ⅰ型、Ⅱ$_1$型源外油气划分为致密油或常规油、致密气或常规气，其中R_o为0.5%~1.3%为致密油或常规油，R_o大于1.3%为致密气或常规气；步骤三中所述的倾气的Ⅱ$_2$型、Ⅲ型，R_o大于0.5%的为致密气或常规气。

步骤五，根据储层渗透率，将致密油或常规油、致密气或常规气进一步分类。当渗透率不超过0.1mD，为致密油；当渗透率大于0.1mD，为常规石油，该常规石油经过降解稠化等改造后，重度介于10~20°API的为重油，重油进一步稠化和破坏，重度小于10°API的则为油砂资源；当渗透率不超过0.1mD时，储层中的天然气为致密气；当渗透率大于0.1mD时，储层中的天然气为常规气。

通过该评价和筛选流程确保盆地内重要的资源类型不会漏掉或重复计算，从而对盆地的资源潜力有一个整体的评价与认识。需要说明的是，由于非热解成因气（生物气）、浅层或冻土中的天然气水合物由于成因和开发方式的特殊性，未将其纳入该整体评价方案中。

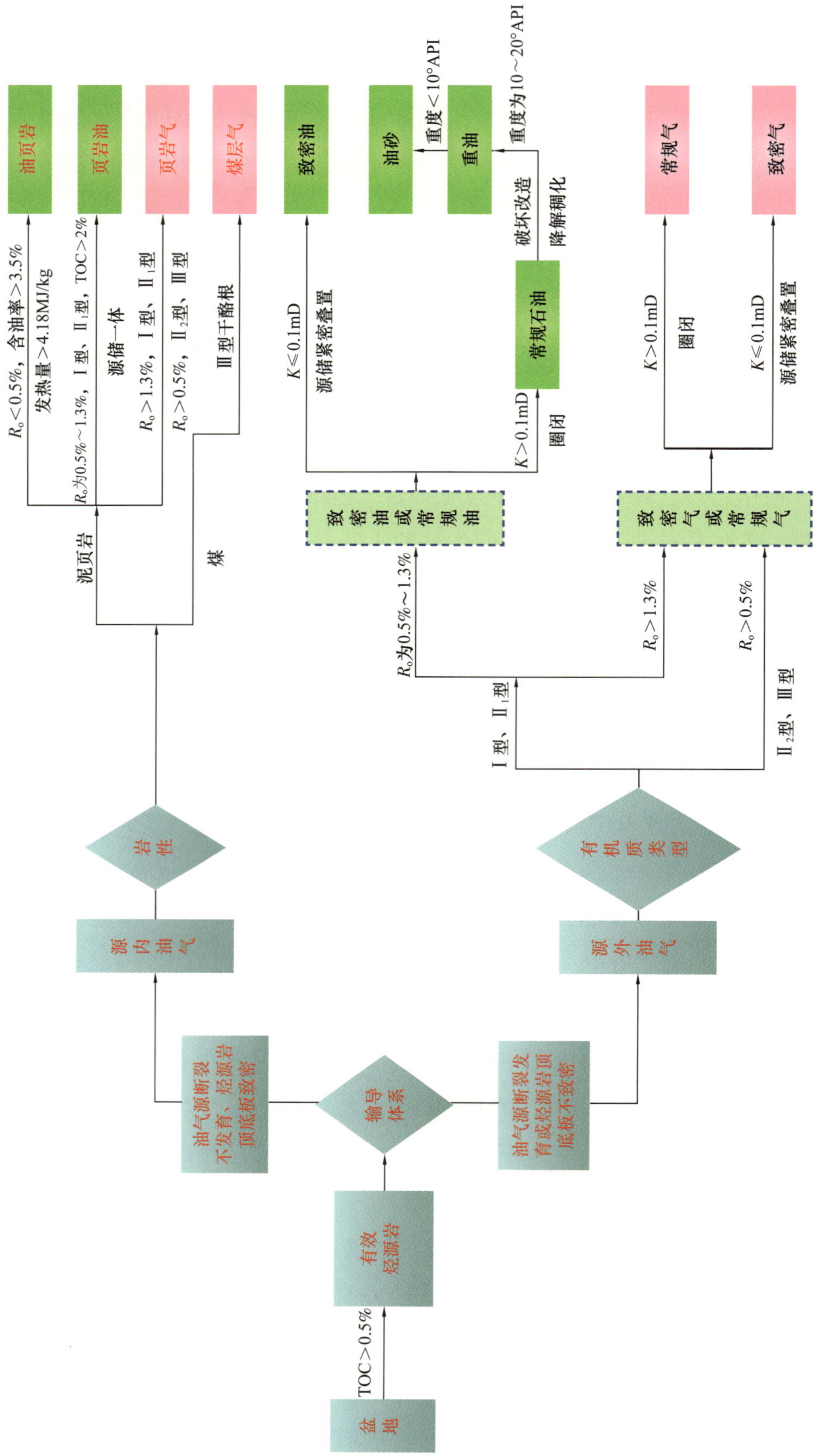

图 1-1 以盆地为整体的常规—非常规油气全资源类型筛选标准与流程

第二节 评价方法

本次评价对于累计产量和剩余可采储量主要是通过 IHS Markit 公司数据统计分析获得，数据截至 2020 年底，待发现资源量、已发现油气田储量增长量以及非常规技术可采资源量都是根据适用性评价方法自主评价的结果。

一、常规待发现油气资源评价方法

对于常规待发现油气资源评价，以成藏组合为基本评价单元，针对不同勘探程度及不同资料掌握程度，采用不同的评价方法，所有评价方法的参数选取均要以综合地质评价为基础（图 1–2）。对于高勘探程度评价单元，采用发现过程法进行评价；对于中国石油资产区和资料掌握程度较多的地区采用圈闭加和法；对于中等勘探程度评价单元，采用基于地质分析的主观概率法；对于没有油气发现或资料掌握程度低的评价单元，采用多参数类比法。最后采用蒙特卡洛模拟法将不同评价方法和不同评价单元的评价结果进行加和汇总。评价结果采用概率的表达方式，置信程度分别采用 95%、50%、5% 和均值（Mean）表示。

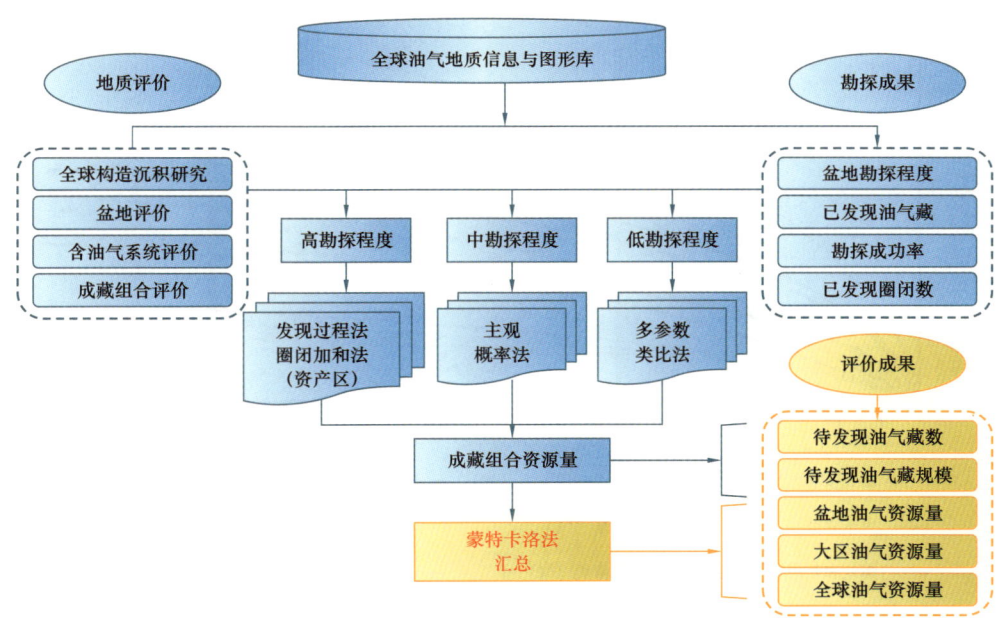

图 1–2　全球常规待发现油气资源量评价流程图

"十三五"期间通过购买的 IHS 商业数据库、每年 100 个以上新项目评价的资料、多用户地球物理公司披露的资料以及油公司披露的作业区块内圈闭信息等数据源。在 ArcGIS 平台上，建立了包含全球 32000 个远景圈闭的面积、深度、油/气藏远景圈闭资源量等基础数据的全球远景圈闭基础数据管理平台，特别是对于多用户地震资料覆盖程度较高的海域，更多盆地采用圈闭加和法进行资源量计算，评价结果可直接用于超前选区和新项目评价。

二、已发现油气田储量增长评价方法

已发现油气田储量增长是指油气田自发现后在评价和开发的整个生命周期中，由于滚动勘探、技术进步、计算方法改变及经济等因素而新增加的可采储量。全球每年新增可采储量的70%来自已发现油气田储量增长。由于单个油气田无法获得连续的不同年度的储量数据，难以根据某一油田建立连续储量增长函数，因此采用分段累乘法求取不同油气田连续时间段30年间累计储量增长系数，建立油气田储量增长模型。不同大区采用各自的储量增长模型预测已发现油气田储量增长潜力。这种以大区储量增长为样本建立的储量增长函数针对性更强，预测精度更高、评价结果更加合理。而USGS仅采用北美一种模型预测全球储量增长潜力，适用性及可信度相对较差（图1-3）。"十三五"期间，对于已发现油气田储量增长潜力评价，采用最新的已发现油气田可采储量数据，沿用了"十二五"期间建立的储量增长曲线进行评价。

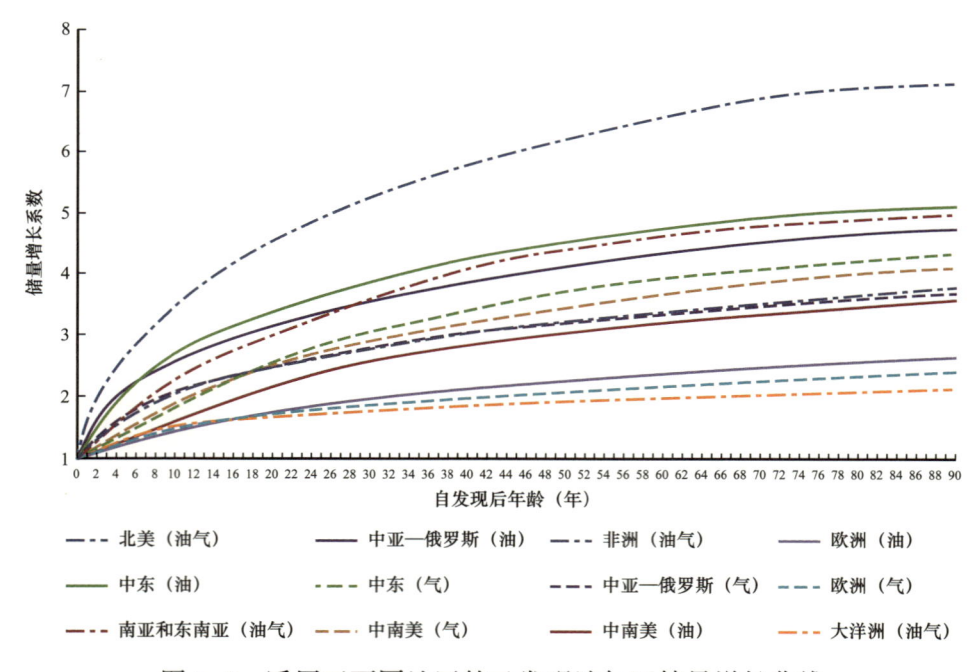

图1-3 适用于不同地区的已发现油气田储量增长曲线

三、非常规油气资源评价方法

针对全球非常规油气资源评价，依据盆地资料的翔实程度、资源类型、勘探开发程度、评价需求和评价技术适用性等将盆地划分为一般评价盆地、详细评价盆地和重点评价盆地三个级别，分别采用参数概率法、GIS 空间图形插值法、成因约束体积法和双曲指数递减法四种方法进行评价。一般评价盆地多为勘探开发程度较低、基础数据和基础参数图件缺乏的盆地，统一采用参数概率法进行评价；详细评价盆地为已有勘探开发活动，基础地质资料丰富但生产井产量数据缺乏的盆地；重点评价盆地为勘探活动和商业开发活跃、基础地质资料丰富、资源规模较大和生产井产量数据翔实的盆地。对于重油、油砂、油页岩、致密气和煤层气 5 种类型的资源，采用 GIS 空间图形插值法进行评价，重点评价的盆地还需要结合资源丰度、可采性及经济性等进行综合评价，优选出有利区块；对于页岩油和页岩气这类以烃源岩为核心的"源控性"资源富集的详评盆地和重点盆地，则采用成因约束体积法评价；而对于勘探开发程度高、生产井产量等开发数据翔实的重点盆地则利用基础地质参数成图厘定有效评价区，采用双曲指数递减法评价，最终计算出有利区块的最终可采储量，具体评价方法与评价流程见图 1–4。

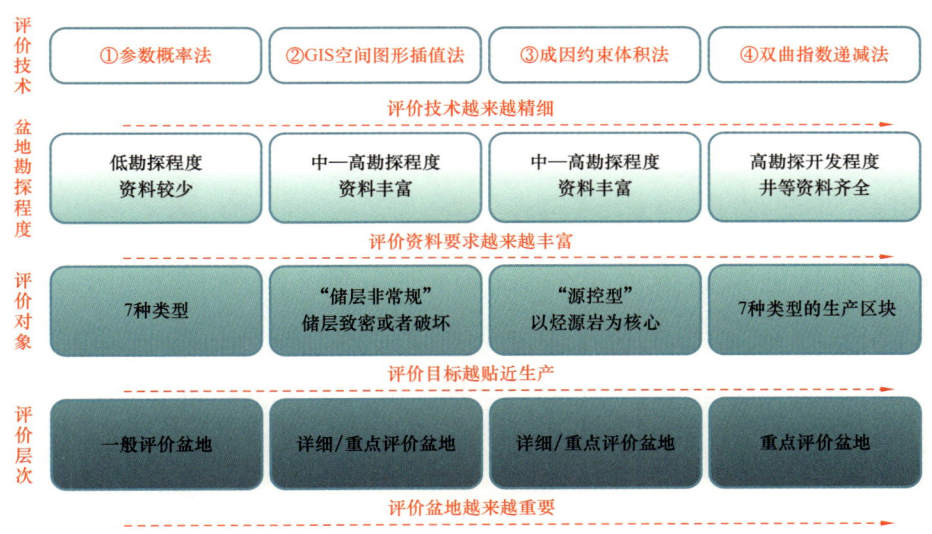

图 1–4　全球非常规油气资源评价技术流程图

第二章　全球油气资源分布特征

全球常规油气可采资源总量为 $10966.5 \times 10^8 t$ 油当量，主要集中在中东、俄罗斯、中南美和非洲地区。全球非常规油气技术可采资源总量为 $6352.3 \times 10^8 t$ 油当量，主要集中在北美、中南美和俄罗斯地区。

第一节　常规油气资源

全球常规石油可采资源量为 $5277.8 \times 10^8 t$，凝析油为 $534.8 \times 10^8 t$，天然气为 $603.0 \times 10^{12} m^3$；油气累计产量为 $2391.8 \times 10^8 t$ 油当量，采出程度为 21.8%；剩余油气可采储量为 $4262.7 \times 10^8 t$ 油当量，占总量的 38.9%；已发现油气田储量增长为 $1104.8 \times 10^8 t$ 油当量，占总量 10.1%；油气待发现可采资源量为 $3207.2 \times 10^8 t$ 油当量，占总量 29.2%。

一、剩余可采储量分布特征

全球剩余油气可采储量为 $4262.7 \times 10^8 t$ 油当量，其中石油为 $1971.2 \times 10^8 t$，占 46.2%；凝析油为 $174.6 \times 10^8 t$，占 4.1%；天然气为 $247.7 \times 10^{12} m^3$，占 49.7%。主要分布于中东，占 46.1%，其次为中南美洲和俄罗斯，分别为 14.6% 和 12.7%。

1. 国家（地区）分布

全球剩余油气可采储量分布于 82 个国家，其中俄罗斯、沙特阿拉伯、卡塔尔、委内瑞拉分别占 12.7%、11.9%、10.9% 和 10.4%。石油主要集中于沙特阿拉伯和委内瑞拉，分别占全球的 19.7% 和 20.5%；天然气主要集中在卡塔尔和俄罗斯，分别占全球的 20.3% 和 15.5%（图 2-1、图 2-2）。

俄罗斯剩余油气可采储量达 $542.1 \times 10^8 t$ 油当量，其中石油占 35.3%，凝析油占 4.1%，天然气占 60.6%；沙特阿拉伯位居第二，达到 $507.3 \times 10^8 t$ 油当量，其中石油占 76.7%，凝析油占 3.4%，天然气占 19.9%；卡塔尔为 $466.3 \times 10^8 t$ 油当量，天然气占该国比例高达 92.3%；委内瑞拉为 $442.1 \times 10^8 t$ 油当量，其中石油占比高达 91.3%，天然气仅占 7.8%。

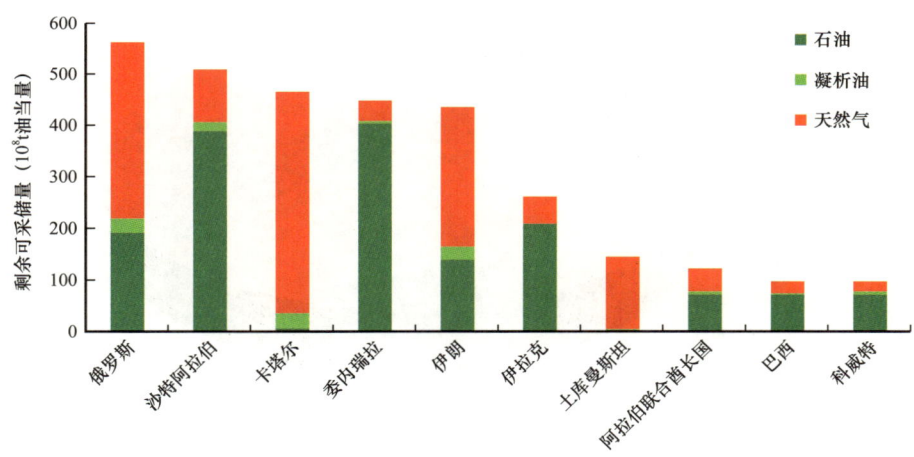

图 2-1　全球主要国家（地区）剩余可采储量柱状图

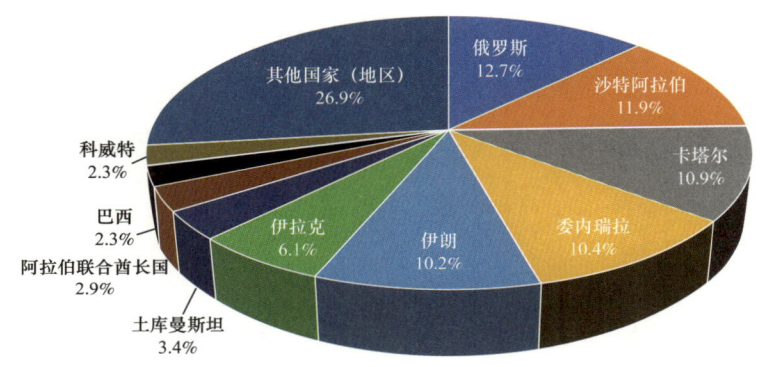

图 2-2　全球主要国家（地区）剩余可采储量饼状图

2. 盆地分布

全球剩余油气可采储量主要富集在 39 个盆地内（$10×10^8$t 油当量以上）。阿拉伯、东委内瑞拉和西西伯利亚 3 个盆地的剩余油气可采储量占全球剩余可采储量的 55.5%（图 2-3、图 2-4）。

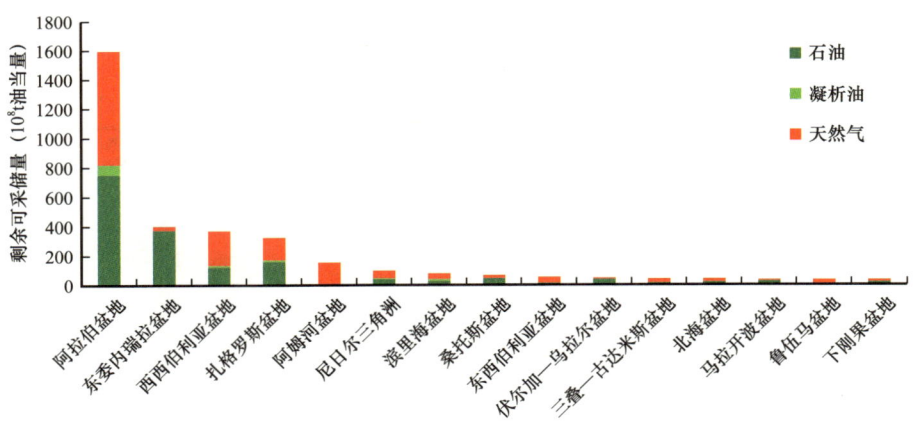

图 2-3　全球主要盆地剩余可采储量柱状图

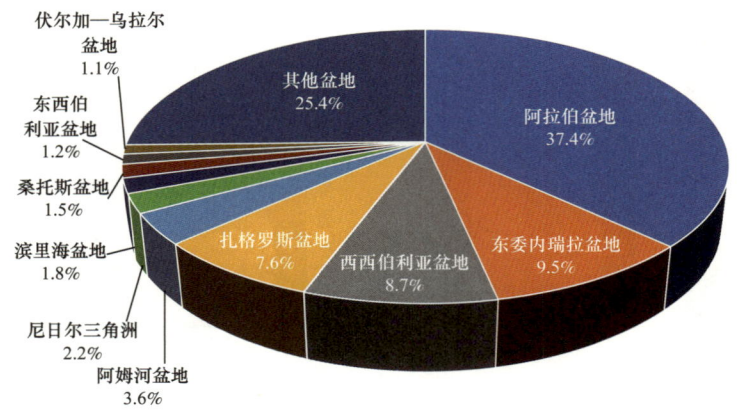

图 2-4　全球主要盆地剩余可采储量饼状图

阿拉伯盆地剩余油气可采储量为 $1593.0×10^8$ t 油当量，其中石油占 47.0%，凝析油占 4.5%，天然气占 48.5%；东委内瑞拉盆地位居第二，为 $403.0×10^8$ t 油当量，以石油为主，占比高达 92.5%，凝析油和天然气较少，分别占 0.8% 和 6.7%；西西伯利亚盆地为 $369.0×10^8$ t 油当量，以天然气为主，占比达到 63.4%，石油和凝析油较少，分别占 32.4% 和 4.2%。

3. 海陆分布

全球陆上剩余可采储量为 $2548.5×10^8$ t 油当量，其中石油占 56.5%，凝析油占 3.6%，天然气占 39.9%；海域为 $1714.2×10^8$ t 油当量，其中石油占 31.5%，凝析油占 4.9%，天然气占 63.6%。陆上剩余油气可采储量大于海域，陆上和海域占比分别为 59.8% 和 40.2%（图 2-5）。

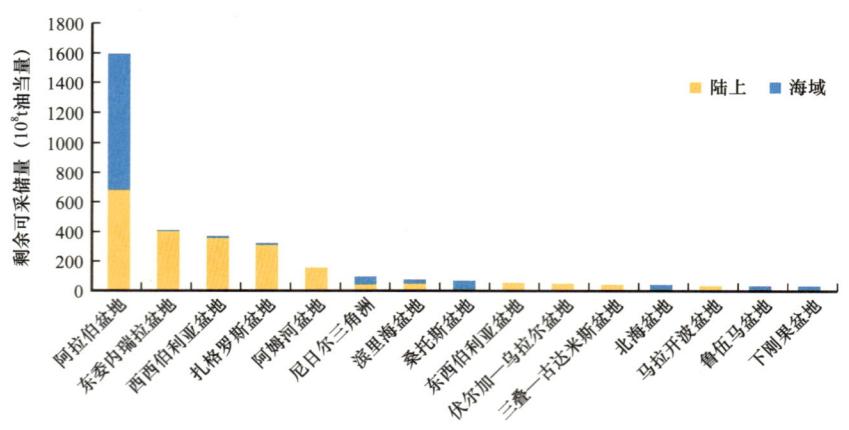

图 2-5　全球主要盆地海陆剩余可采储量柱状图

4. 岩性分布

全球剩余油气可采储量主要分布在碎屑岩和碳酸盐岩储层中，各占 49.3% 和

50.7%（图 2-6）。

碎屑岩储层剩余可采储量为 2101.5×10^8t 油当量，主要分布于东委内瑞拉、西西伯利亚、阿拉伯和尼日尔三角洲等盆地，其剩余可采储量均超过 100×10^8t 油当量（图 2-6）。

碳酸盐岩储层剩余可采储量为 2161.2×10^8t 油当量，主要分布于阿拉伯、扎格罗斯、阿姆河和滨里海等盆地，其剩余可采储量均超过 100×10^8t 油当量（图 2-6）。

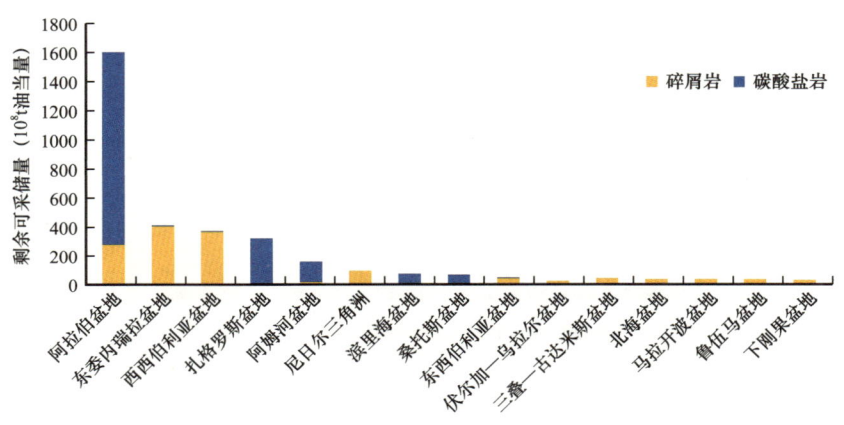

图 2-6　全球主要盆地岩性剩余可采储量柱状图

5. 盆地类型分布

根据威尔逊旋回，将全球盆地划分为裂谷、被动陆缘、克拉通、弧后、弧前、前陆六种类型。全球剩余油气可采储量主要分布于前陆盆地、裂谷盆地、被动陆缘三类盆地中，占比分别为 63.8%、16.4% 和 12.9%，克拉通、弧后、弧前三类盆地占比相对较少，三者合计占比仅为 6.9%（图 2-7）。

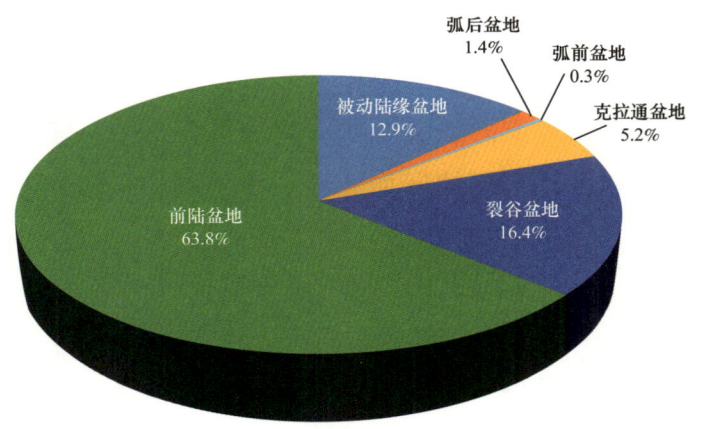

图 2-7　全球剩余油气可采储量盆地类型分布饼状图

前陆盆地中剩余可采储量主要分布于阿拉伯盆地、东委内瑞拉盆地、扎格罗斯盆地、伏尔加—乌拉尔盆地、马拉开波盆地等；裂谷盆地剩余可采储量主要分布于西西伯利亚盆地、阿姆河盆地、北海盆地、锡尔特盆地、马来盆地等。被动陆缘盆地剩余可采储量主要分布于尼日尔三角洲、桑托斯盆地、鲁伍马盆地、下刚果盆地和东巴伦支海盆地等。

6. 层系分布

全球剩余油气可采储量主要分布于白垩系、侏罗系、二叠系、古近系、新近系中，占比分别为 27%、18.9%、17.5%、14.4% 和 11.7%，其他地层剩余可采储量相对较少，合计占比仅为 10.5%（图 2-8）。

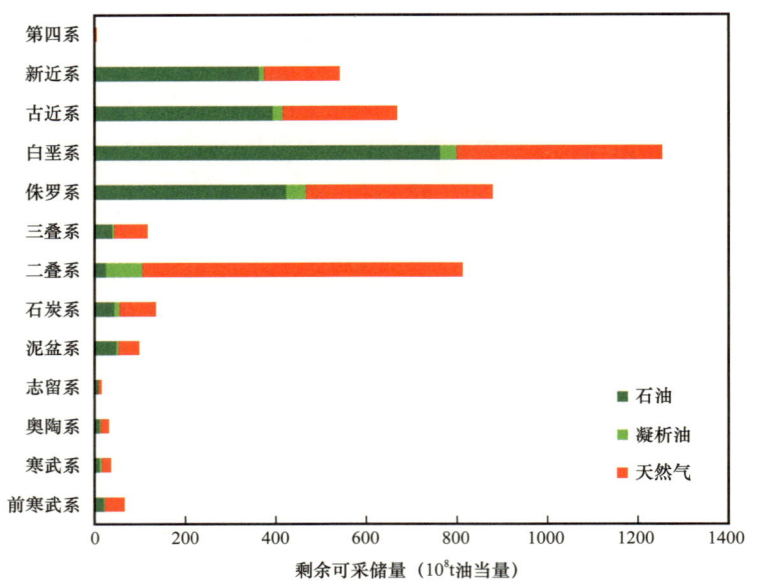

图 2-8　全球剩余油气可采储量不同层系分布图

白垩系剩余可采储量主要分布于阿拉伯盆地、西西伯利亚盆地、扎格罗斯盆地、桑托斯盆地和锡尔特盆地等；侏罗系剩余可采储量主要分布于阿拉伯盆地、阿姆河盆地、西西伯利亚盆地、东巴伦支海盆地、北海盆地等；二叠系剩余可采储量主要分布于阿拉伯盆地、扎格罗斯盆地、阿拉斯加北坡、伏尔加—乌拉尔盆地等；前寒武系剩余可采储量主要分布于东西伯利亚盆地、阿曼盆地以及一些盆地的前寒武系基岩储层中。

二、已发现油气田储量增长趋势

未来 30 年，全球已发现油气田储量增长量为 1104.9×10^8 t 油当量，其中石油占 43.2%、凝析油占 5.7%、天然气占 51.1%。中东地区储量增长量最大，占全球总量的 36.1%，其次为非洲和俄罗斯，分别为 15.0% 和 12.0%，亚太、北美、中亚、中南美地区增长潜力相当，欧洲地区储量增长潜力最低。

1. 国家（地区）分布

俄罗斯已发现油气田储量增长潜力最大，为 $132.5×10^8$t 油当量，占全球总量的 12.0%，石油和天然气储量增长量相当，分别为 48.1% 和 49.0%；其次为沙特阿拉伯，油气储量增长占全球总量的 9.3%；卡塔尔和伊朗油气储量增长潜力相当，各占全球总量的 7.0% 和 6.7%；美国和土库曼斯坦占比分别为 5.7% 和 5.4%（图 2-9、图 2-10）。

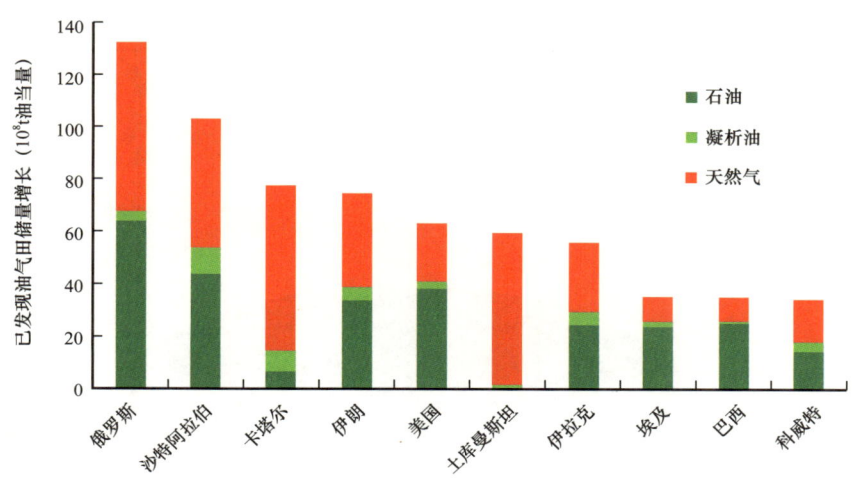

图 2-9 全球主要国家（地区）已发现油气田未来储量增长柱状图

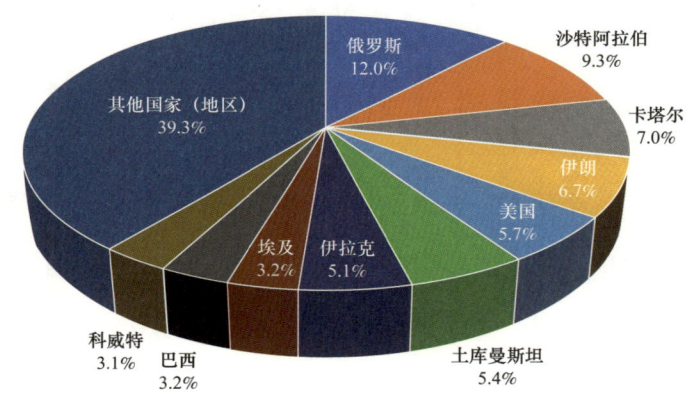

图 2-10 全球主要国家（地区）已发现油气田未来储量增长饼状图

2. 盆地分布

全球油气田储量增长主要来自阿拉伯、扎格罗斯、西西伯利亚、阿姆河、鲁伍马、尼罗河三角洲、墨西哥湾深水、苏瑞斯特、东巴伦支海和坦桑尼亚等 22 个盆地的已发现油气田。其中，阿拉伯盆地、扎格罗斯盆地、西西伯利亚盆地储量增长位居前三，三个盆地储量增长占全球总量的 42.0%（图 2-11、图 2-12）。

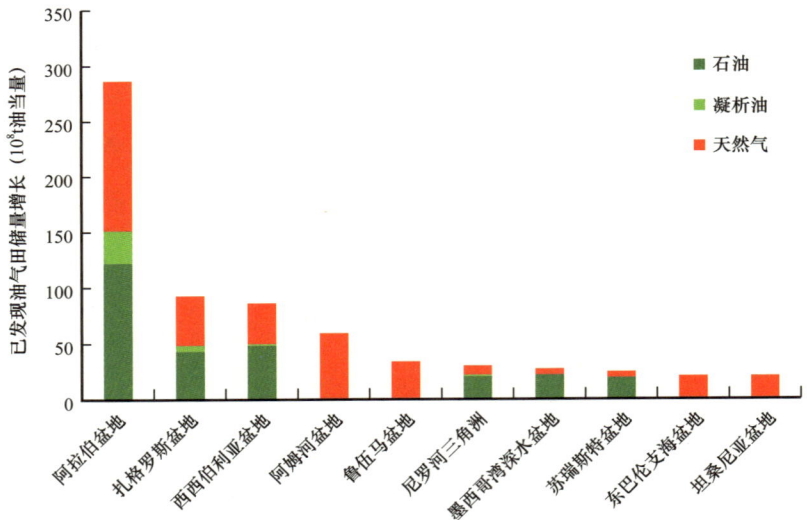

图 2-11　全球主要盆地已发现油气田未来储量增长柱状图

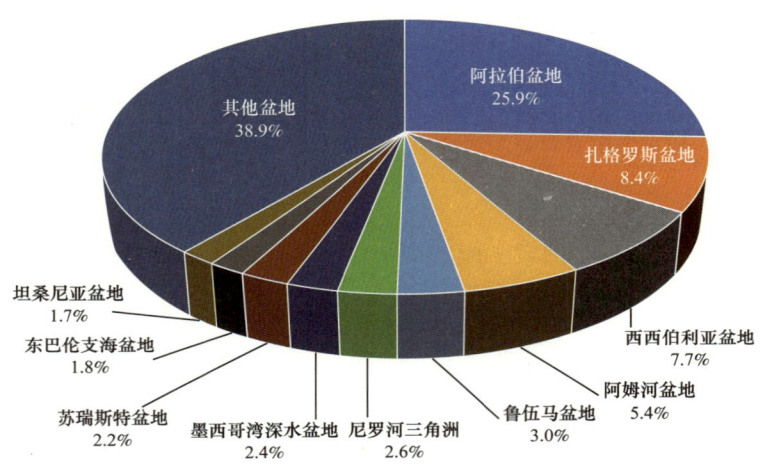

图 2-12　全球主要盆地已发现油气田未来储量增长饼状图

阿拉伯盆地已发现油气田储量增长为 $286.4×10^8$t 油当量，其中石油占 42.6%，凝析油占 9.9%，天然气占 47.5%；扎格罗斯盆地为 $92.7×10^8$t 油当量，石油占 45.8%，凝析油占 6.5%，天然气占 47.7%；西西伯利亚盆地为 $85.2×10^8$t 油当量，其中石油占 55.8%，凝析油占 2.0%，天然气占 42.2%。

3. 海陆分布

全球陆上已发现油气田储量增长为 $628.8×10^8$t 油当量，其中石油占 59.4%，凝析油占 3.1%，天然气占 37.5%。海域为 $476.0×10^8$t 油当量，其中石油占 39.4%，凝析油占 4.3%，天然气占 56.3%。陆上部分大于海域，陆上和海域储量增长分别占总量 56.9% 和 43.1%，陆上仍是储量增长的主要来源（图 2-13）。

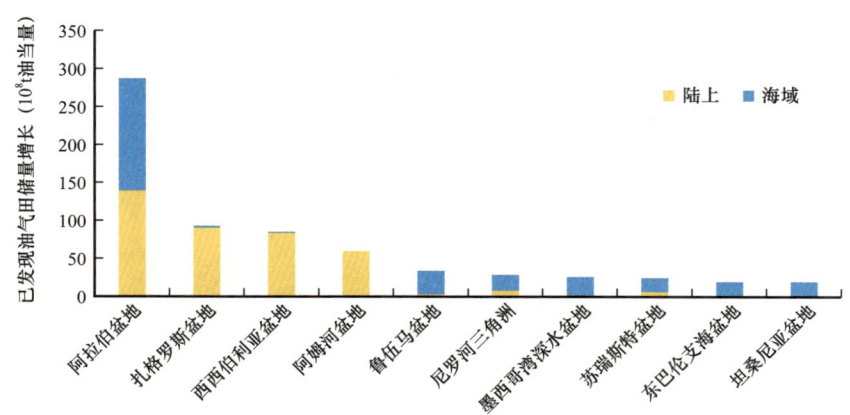

图 2-13　全球主要盆地已发现油气田未来储量增长海陆分布柱状图

4. 岩性分布

全球已发现油气田储量增长在碳酸盐岩和碎屑岩中分布总体比较均衡，碎屑岩占 51.5%，碳酸盐岩占 48.5%。全球已发现碎屑岩油气田储量增长量为 568.6×10^8t 油当量，主要分布于西西伯利亚、阿拉伯等 13 个盆地，其储量增长均超过 10×10^8t 油当量。碳酸盐岩油气田储量增长量为 536.2×10^8t 油当量，主要分布于阿拉伯、扎格罗斯、阿姆河等 12 个盆地中，其储量增长均超过 5×10^8t 油当量（图 2-14）。

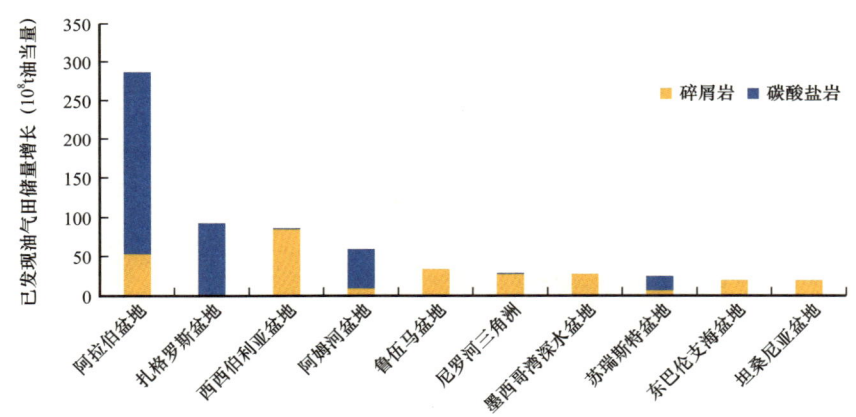

图 2-14　全球主要盆地已发现油气田未来储量增长岩性分布柱状图

5. 盆地类型分布

全球已发现油气田储量增长主要分布于前陆、被动陆缘、裂谷三类盆地中，占比分别为 49.7%、24.3% 和 20%，克拉通、弧后、弧前三类盆地占比相对较少，三者合计占比仅为 6.0%（图 2-15）。

前陆盆地中已发现油气田储量增长主要分布于阿拉伯盆地、扎格罗斯盆地、苏瑞斯特盆地、东委内瑞拉盆地、南里海盆地等；被动陆缘盆地已发现油气田储量增长主要分布于鲁伍马盆地、尼罗河三角洲、墨西哥湾深水盆地、东巴伦支海盆地、坦桑尼亚盆地等。裂谷盆地已发现油气田储量增长主要分布于西西伯利亚盆地、阿姆河盆地、锡尔特盆地、东北德国—波兰盆地、库特盆地等。

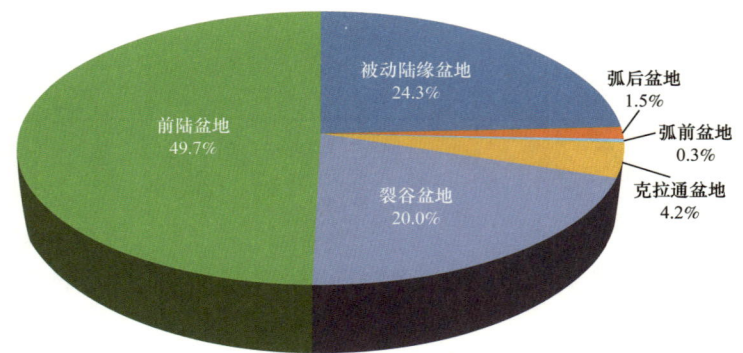

图 2-15　全球已发现油气田储量增长盆地类型分布饼状图

6. 层系分布

全球已发现油气田储量增长潜力由多到少依次分布于白垩系、侏罗系、古近系、二叠系、新近系中，占比分别为 28.5%、19.7%、14.9%、13.7% 和 11.0%，其他地层已发现油气田储量增长量相对较少，合计占比为 12.2%（图 2-16）。

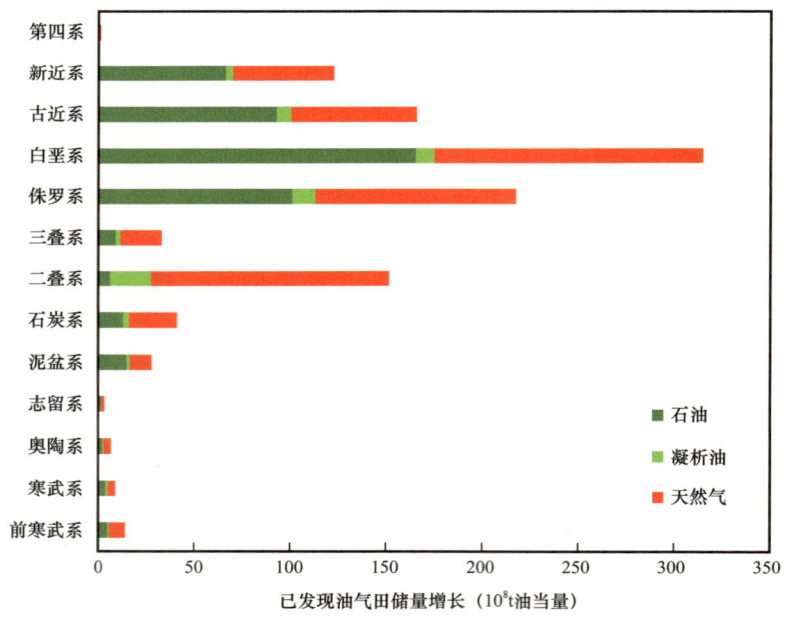

图 2-16　全球已发现油气田储量增长不同层系分布柱状图

白垩系已发现油气田储量增长主要分布于阿拉伯盆地、西西伯利亚盆地、扎格罗斯盆地、桑托斯盆地、苏瑞斯特盆地等；侏罗系已发现油气田储量增长主要分布于阿拉伯盆地、西西伯利亚盆地、阿姆河盆地、北海盆地、苏瑞斯特盆地等；古近系已发现油气田储量增长主要分布于扎格罗斯盆地、尼日尔三角洲、东委内瑞拉盆地、马拉开波盆地、美国海湾盆地等。

三、待发现油气资源分布特征

全球待发现油气资源为 $3207.2×10^8 t$ 油当量，其中石油占 40.8%、凝析油占 7.6%、天然气占 51.6%。主要富集于中东地区，待发现油气资源占全球总量为 21.1%，其次为俄罗斯和中南美地区，占比分别为 18.5% 和 17.2%，再次为北美和非洲地区，中亚、亚太和欧洲所占比例相对较低。

1. 国家（地区）分布

俄罗斯待发现可采资源潜力最大，为 $594.0×10^8 t$ 油当量，以天然气为主，占 68.5%，石油和凝析油各占 25.1% 和 6.4%；巴西位居第二，为 $331.4×10^8 t$ 油当量，石油占主体，达 80.0%，凝析油和天然气分别为 0.8% 和 19.2%；美国为 $259.0×10^8 t$ 油当量，油气占比相当，其中石油占 37.3%，凝析油占 16.8%，天然气占 45.9%（图 2-17、图 2-18）。

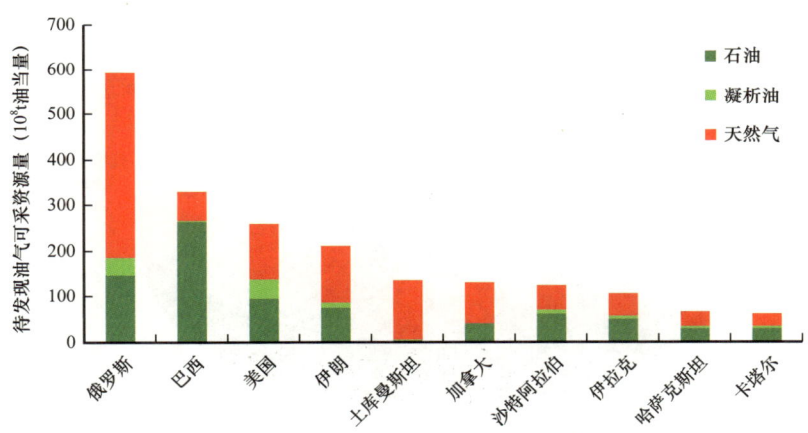

图 2-17　全球主要国家（地区）待发现油气可采资源量柱状图

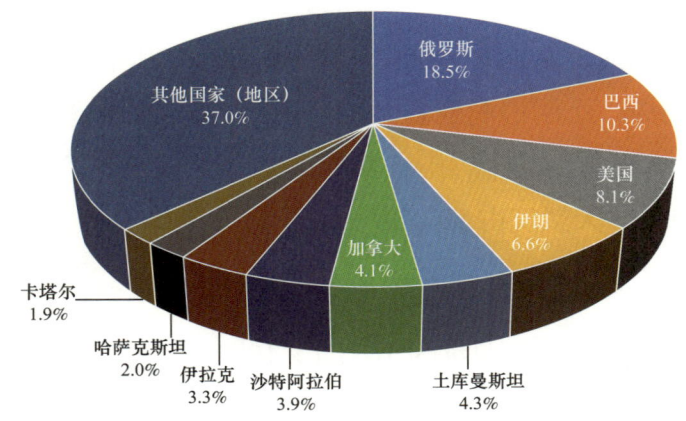

图 2-18　全球主要国家（地区）待发现油气可采资源量饼状图

2. 盆地分布

全球待发现油气可采资源主要分布在阿拉伯、西西伯利亚、扎格罗斯、桑托斯、阿姆河、坎波斯、墨西哥湾深水、东西伯利亚、东巴伦支海等71个盆地中，其中阿拉伯盆地、西西伯利亚盆地、扎格罗斯盆地资源潜力位居前三，上述三个盆地待发现资源量占全球总量的28.5%（图2-19、图2-20）。

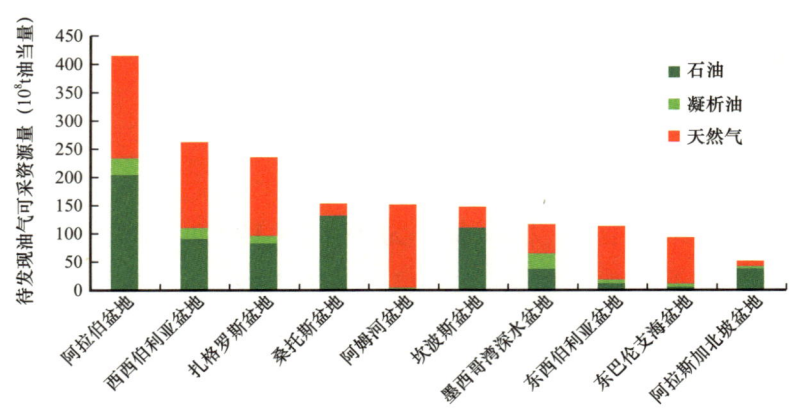

图2-19　全球主要盆地待发现油气可采资源量柱状图

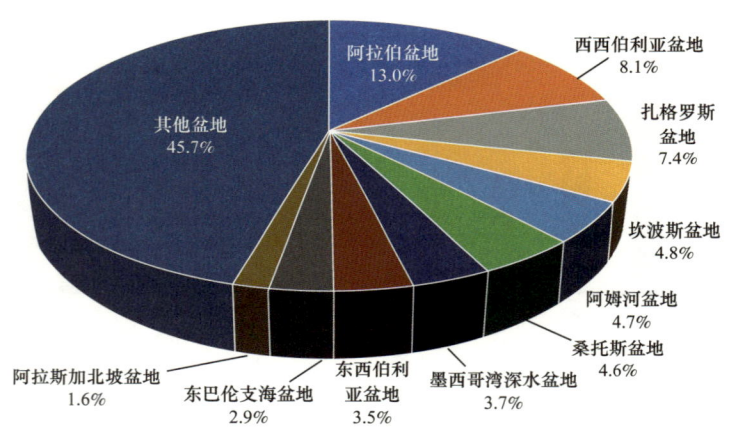

图2-20　全球主要盆地待发现油气可采资源量饼状图

阿拉伯盆地待发现油气资源为$415.4×10^8$t油当量，其中石油占49.3%，凝析油占7.2%，天然气占43.5%；西西伯利亚盆地为$261.1×10^8$t油当量，其中石油占35.3%，凝析油占7.2%，天然气占57.5%；扎格罗斯盆地为$236.7×10^8$t油当量，其中石油占35.1%，凝析油占5.9%，天然气占59.0%。

3. 海陆分布

全球陆上待发现油气可采资源量为$1631.1×10^8$t油当量，海域为$1576.1×10^8$t油当量，分别占全球总量的50.9%和49.1%（图2-21），陆上常规油气资源勘探潜力依然巨大，海域也是未来重要的储量增长点。

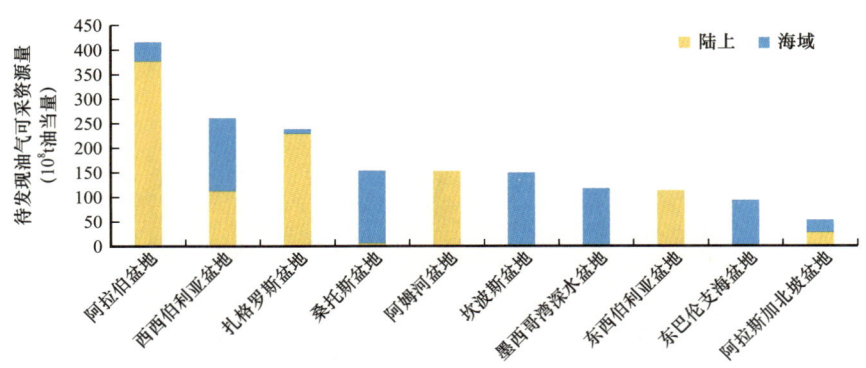

图 2-21 全球主要盆地待发现油气可采资源量海陆分布柱状图

4. 岩性分布

全球待发现油气资源碎屑岩分布略大于碳酸盐岩，分别占全球总量的 59.5% 和 40.5%。碳酸盐岩储层主要分布在阿拉伯盆地、扎格罗斯盆地，待发现资源量均超过 200×10^8t 油当量（图 2-22）。碎屑岩储层待发现油气资源量主要分布在西西伯利亚盆地、桑托斯盆地、东西伯利亚盆地等，均超过 80×10^8t 油当量。

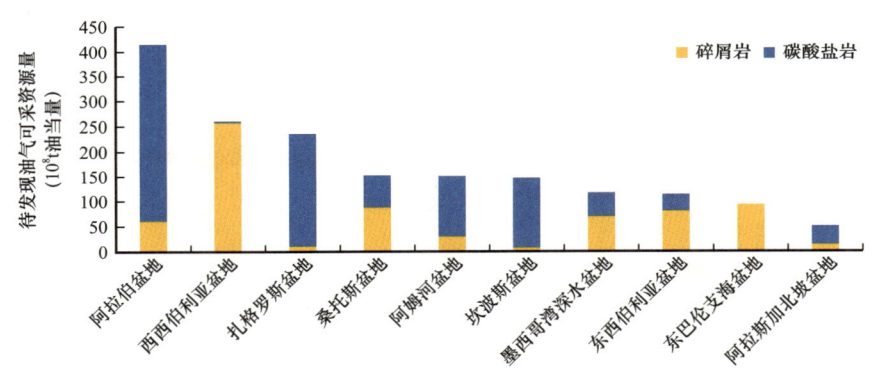

图 2-22 全球主要盆地待发现油气可采资源量岩性分布柱状图

5. 盆地类型分布

全球待发现油气可采资源主要分布于被动陆缘、前陆盆地、裂谷盆地三类盆地中，占比分别为 37.9%、33.6% 和 16.8%，克拉通、弧后、弧前三类盆地占比相对较少，三者合计占比仅为 11.7%（图 2-23）。

被动陆缘盆地待发现油气可采资源主要分布于桑托斯盆地、坎波斯盆地、墨西哥湾深水盆地、东巴伦支海盆地、索马里深海盆地等；前陆盆地中待发现可采油气资源主要分布于阿拉伯盆地、扎格罗斯盆地、东委内瑞拉盆地、南里海盆地、蒂曼—伯朝拉盆地等；裂谷盆地待发现可采油气资源主要分布于西西伯利亚盆地、阿姆河盆地、东非裂谷系、锡尔特盆地、北海盆地等。

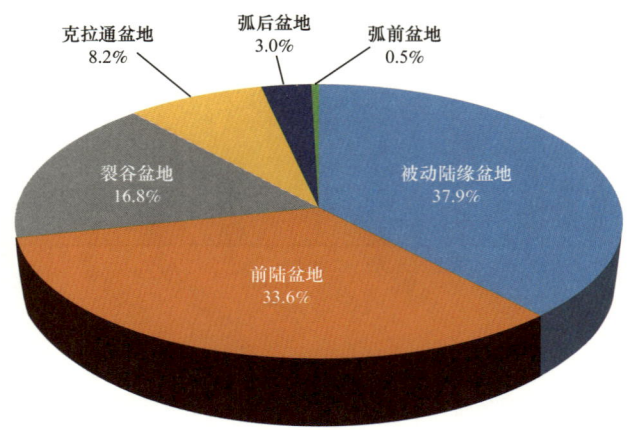

图 2-23　全球待发现油气可采资源量盆地类型分布饼状图

6. 层系分布

全球待发现油气可采资源由多到少依次分布于白垩系、侏罗系、二叠系、古近系、新近系中，占比分别为 39.9%、16.1%、11.3%、11.2% 和 10.1%，其他地层待发现可采油气资源潜力相对较小，合计占比为 11.4%（图 2-24）。

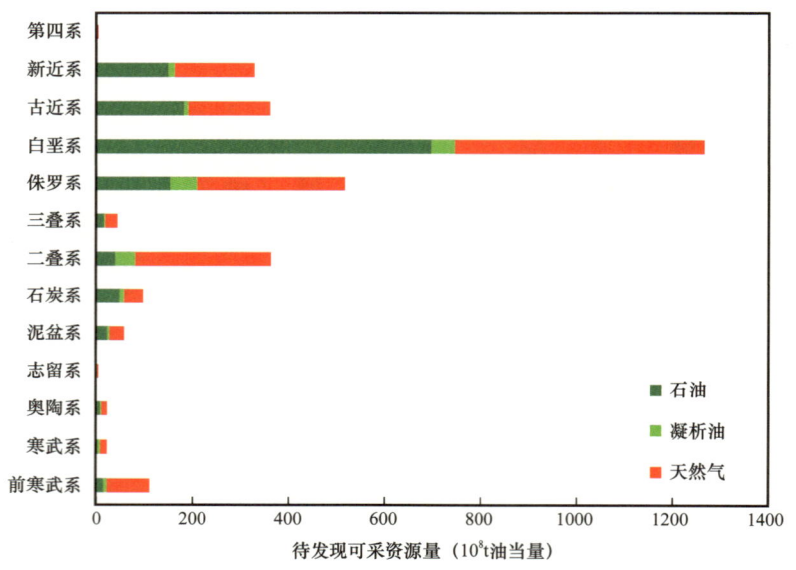

图 2-24　全球待发现油气可采资源量层系分布图

白垩系待发现可采油气资源主要分布于西西伯利亚盆地、桑托斯盆地、坎波斯盆地、阿拉伯盆地、扎格罗斯盆地等；侏罗系待发现可采油气资源主要分布于阿姆河盆地、东巴伦支海盆地、阿拉伯盆地、西西伯利亚盆地、伏令盆地等；二叠系待发现可采油气资源主要分布于阿拉伯盆地、扎格罗斯盆地、蒂曼—伯朝拉盆地、北海盆地、勒拿—维柳伊盆地等；前寒武系待发现可采油气资源主要分布于东西伯利亚盆地、陶丹尼盆地以及一些盆地前寒武系基岩储层等。

第二节 非常规油气资源

非常规油气技术可采资源总量为 6352.3×10^8 t 油当量，其中非常规石油技术可采资源量为 4049.3×10^8 t，占非常规油气资源总量的 63.7%；非常规天然气技术可采资源量为 269.5×10^{12} m^3，占非常规油气资源总量的 36.3%。

就全球非常规石油而言，油页岩可采资源量最大，达 1405.1×10^8 t，占比 34.7%；重油次之，可采资源量为 1274.8×10^8 t，占比为 31.5%；页岩油可采资源量为 738.0×10^8 t，占比 18.2%；油砂可采资源量为 631.4×10^8 t，占比 15.6%（图 2-25、图 2-26）。

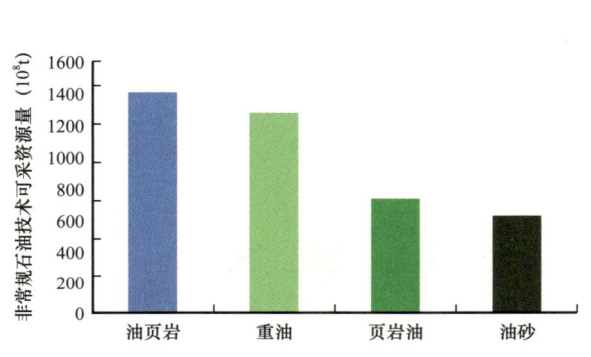

图 2-25 全球非常规石油技术可采资源量柱状图

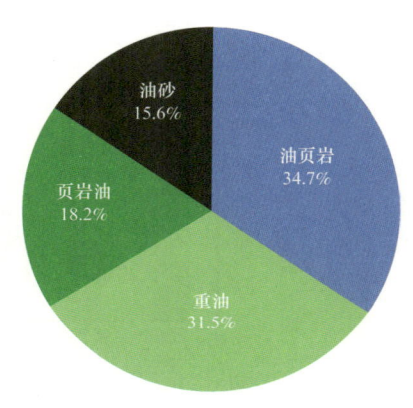

图 2-26 全球非常规石油技术可采资源量饼状图

非常规天然气则以页岩气资源量最大，其技术可采资源量为 223.8×10^{12} m^3，占全球非常规天然气可采资源总量的 83.0%；煤层气可采资源量为 38.7×10^{12} m^3，占 14.4%；致密气可采资源量为 7.0×10^{12} m^3，占 2.6%（图 2-27、图 2-28）。

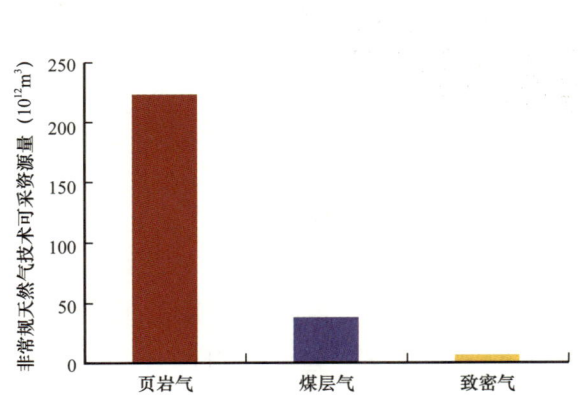

图 2-27 全球非常规天然气技术可采资源量柱状图

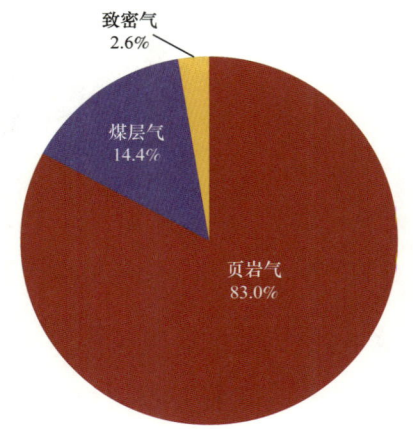

图 2-28 全球非常规天然气技术可采资源量饼状图

一、非常规油气可采资源大区分布

1. 非常规石油可采资源大区分布

全球 72.9% 的非常规石油可采资源富集在北美、俄罗斯和中南美洲。北美大区非常规石油技术可采资源量为 $1586.2 \times 10^8 t$，占全球非常规石油可采资源总量的 39.2%，以油页岩、油砂和重油资源为主；俄罗斯技术可采资源总量为 $683.1 \times 10^8 t$，以油页岩、页岩油和油砂资源为主；中南美洲技术可采资源总量 $660.8 \times 10^8 t$，以重油和油页岩资源为主（图 2-29、图 2-30）。

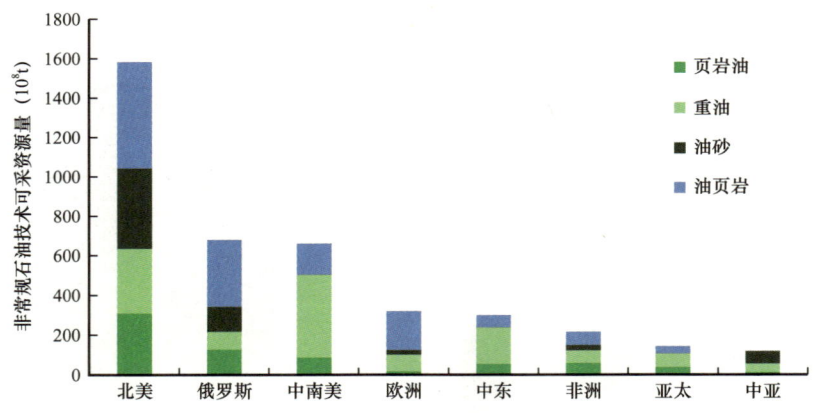

图 2-29　全球非常规石油技术可采资源量大区分布柱状图

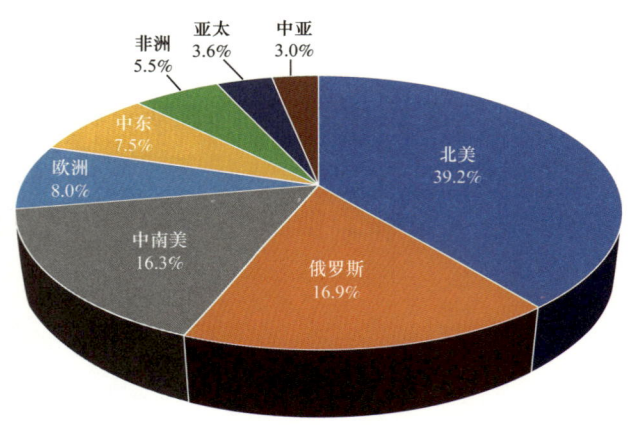

图 2-30　全球非常规石油技术可采资源量两大区分布饼状图

2. 非常规天然气可采资源大区分布

全球 63.3% 的非常规天然气可采资源富集在北美、中南美和俄罗斯。北美非常规天然气最富集，可采资源为 $96.7 \times 10^{12} m^3$，占比 35.9%，以页岩气和煤层气为主；中南美洲的可采资源为 $40.6 \times 10^{12} m^3$，以页岩气为主；俄罗斯可采资源为 $33.1 \times 10^{12} m^3$，以页岩气和煤层气为主（图 2-31、图 2-32）。

第二章　全球油气资源分布特征

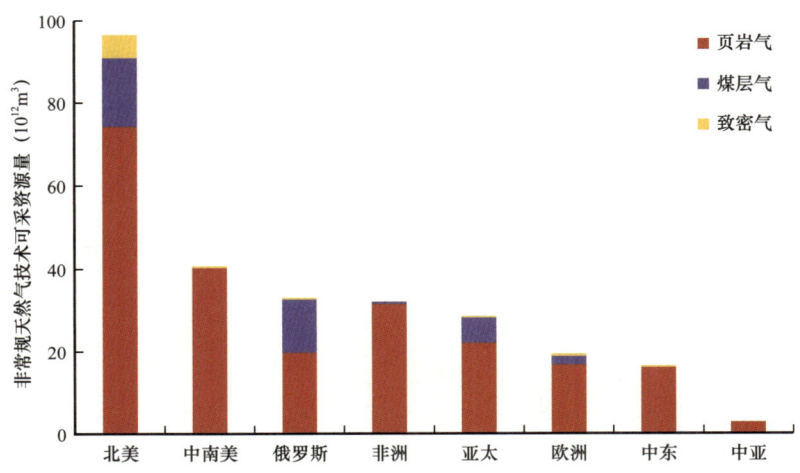

图 2-31　全球非常规天然气技术可采资源量大区分布柱状图

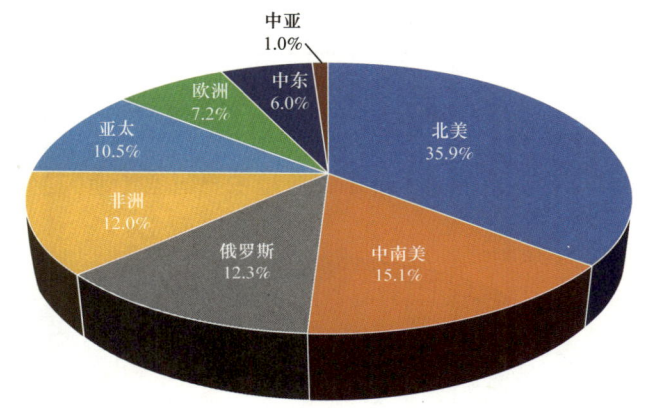

图 2-32　全球非常规天然气技术可采资源量大区分布饼状图

二、非常规油气可采资源国家（地区）分布

1. 非常规石油可采资源国家（地区）分布

全球非常规石油分布在 50 个国家（地区），超过 80% 的可采资源量富集在美国、俄罗斯、加拿大、委内瑞拉、沙特阿拉伯、巴西、墨西哥、乌克兰、法国和哈萨克斯坦等国家。美国等资源排名前三的国家占全球非常规石油资源总量的 52.4%，其中，美国非常规石油可采资源量为 1024.3×10^8t，占全球总量的 25.3%，以油页岩、重油和页岩油为主；俄罗斯可采资源量为 683.1×10^8t，占比 16.9%，以油页岩、油砂和页岩油为主；加拿大可采资源量为 413.9×10^8t，占比 10.2%，以油砂资源为主（图 2-33、图 2-34）。

2. 非常规天然气可采资源国家（地区）分布

全球非常规天然气分布在 32 个国家，超过 80% 的可采资源量富集在美国、俄罗斯、加拿大、阿根廷、阿尔及利亚、澳大利亚、沙特阿拉伯、巴西、印度尼西亚和阿拉伯联合酋长国等 10 个国家。美国等资源排名前三的国家占全球非常规气资源总量的 47.7%，其中，美国非常规天然气可采资源量为 $70.5\times10^{12}m^3$，占全球非常规天然气可采资源总量的 26.1%，以页岩气为主，其资源量占美国非常规气总量的 82.8%；俄罗斯可采资源量为 $33.1\times10^{12}m^3$，占比 12.3%，以页岩气和煤层气为主；加拿大可采资源量为 $25.6\times10^{12}m^3$，占比 9.5%，以页岩气和煤层气为主（图 2-35、图 2-36）。

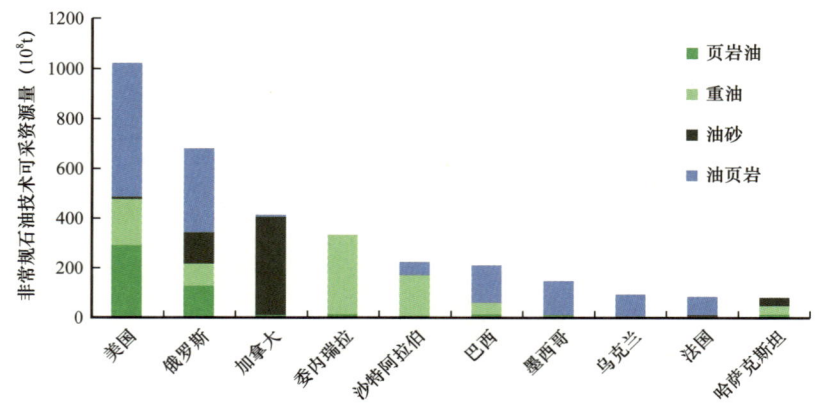

图 2-33　全球非常规石油技术可采资源量主要国家（地区）分布柱状图

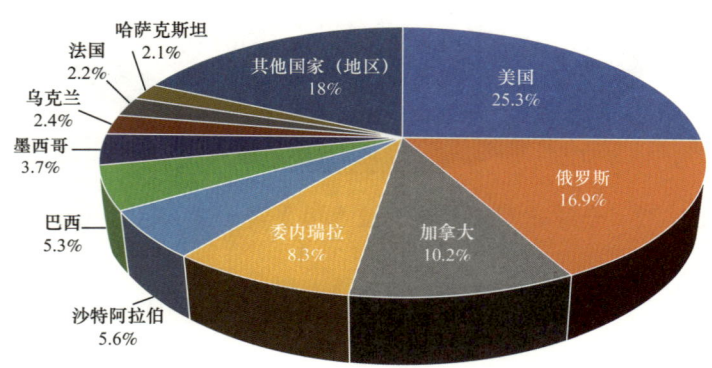

图 2-34　全球非常规石油技术可采资源量主要国家（地区）分布饼状图

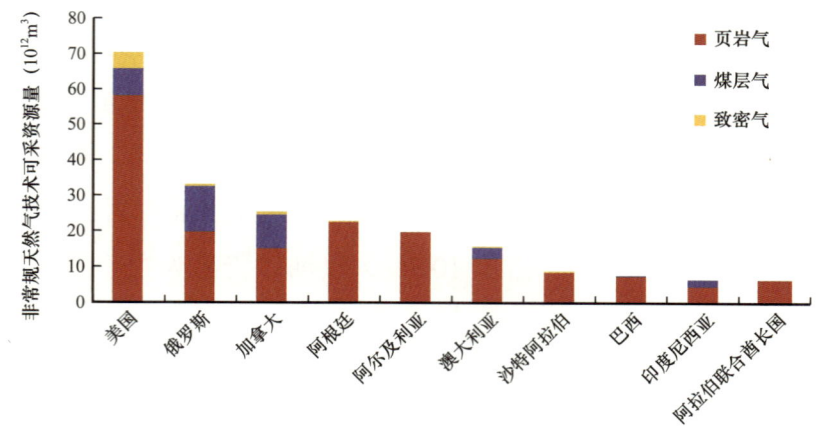

图 2-35　全球非常规天然气技术可采资源量主要国家（地区）分布柱状图

第二章 全球油气资源分布特征

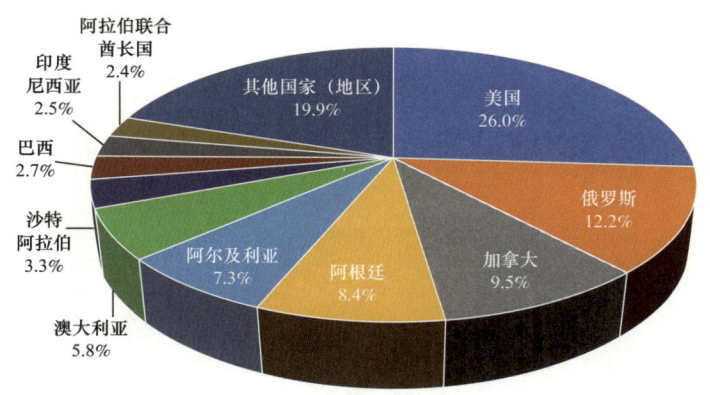

图 2-36　全球非常规天然气技术可采资源量主要国家（地区）分布饼状图

三、非常规油气可采资源盆地分布

1. 非常规石油可采资源盆地分布

全球非常规石油主要分布在 124 个盆地中，70% 的可采资源分布在阿尔伯达、东委内瑞拉、阿拉伯、美国尤因塔和西西伯利亚等 17 个盆地。阿尔伯达等资源排名前三的盆地占全球非常规石油资源总量的 23.2%。其中，阿尔伯达盆地非常规石油可采资源量为 $411.3 \times 10^8 t$，占全球资源总量的 10.2%，以油砂和油页岩为主；东委内瑞拉盆地重油可采资源量为 $266.5 \times 10^8 t$，占比 6.6%；阿拉伯盆地非常规石油可采资源量为 $260.0 \times 10^8 t$，占比 6.4%，以重油、油页岩和页岩油为主（图 2-37、图 2-38）。

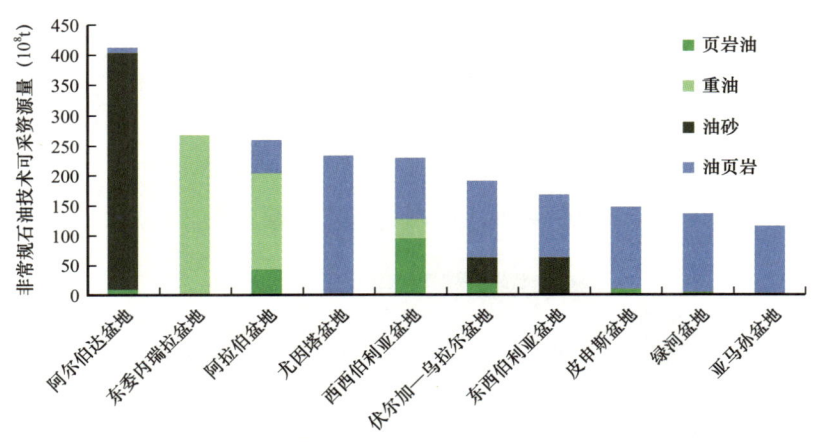

图 2-37　全球非常规石油技术可采资源量主要盆地分布柱状图

2. 非常规天然气可采资源盆地分布

全球非常规天然气可采资源主要分布在 80 个盆地，其中 80% 的可采资源量分布在阿尔伯达、海湾、扎格罗斯、阿巴拉契亚和内乌肯等 26 个盆地。阿尔伯达等资源排名前三的盆地占全球非常规气资源总量的 26%，其中，阿尔伯达盆地非常规气可

采资源量为 $25.5 \times 10^{12} m^3$，占全球该类资源总量的 9.4%，以页岩气和煤层气为主；海湾盆地可采资源量为 $25.0 \times 10^{12} m^3$，占比 9.2%，以页岩气为主；阿巴拉契亚盆地为 $19.9 \times 10^{12} m^3$，占比 7.4%，以页岩气和致密气为主（图 2-39、图 2-40）。

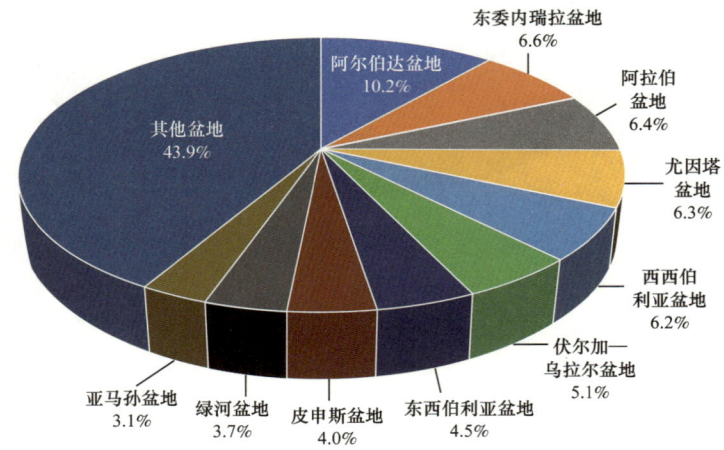

图 2-38　全球非常规石油技术可采资源量主要盆地分布饼状图

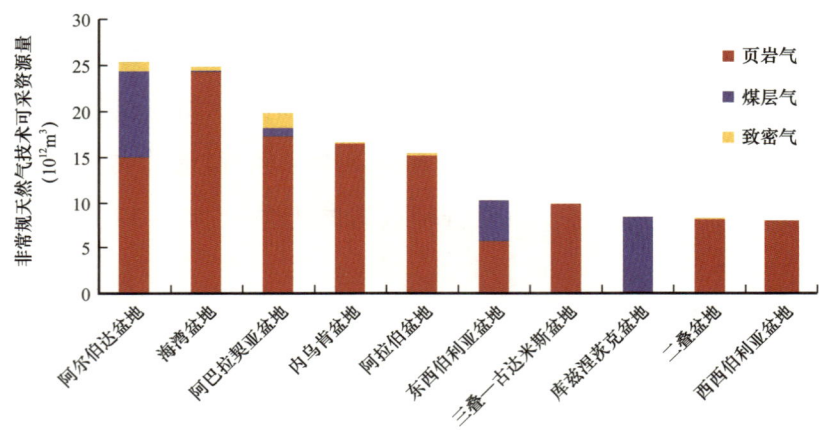

图 2-39　全球非常规天然气技术可采资源量主要盆地分布柱状图

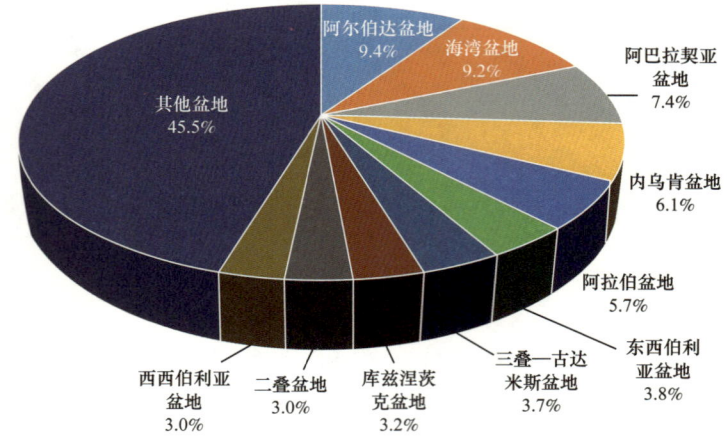

图 2-40　全球非常规天然气技术可采资源量主要盆地分布饼状图

四、非常规油气可采资源盆地类型分布

1. 非常规石油可采资源盆地类型分布

全球非常规石油技术可采资源主要分布于前陆盆地、克拉通盆地、裂谷盆地三类盆地中，占比分别为64.4%、16.2%和10.2%（图2-41）。前陆盆地中主要富集重油、油页岩和页岩油资源，占比分别为33%、30.7%和17.4%；克拉通盆地主要富集油页岩、油砂和页岩油资源，占比分别为71.3%、14.6%和14.1%；裂谷盆地主要富集页岩油、重油和油页岩资源，占比分别为38.2%、32.6%和26.3%。

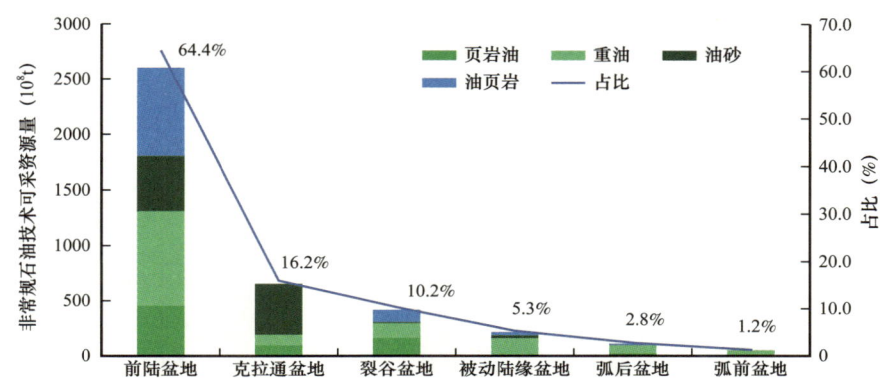

图2-41 全球非常规石油技术可采资源量盆地类型分布柱状图

2. 非常规天然气可采资源盆地类型分布

全球非常规天然气技术可采资源主要分布于前陆盆地、克拉通盆地、裂谷盆地三类盆地中，占比分别为58.5%、25.5%和11%。（图2-42）。前陆盆地中主要富集页岩气和煤层气资源，特别是页岩气资源，占比分别为85.2%和10.9%；克拉通盆地主要为页岩气和煤层气资源，占比分别为85.9%和13.9%；裂谷盆地同样也主要富集页岩气和煤层气资源，占比分别为67.3和30.6%；致密气主要富集于前陆盆地中。

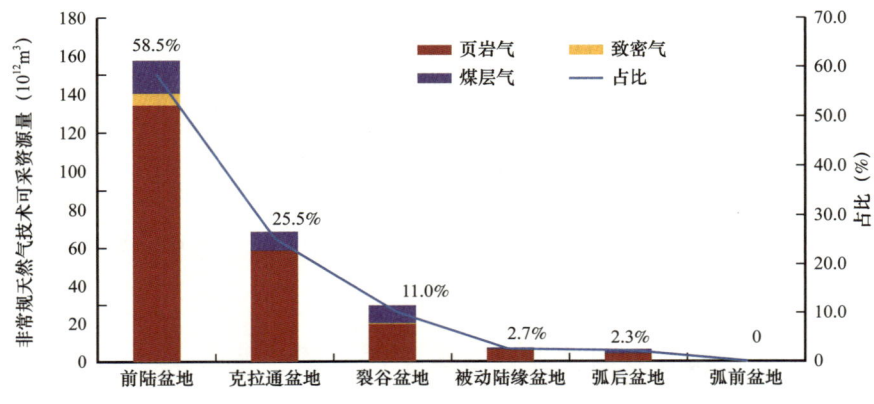

图2-42 全球非常规天然气技术可采资源量盆地类型分布柱状图

五、非常规油气可采资源层系分布

1. 非常规石油可采资源层系分布

全球非常规石油技术可采资源主要分布于白垩系、侏罗系、古近系、新近系、石炭系中，其占比分别为32%、15.8%、15.7%、12.5%和7%，其他层系中资源潜力相对较小，合计占比为17%（图2-43）。

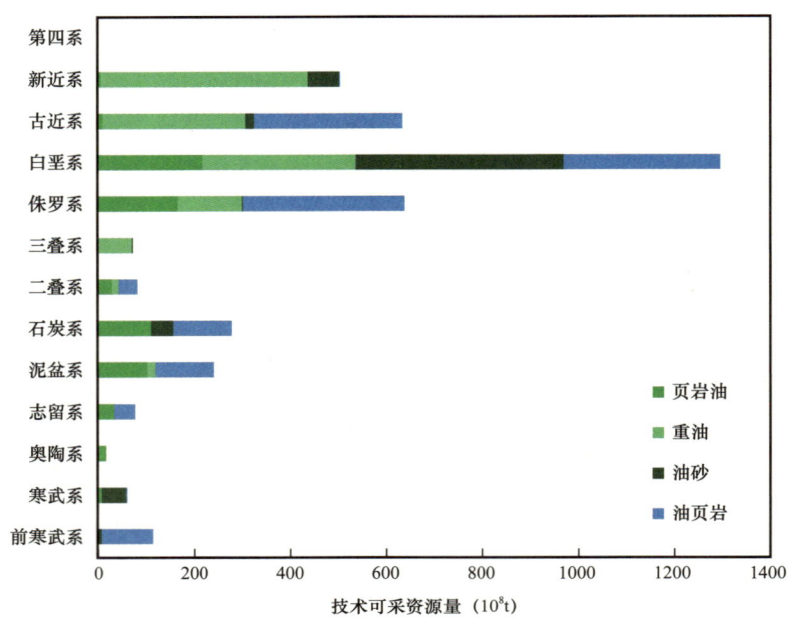

图2-43　全球非常规石油技术可采资源量层系分布柱状图

页岩油技术可采资源由多到少主要分布于白垩系、侏罗系、石炭系、泥盆系以及志留系，占比分别为29.8%、22.9%、15.4%、14.3%和5.1%；重油技术可采资源主要富集于新近系、白垩系、古近系、侏罗系以及三叠系，占比分别为33.7%、24.9%、23.2%、10.4%和5.5%；油砂技术可采资源主要富集于白垩系、新近系、寒武系以及石炭系，占比分别为69%、10.3%、8%和7.2%；油页岩资源主要富集于侏罗系、白垩系、古近系、石炭系以及泥盆系，占比分别为23.7%、23.3%、21.8%、8.8%和8.7%。

2. 非常规天然气可采资源层系分布

全球非常规天然气技术可采资源由多到少主要分布于白垩系、侏罗系、泥盆系、石炭系、志留系中，其占比分别为29.9%、19.8%、17.3%、9.8%和9.4%，其他层系资源潜力相对较小，合计占比为13.8%（图2-44）。

页岩气技术可采资源由多到少主要富集于白垩系、泥盆系、侏罗系、志留系以及石炭系，占比分别为30.9%、20.6%、18.9%、10.6%和6%；致密气技术可采资源主要富集于白垩系、志留系、二叠系、泥盆系以及石炭系，占比分别为50.9%、24.6%、6.5%、6.0%和5.7%；煤层气技术可采资源主要富集于石炭系、侏罗系、白垩系、古近系以及新近系，占比分别为32.4%、27.8%、20.1%、9.9%和5.2%。

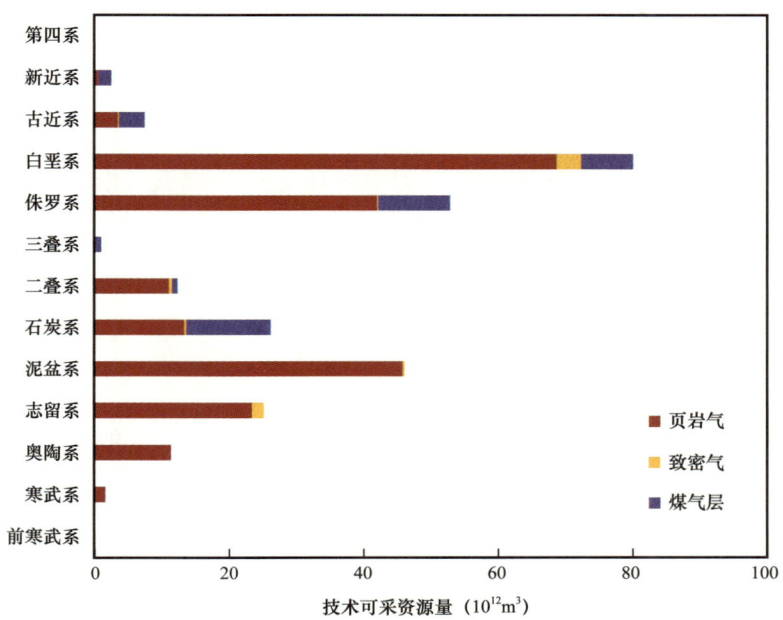

图2-44　全球非常规天然气技术可采资源量层系分布柱状图

第三章　北美地区油气资源分布

北美地区包括美国、加拿大、格陵兰岛和墨西哥等国家和地区，面积达 $2177.9\times10^4km^2$，主要发育 82 个沉积盆地，其中陆上沉积面积 $1986.6\times10^4km^2$，以前陆盆地和克拉通盆地为主，海域沉积面积 $191.3\times10^4km^2$，以被动陆缘盆地为主。北美地区富集了全球 20% 的总油气资源，油气可采资源总量为 3463.6×10^8t 油当量。

第一节　常规油气资源

北美常规油气可采资源量为 1050.8×10^8t 油当量，占全球的 9.6%。其中可采储量为 514.6×10^8t 油当量，占全球可采储量的 7.7%；剩余油气可采储量为 172.9×10^8t 油当量，占全球的 4.1%；已发现油气田未来油气增长量预测为 110.0×10^8t 油当量，占全球的 10.0%；油气待发现可采资源量为 426.2×10^8t 油当量，占全球的 13.3%。

一、剩余可采储量分布

北美剩余油气可采储量为 172.9×10^8t 油当量，其中石油为 90.9×10^8t，凝析油为 4.2×10^8t，天然气为 $9.1\times10^{12}m^3$。

1. 国家分布

美国剩余油气可采储量达 129.7×10^8t 油当量，其中石油占 49.9%，凝析油占 2.2%，天然气占 47.9%；加拿大剩余油气可采储量位居第二，达 24.2×10^8t 油当量，其中石油占 80.7%，凝析油占 2.6%，天然气占 16.7%；墨西哥剩余可采储量最少，为 19.0×10^8t 油当量，其中石油占 35.0%，凝析油占 3.7%，天然气占 61.3%（图 3-1、图 3-2）。

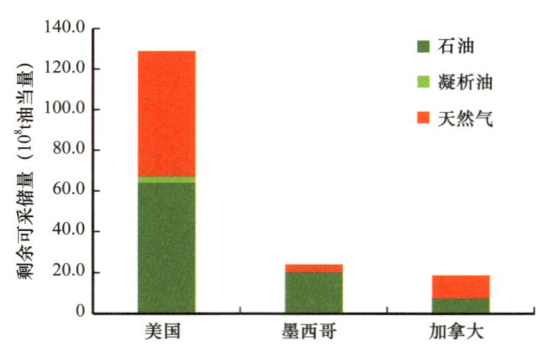

图 3-1　北美主要国家剩余油气可采储量柱状图

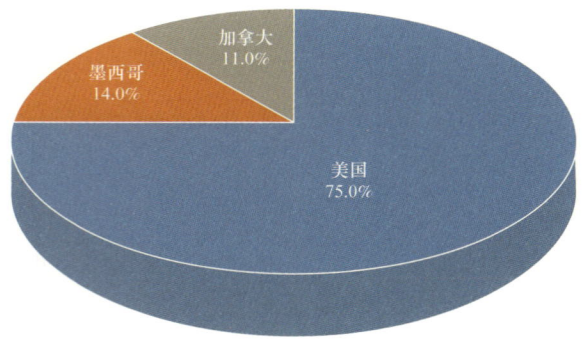

图 3-2　北美主要国家剩余油气可采储量饼状图

2. 盆地分布

剩余油气可采储量主要富集在阿拉斯加北坡、墨西哥湾深水、海湾、苏瑞斯特、粉河、北大西洋、绿河、福特沃斯和麦肯锡三角洲等盆地。阿拉斯加北坡、墨西哥湾深水和海湾盆地位居前三，三个盆地的剩余油气可采储量占北美的51.1%（图3-3、图3-4）。

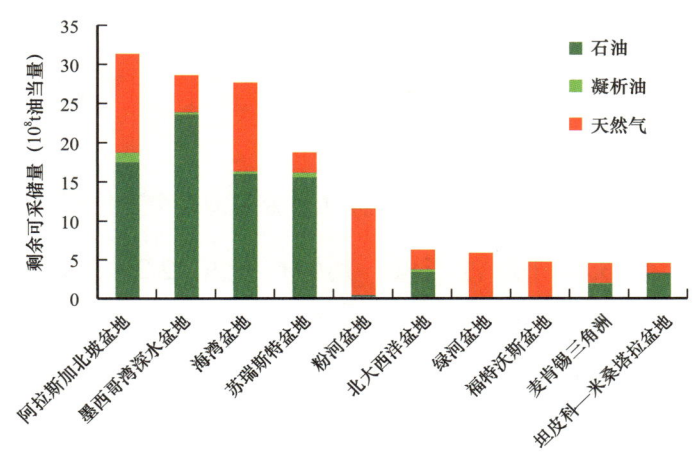

图3-3 北美主要盆地剩余可采储量柱状图

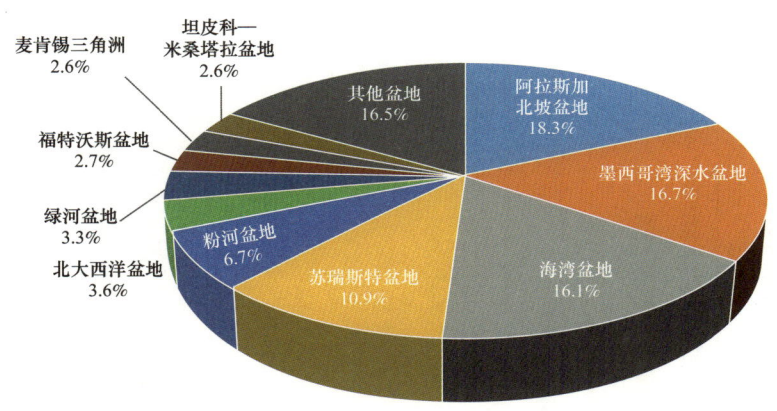

图3-4 北美主要盆地剩余可采储量饼状图

阿拉斯加北坡盆地剩余可采储量达 $31.6×10^8$ t 油当量，其中石油占55.4%，凝析油占4.3%，天然气占40.3%；墨西哥湾深水盆地剩余油气可采储量位居第二，为 $28.9×10^8$ t 油当量，其中石油占82.2%，凝析油占1.4%，天然气占16.4%；海湾盆地剩余可采储量为 $27.8×10^8$ t 油当量，其中石油占58.0%，凝析油占1.1%，天然气占40.9%。

3. 海陆分布

剩余可采储量海域和陆上分布均衡，占比为45.7%和54.3%，海域石油剩余可采储量大于天然气，陆上天然气剩余可采储量大于石油（图3-5）。

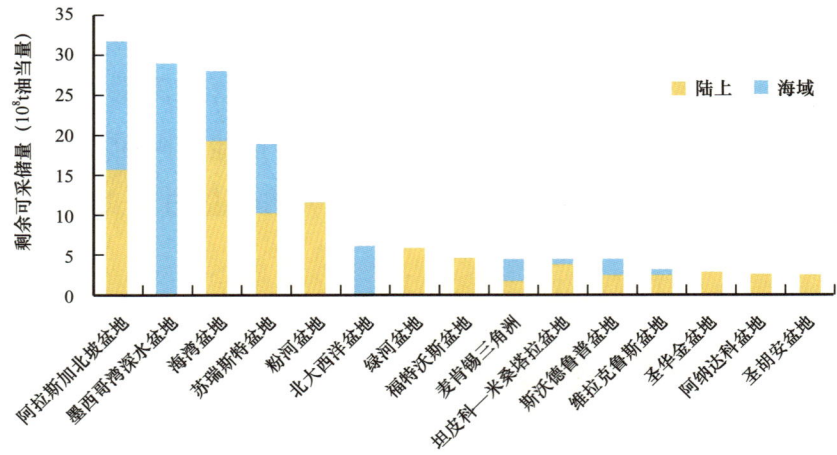

图 3-5　北美主要盆地剩余可采储量海陆分布柱状图

陆上剩余可采储量 93.8×10^8t 油当量，其中石油占 42.2%，凝析油占 2.1%，天然气占 55.7%。海域剩余可采储量 79.1×10^8t 油当量，其中石油占 64.9%，凝析油占 2.9%，天然气占 32.2%。

4. 岩性分布

剩余可采储量在碳酸盐岩和碎屑岩储层分布较为均衡，占比分别为 42.1% 和 57.9%。碳酸盐岩石油剩余可采储量大于天然气，碎屑岩天然气剩余可采储量与石油相当（图 3-6）。

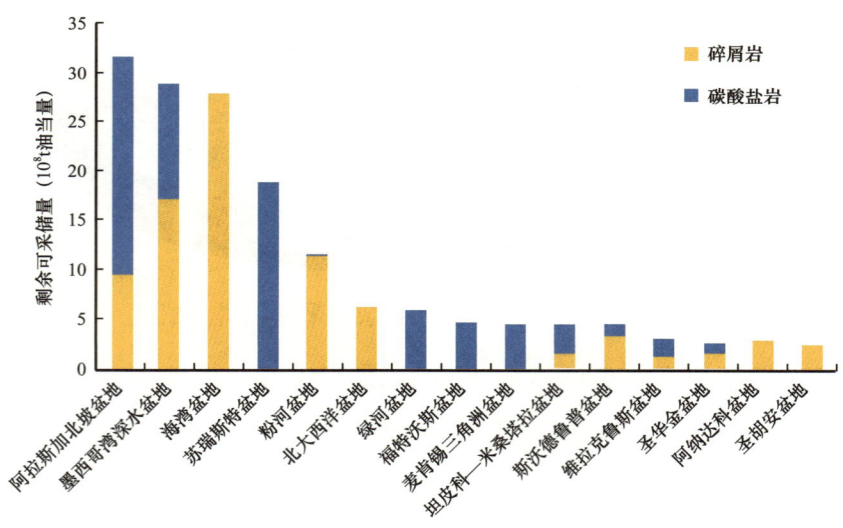

图 3-6　北美主要盆地剩余可采储量岩性分布柱状图

碳酸盐岩剩余可采储量 72.8×10^8t 油当量，其中石油占 56.6%，凝析油占 2.9%，天然气占 40.5%。碎屑岩剩余可采储量 100.1×10^8t 油当量，其中石油占 49.7%，凝析油占 2.1%，天然气占 48.2%。

二、已发现油气田储量增长趋势

北美已发现油气田未来储量增长总量为 $110.0×10^8t$ 油当量,石油为 $69.8×10^8t$,占 63.4%,凝析油为 $4.1×10^8t$,占 3.7%,天然气为 $4.2×10^{12}m^3$,占 32.9%。

1. 国家分布

美国已发现油气田未来储量增长最多,占 57.6%,石油多于天然气;墨西哥和加拿大分别占 29.2% 和 13.2%,加拿大未来天然气储量增长略大于石油,墨西哥油气田未来储量增长以石油为主(图 3-7、图 3-8)。

美国已发现油气田未来储量增长为 $63.4×10^8t$ 油当量,其中,石油占 59.7%,凝析油占 5.5%,天然气占 34.8%。加拿大为 $14.5×10^8t$ 油当量,其中石油占 47.1%,凝析油占 4.2%,天然气占 48.7%。墨西哥为 $32.2×10^8t$,其中石油占 78.1%,天然气占 21.9%。

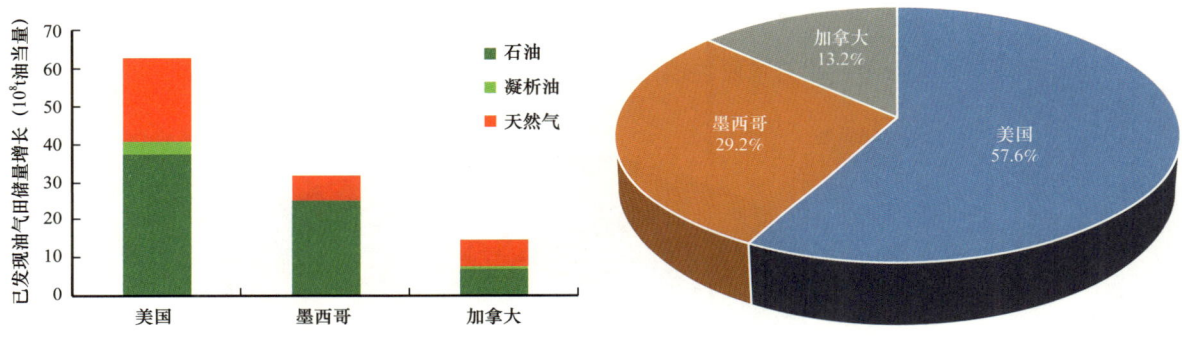

图 3-7 北美主要国家已发现油气田未来储量增长柱状图

图 3-8 北美主要国家已发现油气田未来储量增长饼状图

2. 盆地分布

已发现油气田未来储量增长来自墨西哥湾深水、苏瑞斯特、阿拉斯加北坡、坦皮科—米桑塔拉、阿尔伯达等盆地。墨西哥湾深水、苏瑞斯特和阿拉斯加北坡盆地位居前三,三个盆地的已发现油气田未来储量增长占 55.6%(图 3-9、图 3-10)。

墨西哥湾深水盆地已发现油气田未来储量增长为 $26.5×10^8t$ 油当量,其中石油占 80.9%,凝析油占 0.9%,天然气占 18.2%;苏瑞斯特盆地为 $24.2×10^8t$ 油当量,其中石油占 78.4%,天然气占 21.6%;阿拉斯加北坡盆地为 $10.5×10^8t$ 油当量,其中石油占 63.1%,凝析油占 3.6%,天然气占 33.3%。

3. 海陆分布

已发现油气田未来储量增长海域和陆上分布均衡,占比分别为 49.1% 和 50.9%,海域石油未来储量增长是天然气的 3 倍,陆上石油与天然气相当(图 3-11)。陆上已发现油气田未来储量增长为 56.0×10^8t 油当量,其中石油占 53.5%,凝析油占 6.1%,天然气占 40.4%。海域已发现油气田未来储量增长为 54.0×10^8t 油当量,其中石油占 73.6%,凝析油占 1.2%,天然气占 25.2%。

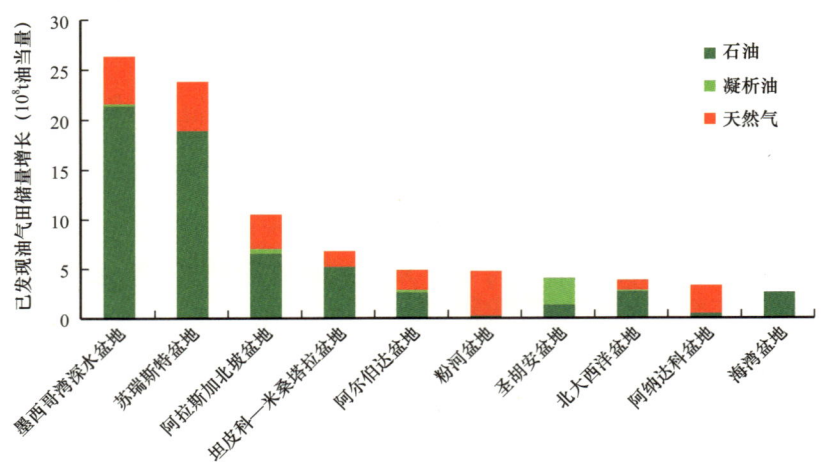

图 3-9 北美主要盆地已发现油气田未来储量增长柱状图

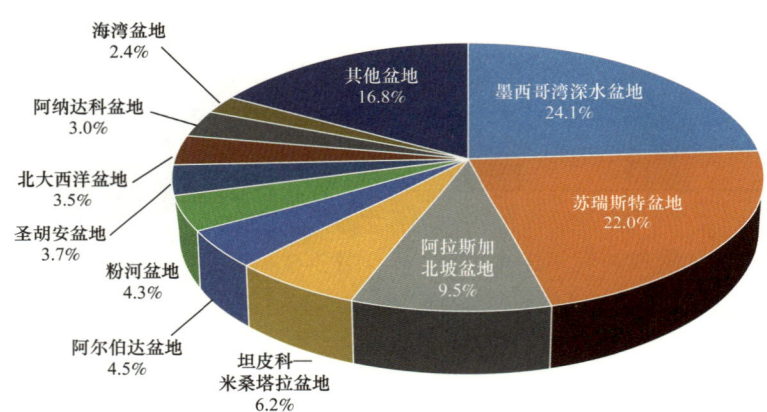

图 3-10 北美主要盆地已发现油气田未来储量增长饼状图

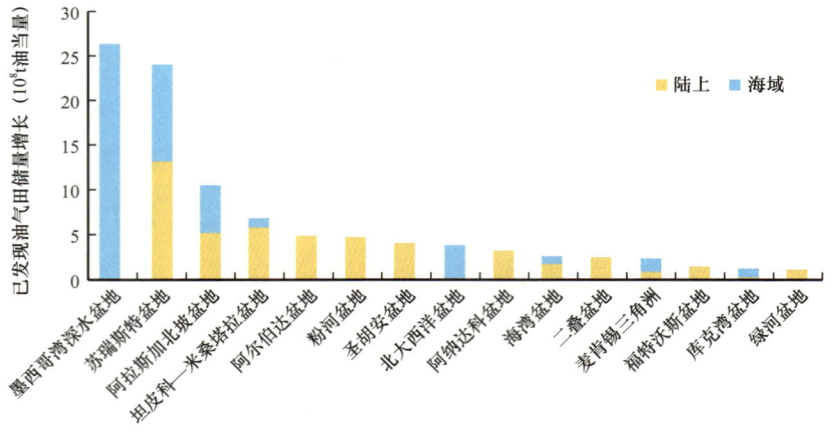

图 3-11 北美主要盆地已发现油气田未来储量增长海陆分布柱状图

4. 岩性分布

已发现油气田未来储量增长在碳酸盐岩和碎屑岩储层分布较为均衡，占比各为 51.6% 和 48.4%。碳酸盐岩和砂岩未来储量增长都是石油大于天然气（图 3-12）。

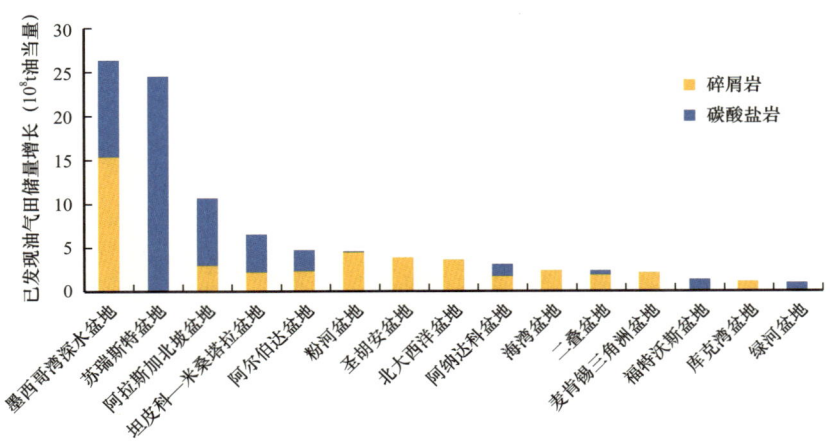

图 3-12　北美主要盆地已发现油气田未来储量增长岩性分布柱状图

碳酸盐岩已发现油气田未来储量增长为 56.8×10^8t 油当量，其中石油占 68.5%，凝析油占 1.0%，天然气占 30.5%。碎屑岩已发现油气田未来储量增长为 53.2×10^8t 油当量，其中石油占 58.0%，凝析油占 6.6%，天然气占 35.4%。

三、待发现油气资源分布特征

北美待发现油气资源为 426.2×10^8t 油当量，石油多于天然气。其中石油为 160.1×10^8t，占 37.6%；凝析油为 56.0×10^8t，占 13.1%；天然气为 $25.2\times10^{12}m^3$，占 49.3%。

1. 国家分布

北美地区美国待发现资源最多，石油比天然气少；加拿大天然气约是石油的两倍，墨西哥石油约是天然气的三倍（图 3-13、图 3-14）。

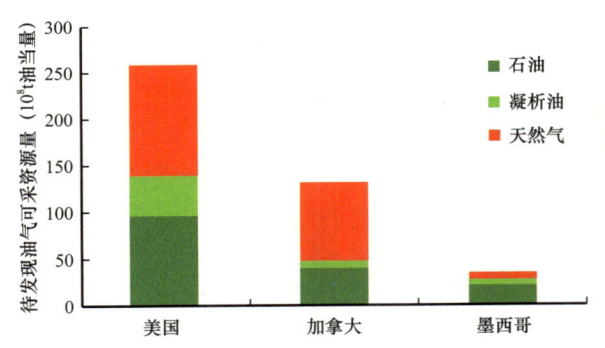

图 3-13　北美主要国家待发现油气可采资源量柱状图

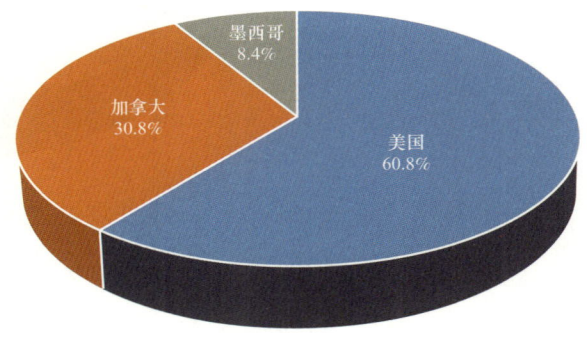

图 3-14　北美主要国家待发现油气可采资源量饼状图

美国待发现资源总量为 259.0×10^8t 油当量,其中石油占 37.3%,凝析油占 16.8%,天然气占 45.9%;加拿大为 131.3×10^8t 油当量,其中石油占 31.4%,凝析油占 5.5%,天然气占 63.1%;墨西哥为 35.9×10^8t 油当量,其中石油占 62.2%,凝析油占 15.0%,天然气占 22.8%。

2. 盆地分布

待发现油气资源潜力主要位于墨西哥湾深水、阿拉斯加北坡、海湾、斯科舍等盆地。墨西哥湾深水、阿拉斯加北坡和海湾盆地待发现资源量位居前三,占比 50.5%(图 3-15、图 3-16)。

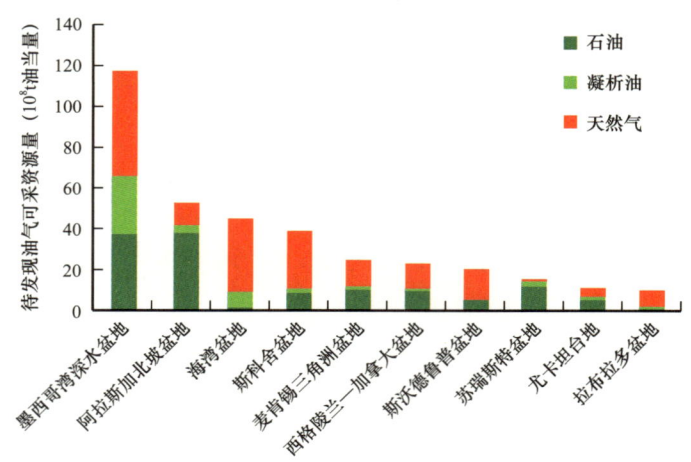

图 3-15 北美主要盆地待发现油气可采资源量柱状图

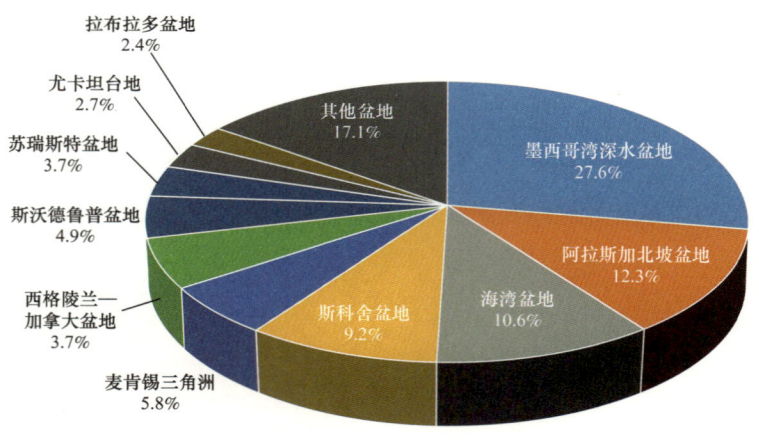

图 3-16 北美主要盆地待发现油气可采资源量饼状图

墨西哥湾深水盆地待发现油气资源总量为 117.7×10^8t 油当量,其中石油占 31.9%,凝析油占 24.2%,天然气占 43.9%。阿拉斯加北坡盆地为 52.4×10^8t 油当量,其中石油占 72.5%,凝析油占 7.7%,天然气占 19.8%。海湾盆地为 45.1×10^8t 油当量,其中石油占 4.5%，凝析油占 15.6%，天然气占 79.9%。

3. 海陆分布

北美地区海域待发现油气资源是陆上的两倍，分别占 66.4% 和 33.6%，海域和陆上石油待发现资源都略低于天然气（图 3-17）。

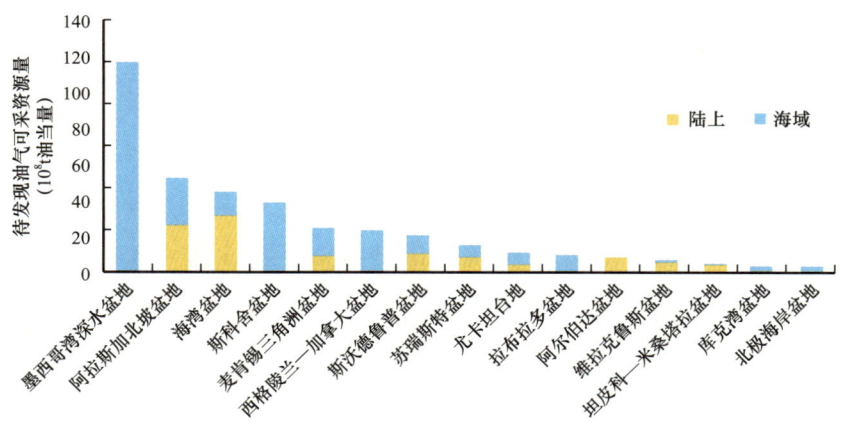

图 3-17　北美主要盆地待发现油气可采资源量海陆分布柱状图

陆上待发现油气资源量为 $143.2 \times 10^8 t$ 油当量，其中石油占 39.9%，凝析油占 10.6%，天然气占 49.5%。海域待发现油气资源量为 $283.0 \times 10^8 t$ 油当量，其中石油占 36.4%，凝析油占 14.4%，天然气占 49.2%。

4. 岩性分布

北美地区待发现油气资源碎屑岩明显大于碳酸盐岩，占比分别为 68.0% 和 32.0%。碳酸盐岩中石油待发现资源潜力略大于天然气，碎屑岩中天然气待发现资源潜力略大于石油（图 3-18）。

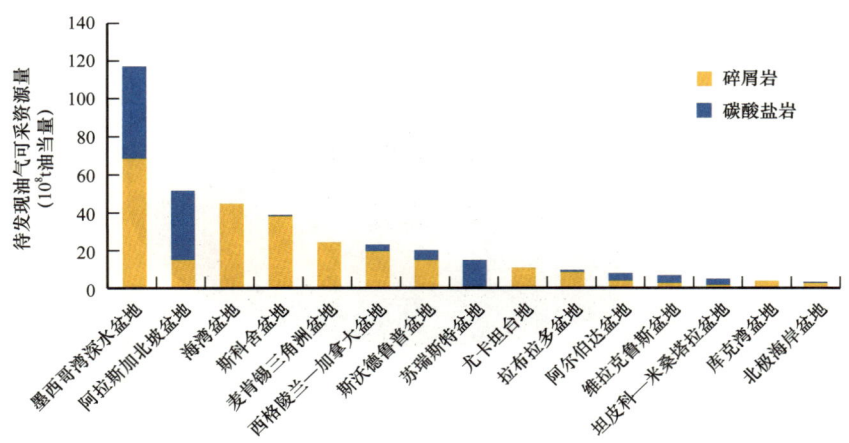

图 3-18　北美主要盆地待发现油气可采资源量岩性分布柱状图

碳酸盐岩待发现油气资源量为 136.4×10^8t 油当量，其中石油占 49.6%，凝析油占 14.7%，天然气占 35.7%。碎屑岩待发现油气资源量为 289.8×10^8t 油当量，其中石油占 31.9%，凝析油占 12.4%，天然气占 55.7%。

第二节　非常规油气资源

北美非常规油气可采资源总量 2412.8×10^8t 油当量，占全球的 38.0%，含油页岩、重油、油砂、页岩油、页岩气、致密气和煤层气共 7 种类型。

北美非常规石油可采资源量 1586.2×10^8t，占全球的 39.2%；其中油页岩可采资源量为 544.5×10^8t，占北美非常规石油可采资源量的 34.3%；油砂为 403.4×10^8t，占 25.4%；重油为 324.7×10^8t，占 20.5%；页岩油为 313.6×10^8t，占 19.8%（图 3-19、图 3-20）。全球 63.9% 的油砂、38.8% 的油页岩、25.5% 的重油和 42.5% 的页岩油可采资源富集在北美地区。

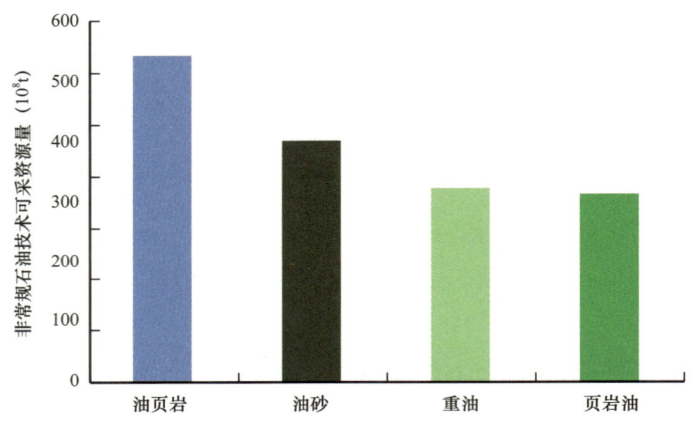

图 3-19　北美地区非常规石油技术可采资源量柱状图

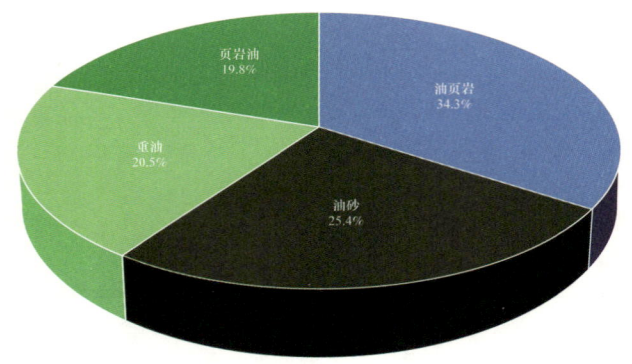

图 3-20　北美地区非常规石油技术可采资源量饼状图

北美非常规天然气可采资源量为 96.7×10^{12}m^3，占全球非常规天然气的 35.9%。其中页岩气可采资源量为 74.3×10^{12}m^3，占北美非常规天然气的 76.8%；煤层气为

$17.0×10^{12}m^3$,占17.6%;致密气为$5.4×10^{12}m^3$,占5.6%(图3-21、图3-22)。全球77.6%的致密气、43.9%的煤层气和33.2%的页岩气可采资源富集在北美地区。

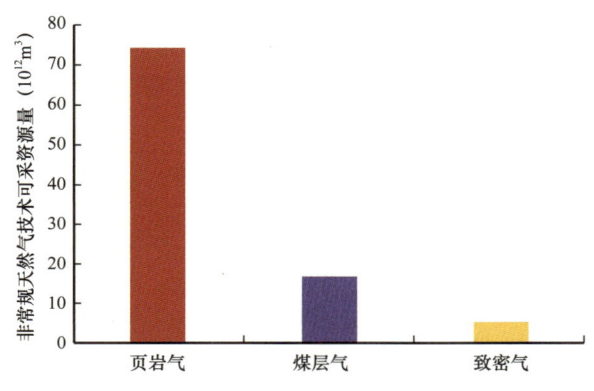

图3-21 北美地区非常规天然气技术可采资源量柱状图

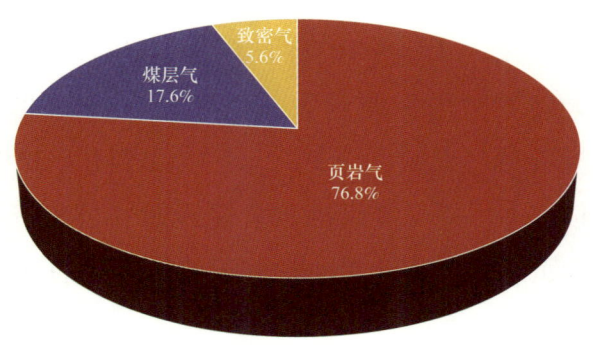

图3-22 北美地区非常规天然气技术可采资源量饼状图

一、非常规油气可采资源国家(地区)分布

1. 非常规石油国家(地区)分布

北美非常规油气主要分布在美国、加拿大和墨西哥三个国家。美国非常规石油资源以油页岩为主,加拿大以油砂为主,墨西哥以重油资源为主。美国非常规石油为$1024.3×10^8t$,占北美非常规石油的64.6%,占全球的25.3%;非常规石油以油页岩、页岩油和重油为主,油页岩可采资源量为$536.3×10^8t$,页岩油为$291.8×10^8t$,重油为$186.0×10^8t$,油砂为$10.3×10^8t$。加拿大非常规石油可采资源量达$413.9×10^8t$,占北美非常规石油的26.1%,其中油页岩可采资源量为$8.5×10^8t$,页岩油为$12.3×10^8t$,油砂为$393.1×10^8t$。墨西哥非常规石油可采资源量为$148.2×10^8t$,占北美非常规石油的9.3%,占全球的3.7%;墨西哥非常规石油包括重油和页岩油,重油可采资源量为$138.7×10^8t$,页岩油为$9.5×10^8t$(图3-23、图3-24)。

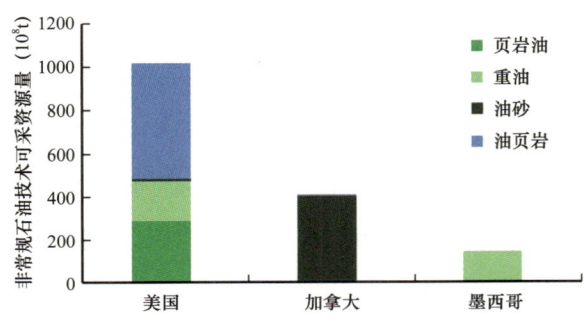

图3-23 北美地区非常规石油技术可采资源量国家分布柱状图

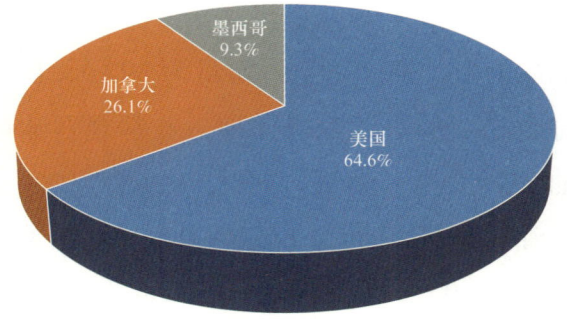

图3-24 北美地区非常规石油技术可采资源量国家分布饼状图

2. 非常规天然气国家（地区）分布

北美非常规天然气主要分布在美国和加拿大。美国非常规天然气可采资源量为 $70.5\times10^{12}m^3$，占北美非常规天然气总量的 72.7%，占全球的 26.1%；其中页岩气可采资源量为 $58.4\times10^{12}m^3$，煤层气为 $7.7\times10^{12}m^3$，致密气为 $4.4\times10^{12}m^3$。加拿大非常规天然气可采资源量为 $25.6\times10^{12}m^3$，占北美非常规天然气总量的 26.4%，占全球非常规天然气总量的 9.5%；其中页岩气为 $15.3\times10^{12}m^3$，煤层气为 $9.3\times10^{12}m^3$，致密气为 $1.0\times10^{12}m^3$。墨西哥非常规天然气可采资源较少，其可采资源量为 $0.8\times10^{12}m^3$，全部为页岩气，占北美非常规天然气总量的 0.8%（图 3-25、图 3-26）。

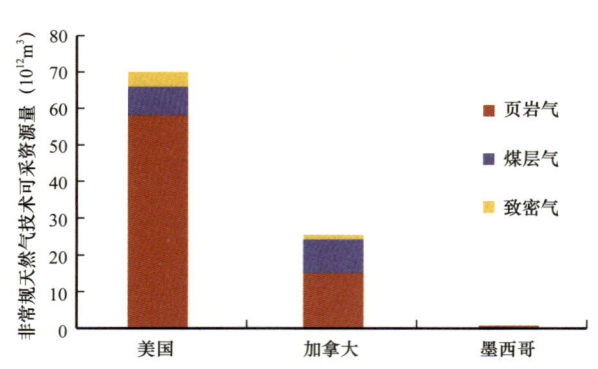

图 3-25　北美地区非常规天然气技术可采资源量国家分布柱状图

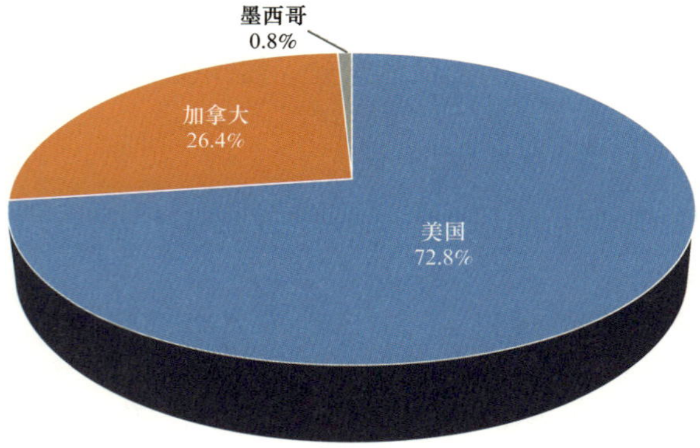

图 3-26　北美地区非常规天然气技术可采资源量国家分布饼状图

二、非常规油气可采资源盆地分布

北美 89.4% 的非常规石油可采资源和 93.6% 的非常规天然气可采资源分别富集在排名前十的盆地中。

1. 非常规石油盆地分布

北美非常规石油可采资源主要富集在 28 个盆地内，其中加拿大的阿尔伯达盆地非常规石油可采资源量排名第一，达 411.3×10^8t，占北美非常规石油资源的 25.9%，以油砂为主，油砂可采资源量为 392.9×10^8t，页岩油为 10.1×10^8t，油页岩为 8.3×10^8t；排名第二的是尤因塔盆地，非常规石油可采资源量为 233.3×10^8t，占北美 14.7%，以油页岩为主，油页岩可采资源量为 230.6×10^8t；排名第三的是皮申斯盆地，非常规石油可采资源量为 146.8×10^8t，占北美 9.3%，以油页岩为主，油页岩可采资源量为 137.6×10^8t，页岩油可采资源量为 9.2×10^8t。目前美国页岩油开发比较成功的二叠盆地非常规可采资源总量位居第五名，其页岩油可采资源量达 107.5×10^8t，为北美最高（图 3-27、图 3-28）。

第三章 北美地区油气资源分布

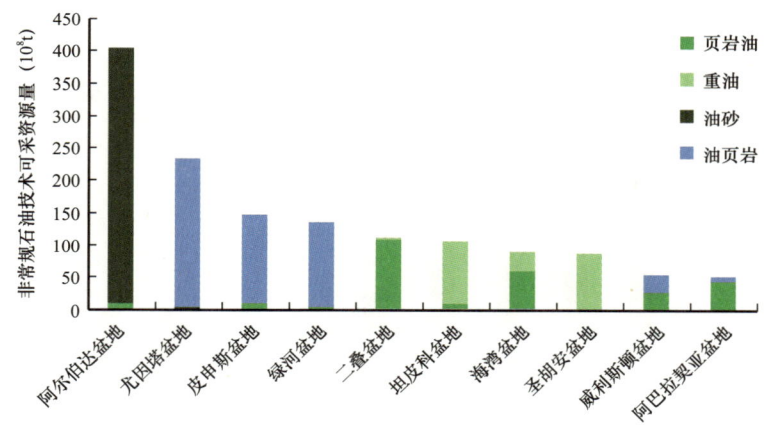

图 3-27 北美地区非常规石油技术可采资源量盆地分布柱状图

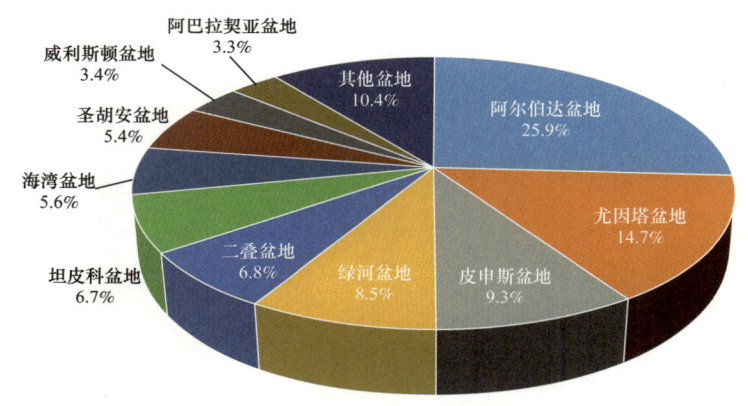

图 3-28 北美地区非常规石油技术可采资源量盆地分布饼状图

北美 80.2% 的重油可采资源分布在坦皮科、圣胡安、尤卡坦和文图拉盆地内；油砂可采资源的 97.4% 分布在阿尔伯达盆地；页岩油可采资源的 92.0% 分布在二叠、海湾、阿巴拉契亚、威利斯顿、丹佛、阿尔伯达、皮申斯和坦皮科盆地内。

2. 非常规天然气盆地分布

北美非常规天然气主要富集在 16 个盆地内。加拿大的阿尔伯达盆地非常规天然气最多，可采资源量为 $25.5 \times 10^{12} m^3$，占北美非常规天然气可采资源总量的 26.3%，页岩气、煤层气和致密气可采资源量依次为 $15.2 \times 10^{12} m^3$、$9.3 \times 10^{12} m^3$ 以及 $1.0 \times 10^{12} m^3$；排名第二的是美国海湾盆地，其非常规天然气可采资源量为 $25.0 \times 10^{12} m^3$，占北美 25.7%，以页岩气为主，其可采资源量为 $24.4 \times 10^{12} m^3$；排名第三的是美国的阿巴拉契亚盆地，其非常规天然气可采资源量为 $19.9 \times 10^{12} m^3$，占 20.5%；以页岩气为主，可采资源量为 $17.4 \times 10^{12} m^3$。其次依次为二叠、皮申思、圣胡安、威利斯顿、丹佛盆地、绿河、怀俄明逆冲带和尤因塔等盆地（图 3-29、图 3-30）。

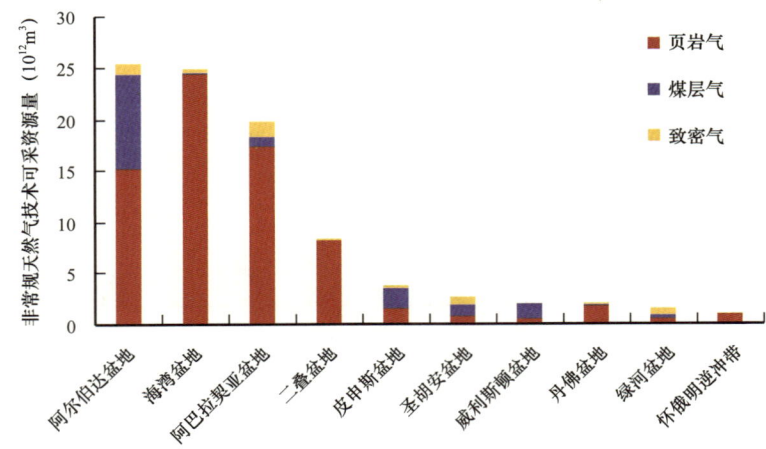

图 3-29　北美地区非常规天然气技术可采资源量盆地分布柱状图

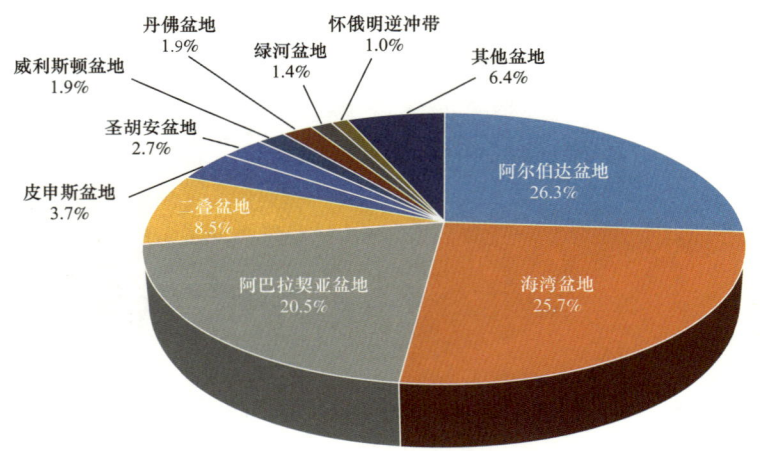

图 3-30　北美地区非常规天然气技术可采资源量盆地分布饼状图

北美 87.5% 的页岩气可采资源富集在海湾、阿巴拉契亚、阿尔伯达和二叠盆地内；81.4% 的煤层气可采资源分布在阿尔伯达、皮申思、威利斯顿和圣胡安盆地内。72.2% 的致密气可采资源分布在阿巴拉契亚、阿尔伯达、圣胡安和绿河盆地。

第四章 中南美洲地区油气资源分布

中南美洲地区是指墨西哥以南，南面隔海与南极洲相望的地区，包括委内瑞拉、圭亚那、巴西等19个国家。总面积 $1820 \times 10^4 km^2$（含附近岛屿），占世界陆上总面积的12.0%。发育100多个沉积盆地，以前陆盆地、被动陆缘盆地、克拉通盆地为主。中南美洲地区油气资源丰富，富集了全球14.5%的油气资源，油气可采资源总量达 $2507.2 \times 10^8 t$。

第一节 常规油气资源

中南美洲常规油气可采资源量为 $1499.2 \times 10^8 t$ 油当量，占全球13.7%；其中可采储量为 $871.3 \times 10^8 t$ 油当量，占全球的13.1%；油气累计产量为 $247.6 \times 10^8 t$ 油当量，占全球10.4%；剩余油气可采储量为 $623.8 \times 10^8 t$ 油当量，占全球14.6%；已发现油气田未来油气增长量预测为 $77.5 \times 10^8 t$，占全球7.0%；油气待发现可采资源量为 $550.4 \times 10^8 t$ 油当量，占全球17.2%。

一、剩余可采储量分布

中南美油气总剩余可采储量 $623.8 \times 10^8 t$ 油当量，其中石油为 $512.1 \times 10^8 t$，占82.1%；凝析油为 $9.5 \times 10^8 t$，占1.5%；天然气为 $11.9 \times 10^{12} m^3$，占16.4%。

1. 国家（地区）分布

中南美绝大部分剩余油气可采储量分布在委内瑞拉和巴西，其他国家占比相对较少。委内瑞拉剩余油气可采储量 $442.1 \times 10^8 t$ 油当量，其中石油占91.3%，凝析油占0.9%，天然气占7.8%。巴西剩余油气可采储量为 $98.6 \times 10^8 t$ 油当量，位居第二，其中石油占73.3%，凝析油占1.5%，天然气占25.2%。其他国家剩余油气可采储量仅 $83.1 \times 10^8 t$ 油当量，仅占中南美地区的13.3%（图4-1、图4-2）。

2. 盆地分布

中南美剩余油气可采储量主要集中在东委内瑞拉盆地、桑托斯盆地、马拉开波盆地、坎波斯盆地等。东委内瑞拉盆地最多，占比64.6%。桑托斯盆地和马拉开波盆地分列二、三位，占比分别为10.5%和5.8%（图4-3、图4-4）。

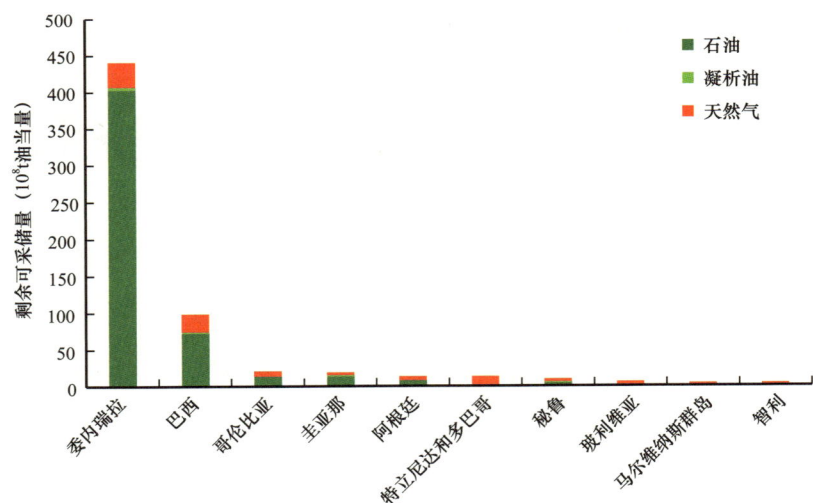

图 4-1 中南美剩余油气可采储量国家（地区）分布柱状图

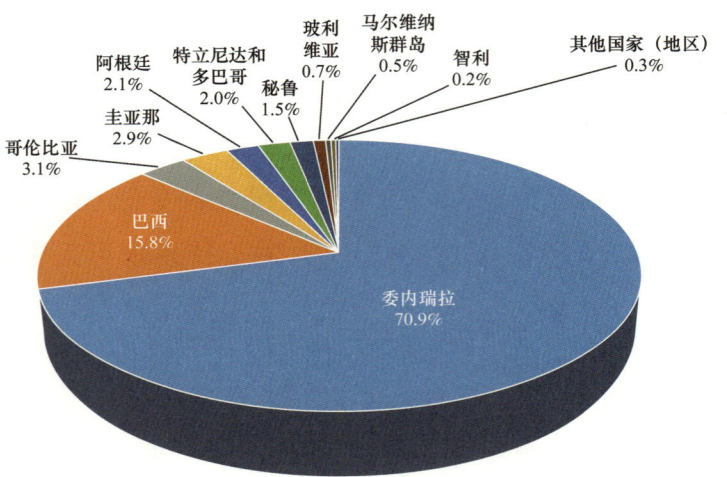

图 4-2 中南美主要国家（地区）剩余油气可采储量饼状图

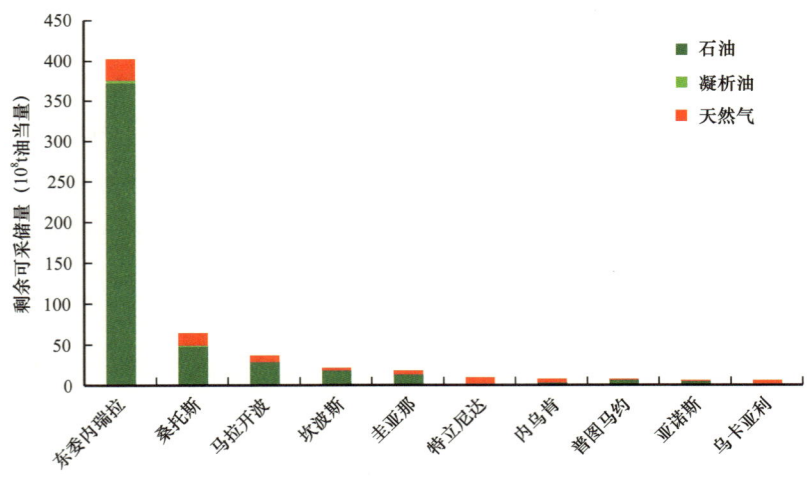

图 4-3 中南美主要含油气盆地剩余可采储量柱状图

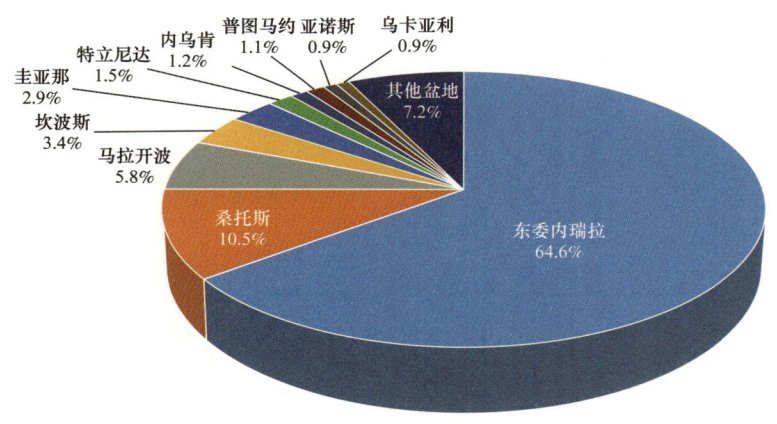

图 4-4 中南美主要含油气盆地剩余可采储量饼状图

东委内瑞拉盆地剩余油气可采储量为 403.0×10^8 t 油当量，其中石油占 92.5%，凝析油占 0.9%，天然气占 6.6%。桑托斯盆地为 65.4×10^8 t 油当量，其中石油占 73.1%，凝析油占 1.0%，天然气占 25.9%。马拉开波盆地为 36.3×10^8 t 油当量，其中石油占 78.1%，凝析油占 1.4%，天然气占 20.5%。

3. 海陆分布

中南美绝大部分剩余可采储量分布在陆上，占 73.8%。陆上和海域石油剩余可采储量均大于天然气。陆上剩余可采储量为 460.4×10^8 t 油当量，石油占 86.6%，凝析油占 1.4%，天然气占 12.0%；海域剩余可采储量为 163.4×10^8 t 油当量，其中石油占 69.4%，凝析油占 1.8%，天然气占 28.8%（图 4-5）。

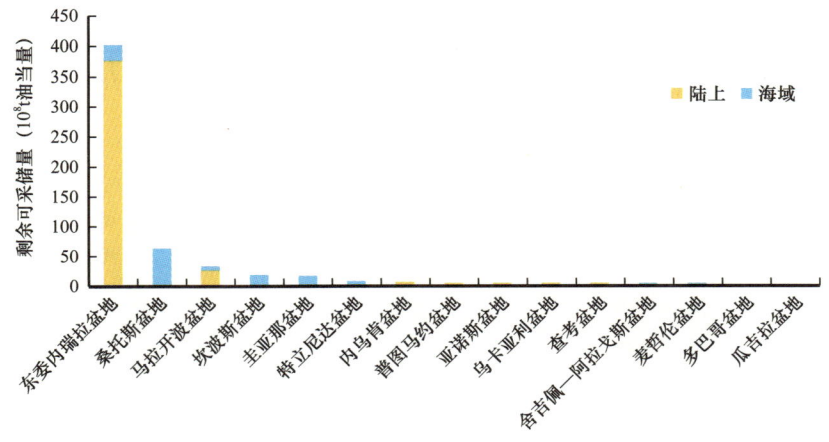

图 4-5 中南美主要盆地剩余可采储量海陆分布柱状图

4. 岩性分布

中南美剩余可采储量在碎屑岩和碳酸盐岩储层中占比分别为 86.8% 和 13.2%，均以石油为主（图 4-6）。

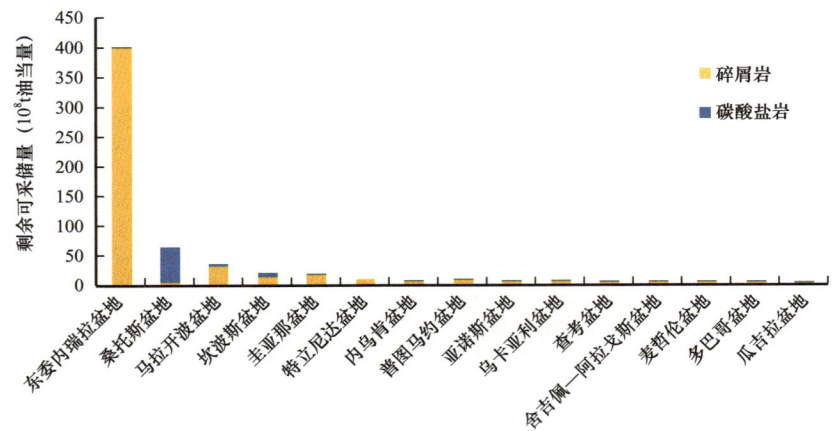

图 4-6　中南美主要盆地岩性剩余可采储量岩性分布柱状图

碎屑岩储层为 $541.2×10^8t$ 油当量，其中石油占 82.1%，凝析油占 1.5%，天然气占 16.4%。碳酸盐岩储层剩余油气可采储量为 $82.6×10^8t$ 油当量，其中石油占 83.9%，凝析油占 1.5%，天然气占 14.6%。

二、已发现油气田储量增长趋势

中南美已发现油气田未来储量增长总计为 $77.5×10^8t$ 油当量，其中石油为 $51.1×10^8t$，占中南美 65.9%；凝析油为 $2.6×10^8t$，占中南美 3.4%；天然气为 $2.8×10^{12}m^3$，占中南美 30.7%。

1. 国家（地区）分布

已发现油气田未来储量增长主要在巴西和委内瑞拉，分别占中南美的 45.1% 和 33.8%。玻利维亚、秘鲁和哥伦比亚也具有一定的储量增长潜力，其他国家潜力较小（图 4-7、图 4-8）。

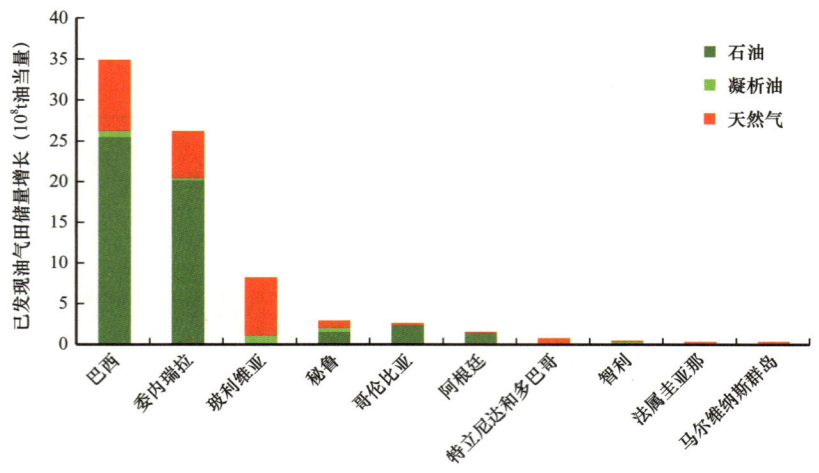

图 4-7　中南美主要国家（地区）已发现油气田储量增长柱状图

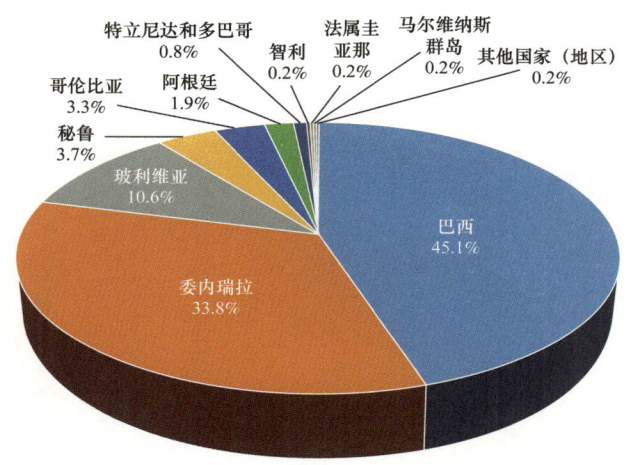

图 4-8 中南美各国家（地区）已发现油气田储量增长饼状图

巴西已发现油气田未来储量增长为 $34.9×10^8$t 油当量，其中石油占 72.9%，凝析油占 2.3%，天然气占 24.8%。委内瑞拉为 $26.2×10^8$t 油当量，其中石油占 76.6%，凝析油占 1.6%，天然气占 21.8%。玻利维亚为 $8.2×10^8$t 油当量，其中石油占 1.7%，凝析油占 10.6%，天然气占 87.7%。

2. 盆地分布

中南美油气田未来储量增长主要来自桑托斯、东委内瑞拉、坎波斯、马拉开波等盆地的已发现油气田。桑托斯、东委内瑞拉、坎波斯盆地位居前三，占中南美的 55.6%（图 4-9、图 4-10）。

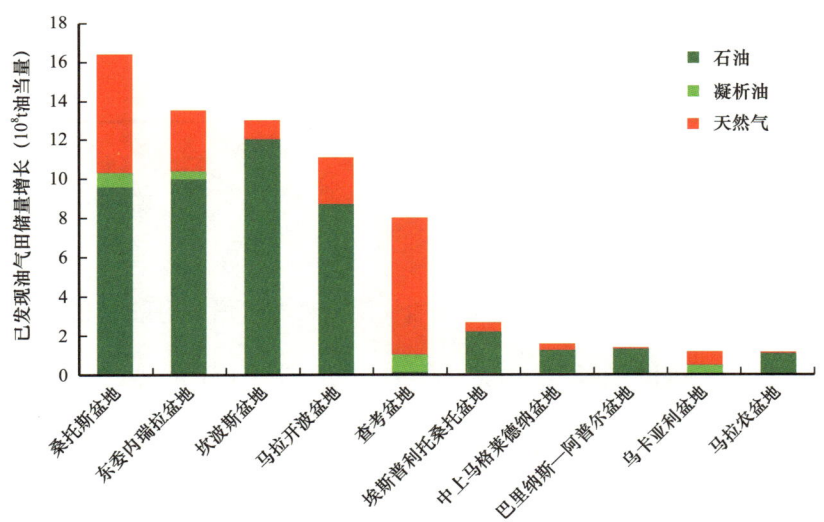

图 4-9 中南美主要含油气盆地已发现油气田储量增长柱状图

桑托斯盆地未来储量增长潜力为 $16.5×10^8$t 油当量，其中石油占 58.2%，凝析油占 4.8%，天然气占 37.0%。东委内瑞拉盆地未来储量增长潜力为 $13.6×10^8$t 油当量，其中石油占73.6%，凝析油占3.0%，天然气占23.4%。坎波斯盆地未来储量增长潜力为13.0×10^8t油当量，其中石油占92.4%，天然气占7.6%。

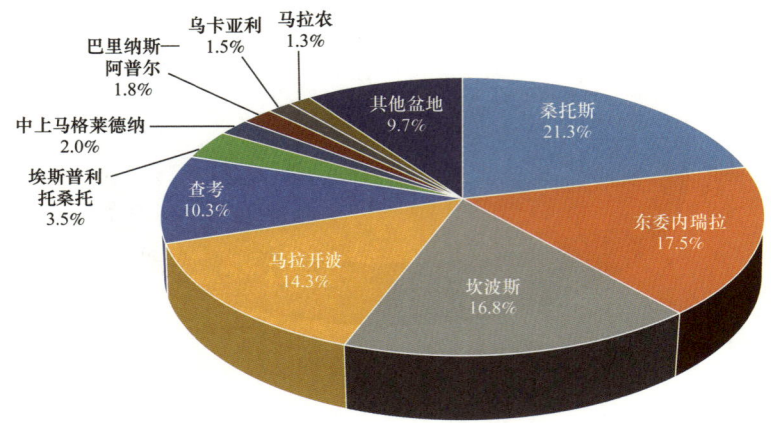

图4-10 中南美主要含油气盆地已发现油气田储量增长饼状图

3. 海陆分布

中南美已发现油气田储量增长陆上与海域大致相当，陆上占51.7%，海域占48.3%（图4-11）。海域和陆上都以石油为主，约为天然气的两倍。

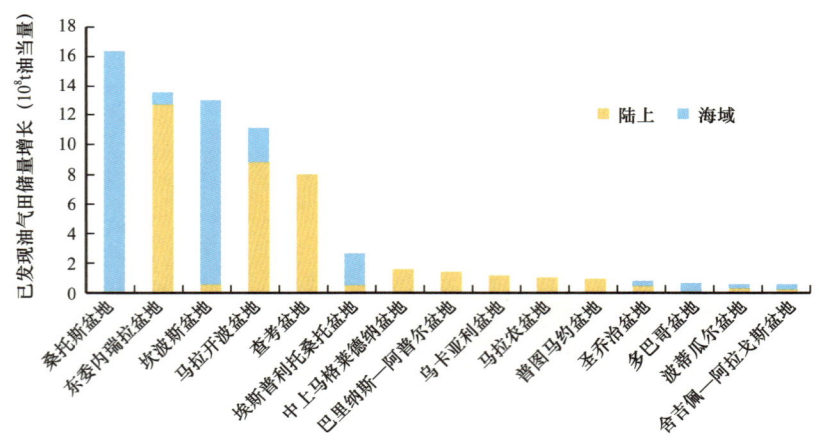

图4-11 中南美主要盆地已发现油气田未来储量增长海陆分布柱状图

陆上已发现油气田储量增长为40×10^8t油当量，其中石油占72.3%，凝析油占2.4%，天然气占25.3%。海域为37.5×10^8t油当量，其中石油占65.9%，凝析油占3.4%，天然气占30.7%。

4. 岩性分布

中南美已发现油气田储量增长主要来自碎屑岩储层，其次为碳酸盐岩储层。碳酸盐岩和碎屑岩石油未来储量增长都远大于天然气（图4-12）。

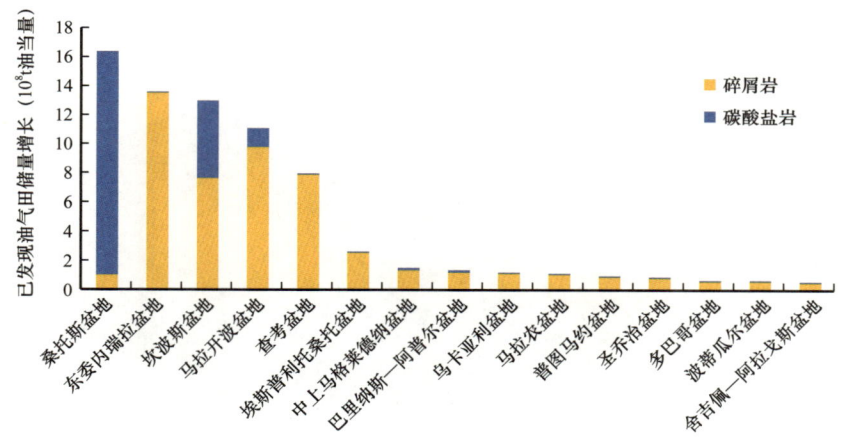

图 4-12　中南美主要盆地已发现油气田未来储量增长岩性分布柱状图

碎屑岩储层已发现油气田储量增长为 $54.5×10^8$ t 油当量，其中石油占 65.9%，凝析油占 3.4%，天然气占 30.7%。碳酸盐岩为 $23.0×10^8$ t 油当量，其中石油占 65.3%，凝析油占 3.5%，天然气占 31.3%。

三、待发现油气资源分布特征

中南美待发现油气资源为 $550.4×10^8$ t 油当量，其中石油占绝大部分，为 $404.6×10^8$ t，占中南美的 73.5%；凝析油为 $12.8×10^8$ t，占中南美的 2.3%；天然气为 $15.6×10^{12}$ m³，占中南美的 24.2%。

1. 国家（地区）分布

中南美待发现油气资源主要分布在巴西、委内瑞拉、阿根廷、特立尼达和多巴哥、玻利维亚、圭亚那和马尔维纳斯群岛等，其中巴西最多，占 60.2%（图 4-13、图 4-14）。

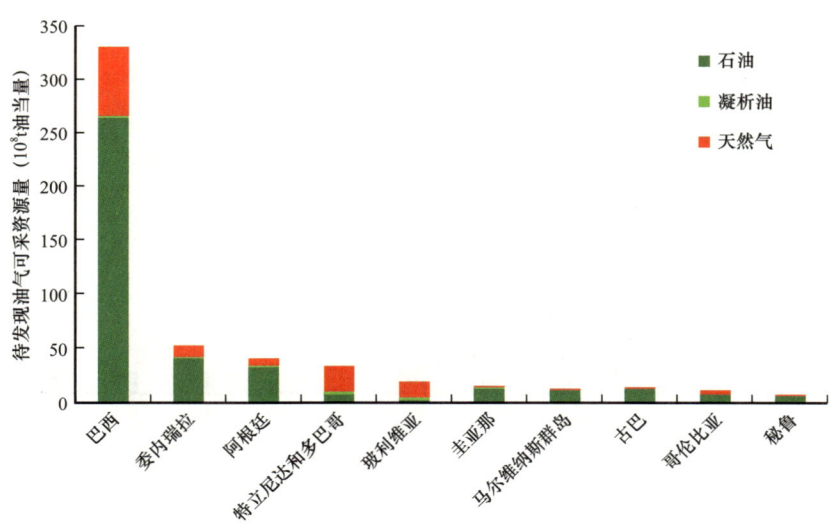

图 4-13　中南美主要国家（地区）待发现油气可采资源量柱状图

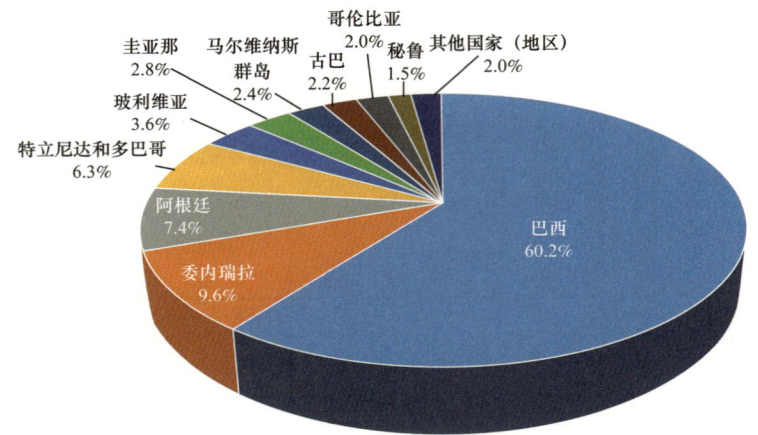

图 4-14　中南美各国家（地区）待发现油气可采资源量饼状图

巴西待发现资源总量为 $331.4×10^8$t 油当量，其中石油占 80.0%，凝析油占 0.8%，天然气占 19.2%；委内瑞拉为 $52.9×10^8$t 油当量，其中石油占 76.3%，凝析油占 3.7%，天然气占 20.0%；阿根廷为 $41.0×10^8$t 油当量，其中石油占 81.6%，凝析油占 0.8%，天然气占 17.6%。

2. 盆地分布

桑托斯盆地和坎波斯盆地是中南美地区待发现资源最多的两个盆地，待发现油气资源占 54.7%。桑托斯盆地待发现油气资源量为 $153.3×10^8$t 油当量，其中石油占 86.5%，天然气占 13.5%；坎波斯盆地待发现油气资源量为 $148.0×10^8$t 油当量，其中石油占 74.0%，凝析油占 0.7%，天然气占 25.3%；东委内瑞拉盆地待发现油气资源量为 $31.0×10^8$t 油当量，其中石油占 84.5%，凝析油占 2.4%，天然气占 13.1%（图 4-15、图 4-16）。

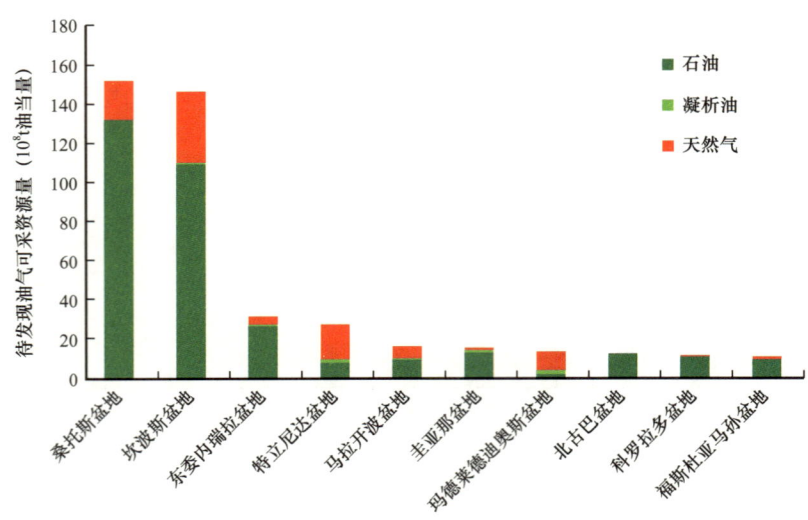

图 4-15　中南美主要含油气盆地待发现油气可采资源量柱状图

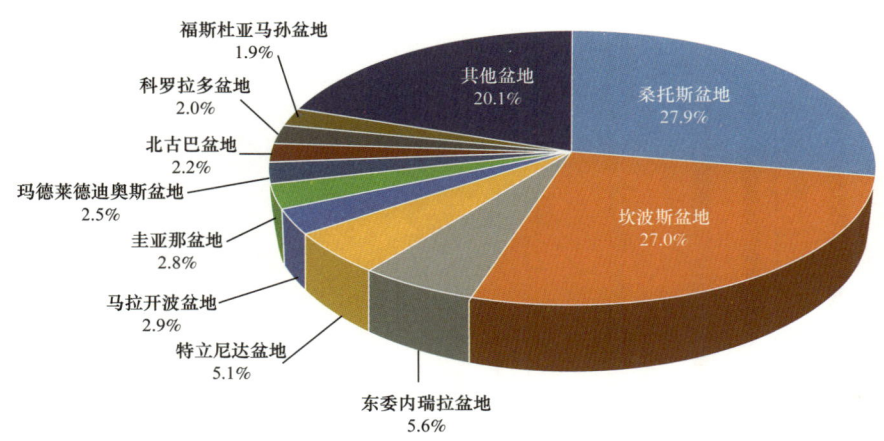

图 4-16　中南美主要含油气盆地待发现油气可采资源量饼状图

3. 海陆分布

中南美陆上待发现油气资源量为 $135.8 \times 10^8 t$ 油当量（图 4-17），其中石油占 64.5%，凝析油占 5.1%，天然气占 30.5%。海域为 $414.6 \times 10^8 t$ 油当量，石油占 76.5%，凝析油占 1.4%，天然气占 22.1%。

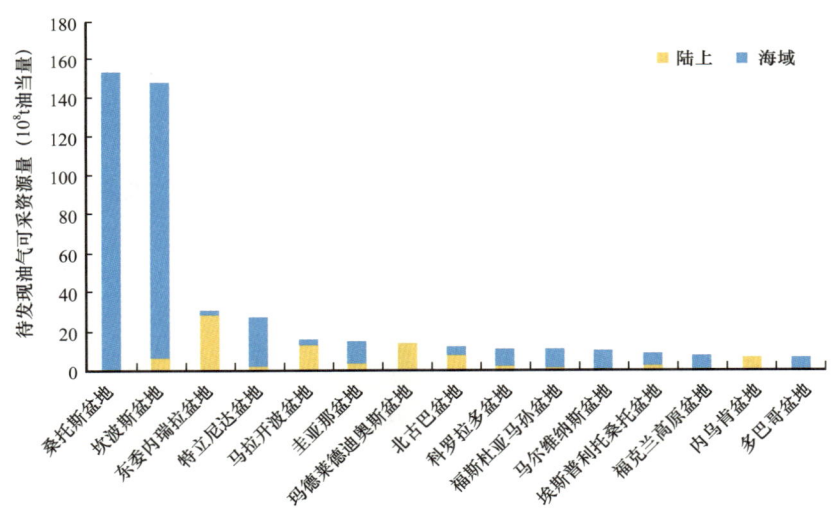

图 4-17　中南美主要盆地待发现油气可采资源量海陆分布柱状图

4. 岩性分布

中南美地区碎屑岩和碳酸盐岩待发现油气资源分别占 59.5% 和 40.5%，都以石油为主（图 4-18）。

碎屑岩待发现油气资源量 $327.3 \times 10^8 t$ 油当量，其中石油占 70.3%，凝析油占 3.5%，天然气占 26.2%。碳酸盐岩为 $223.1 \times 10^8 t$ 油当量，其中石油占 78.2%，凝析油占 0.6%，天然气占 21.2%。

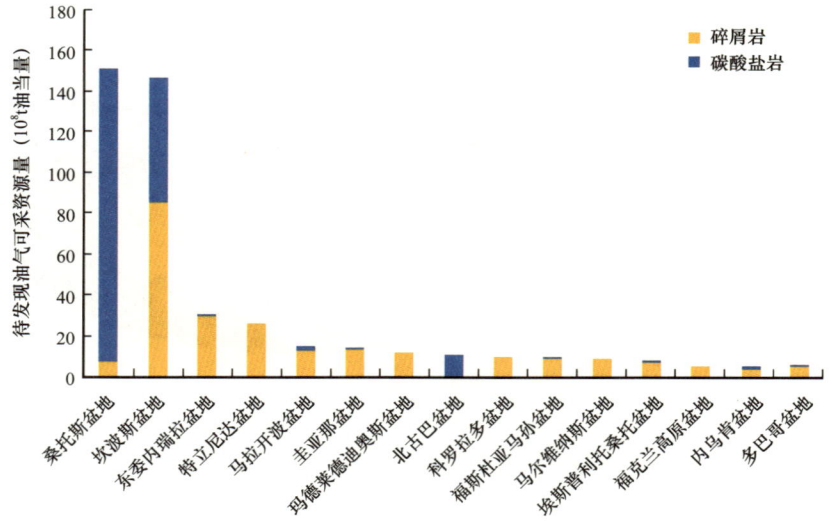

图 4-18　中南美主要盆地待发现油气可采资源量岩性分布柱状图

第二节　非常规油气资源

中南美非常规油气资源包括重油、页岩油、油页岩、页岩气、煤层气和致密气。非常规油气技术可采资源量 $1008.0×10^8$t 油当量，占全球的 15.9%。非常规石油技术可采资源量 $660.8×10^8$t，占全球的 16.3%。其中重油最多，为 $418.2×10^8$t，占全球的 32.8%；油页岩排名第二，为 $153.2×10^8$t，占全球的 10.9%；页岩油为 $89.4×10^8$t，占全球的 12.1%（图 4-19、图 4-20）。

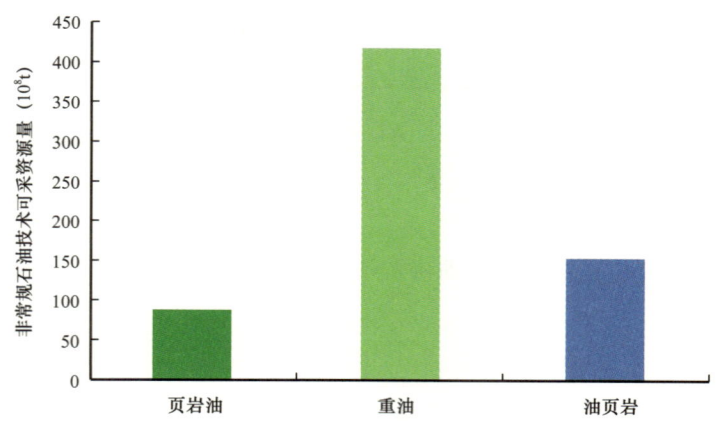

图 4-19　中南美地区不同类型非常规石油技术可采资源量柱状图

非常规天然气技术可采资源量为 $40.6×10^{12}m^3$，占全球 15.1%。以页岩气为主，为 $40.5×10^{12}m^3$，占全球的 18.1%；煤层气为 $292.2×10^8m^3$，占全球的 0.1%；致密气为 $1146.0×10^8m^3$，占全球的 1.6%（图 4-21、图 4-22）。

第四章 中南美洲地区油气资源分布

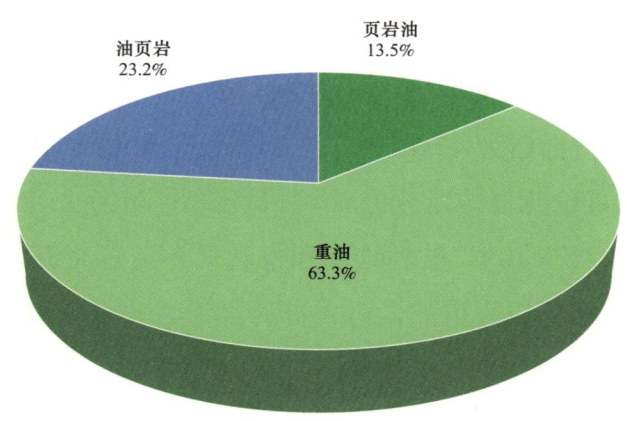

图 4-20　中南美地区不同类型非常规石油技术可采资源量饼状图

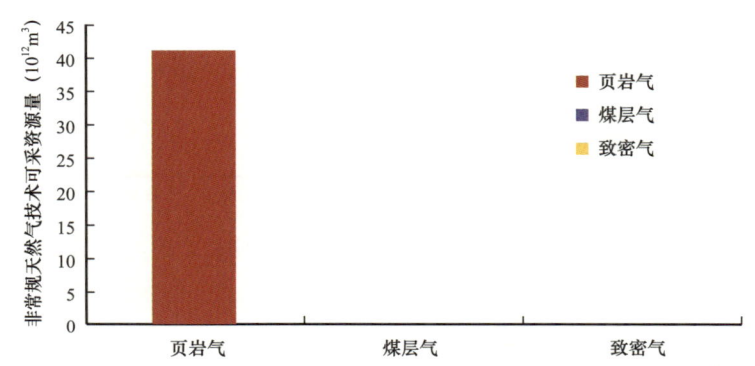

图 4-21　中南美地区不同类型非常规天然气技术可采资源柱状图

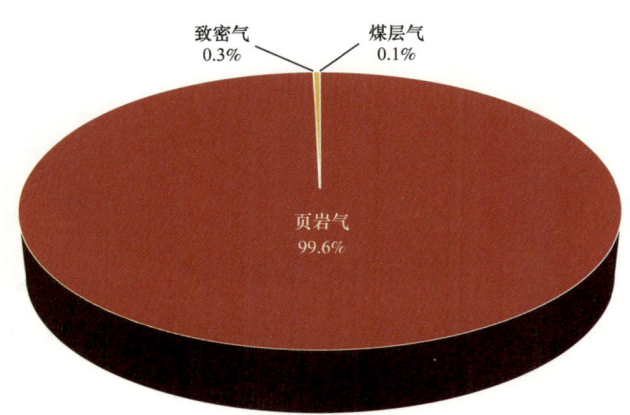

图 4-22　中南美地区不同类型非常规天然气技术可采资源量饼状图

一、非常规油气可采资源国家（地区）分布

1. 非常规石油国家（地区）分布

中南美非常规石油主要分布在委内瑞拉、巴西、阿根廷、哥伦比亚、玻利维亚、智利和秘鲁（图4-23、图4-24）。委内瑞拉非常规石油可采资源量为 371.0×10^8t，占

53

中南美地区的 56.1%，包括重油 350.2×10^8t 和页岩油 20.8×10^8t。巴西非常规石油可采资源量为 207.7×10^8t，占中南美地区的 31.4%，包括重油 45.7×10^8t、页岩油 8.8×10^8t 和油页岩 153.2×10^8t。阿根廷为 47.0×10^8t，占中南美地区的 7.1%，包括重油 4.5×10^8t 和页岩油 42.5×10^8t。哥伦比亚非常规石油可采资源量为 23.3×10^8t，占 3.5%，包括重油 15.8×10^8t 和页岩油 7.5×10^8t。玻利维亚和智利只有页岩油资源，可采资源量分别为 5.3×10^8t 和 4.6×10^8t。秘鲁只有重油，可采资源量为 2.0×10^8t。

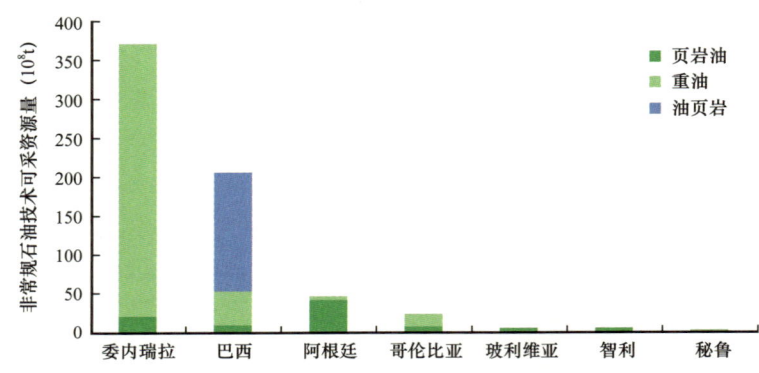

图 4-23　中南美非常规石油技术可采资源量国家（地区）分布柱状图

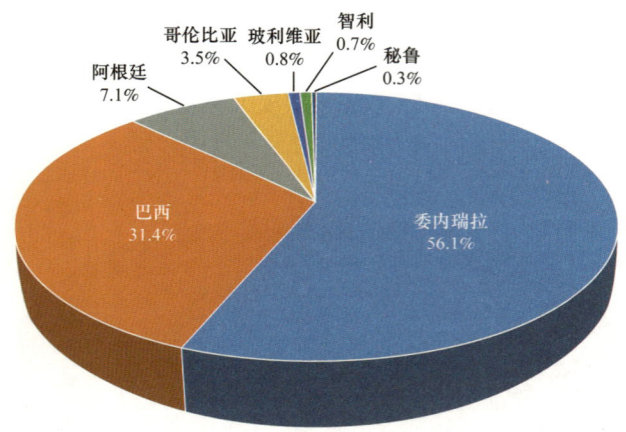

图 4-24　中南美非常规石油技术可采资源量国家（地区）分布饼状图

2. 非常规天然气国家（地区）分布

中南美非常规天然气资源主要分布在阿根廷、委内瑞拉、巴西、玻利维亚、智利和哥伦比亚（图 4-25、图 4-26）。阿根廷非常规天然气可采资源量为 $25.1\times10^{12}m^3$，占中南美地区的 61.8%；其中页岩气为 $25.0\times10^{12}m^3$，煤层气为 $19.4\times10^8m^3$，致密气为 $766.6\times10^8m^3$。委内瑞拉非常规天然气可采资源量为 $5.9\times10^{12}m^3$，占中南美地区的 14.5%；其中页岩气为 $5.8\times10^{12}m^3$，煤层气为 $64.4\times10^8m^3$，致密气为 $407.9\times10^8m^3$。巴西非常规天然气可采资源量为 $5.2\times10^{12}m^3$，占中南美地区的 12.8%；其中页岩气为

$5.1\times10^{12}m^3$，煤层气为$204.4\times10^8m^3$。智利非常规天然气可采资源量为$1.9\times10^{12}m^3$，占中南美地区的4.5%；其中页岩气为$1.9\times10^{12}m^3$，煤层气为$11.3\times10^8m^3$。玻利维亚和哥伦比亚都只有页岩气，可采资源量依次为$3.0\times10^{12}m^3$和$0.6\times10^{12}m^3$。

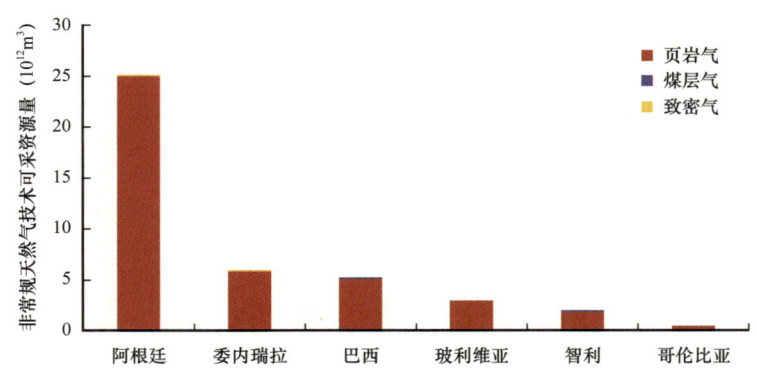

图4-25　中南美非常规天然气技术可采资源量国家（地区）分布柱状图

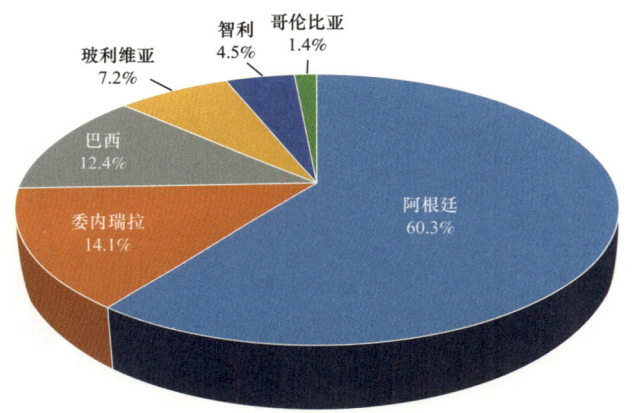

图4-26　中南美非常规天然气技术可采资源量国家（地区）分布饼状图

二、非常规油气资源盆地分布

中南美非常规油气资源主要分布于20个盆地，其中10个盆地具有非常规石油和天然气资源，其他10个盆地只有非常规石油。非常规油气资源分布最多的盆地为东委内瑞拉盆地，具有266.5×10^8t非常规石油，占中南美地区非常规油气资源的26.4%。

1. 非常规石油盆地分布

中南美非常规石油分布在20个盆地中，东委内瑞拉盆地最多，占中南美地区的40.3%，都是重油资源（图4-27、图4-28）。亚马孙盆地排名第二，为114.4×10^8t，占中南美地区的17.3%，其中油页岩113.4×10^8t、页岩油1×10^8t。排名第三位的是马拉开波盆地，为103.0×10^8t，占中南美地区的15.6%，其中页岩油20.8×10^8t、重油

82.2×10^8t。东委内瑞拉盆地、亚马孙盆地、马拉开波盆地、巴拉纳盆地、坎波斯盆地、内乌肯盆地、麦哲伦盆地和中上马格莱德纳盆地非常规石油可采资源量都在 10×10^8t 以上。

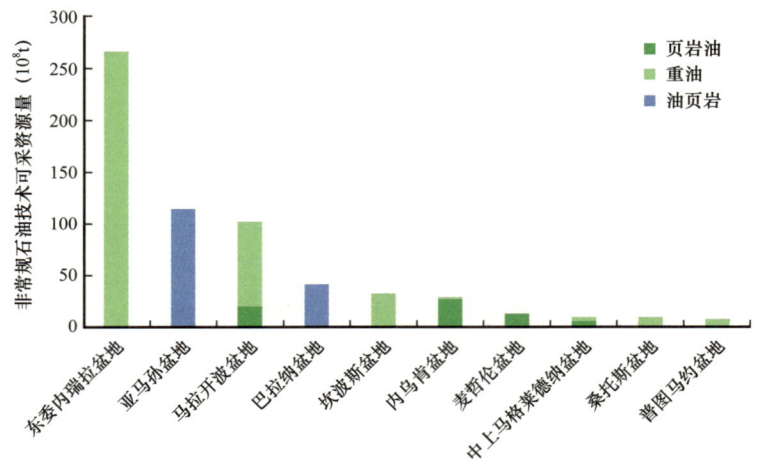

图 4-27　中南美非常规石油技术可采资源量盆地分布柱状图

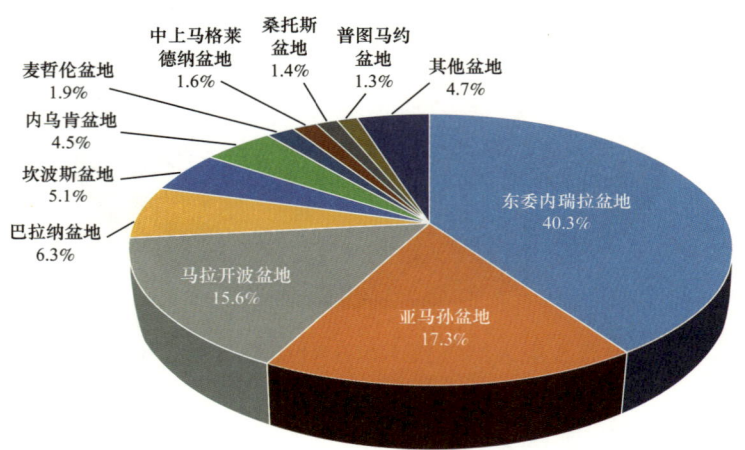

图 4-28　中南美非常规石油技术可采资源量盆地分布饼状图

2. 非常规天然气盆地分布

中南美非常规天然气可采资源主要分布在 10 个盆地，按照可采资源量多少依次为内乌肯盆地、马拉开波盆地、麦哲伦盆地、亚马孙盆地、查考盆地、圣乔治盆地、查科—巴拉纳盆地、中上马格莱德纳盆地、巴拉纳盆地和亚诺斯盆地（图 4-29、图 4-30）。内乌肯盆地非常规天然气可采资源量为 $15.9\times10^{12}\mathrm{m}^3$，占中南美地区的 39.1%，其中页岩气 $16.9\times10^{12}\mathrm{m}^3$ 和致密气 $274.8\times10^8\mathrm{m}^3$。马拉开波盆地为 $5.9\times10^{12}\mathrm{m}^3$，占中南美地区的 14.5%，其中页岩气 $5.8\times10^{12}\mathrm{m}^3$、煤层气 $64.4\times10^8\mathrm{m}^3$ 和致密气 $407.9\times10^8\mathrm{m}^3$。麦哲伦盆地为 $5.2\times10^{12}\mathrm{m}^3$，占中南美地区的 12.7%，以页岩气为主，还有 $30.7\times10^8\mathrm{m}^3$ 煤层气。圣乔治盆地为 $2.5\times10^{12}\mathrm{m}^3$，占中南美地区的 6.1%，以页岩气为主。巴拉纳盆地为 $3900\times10^8\mathrm{m}^3$，占中南美地区的 0.9%，包括 $3696\times10^8\mathrm{m}^3$ 页岩气和 $204\times10^8\mathrm{m}^3$ 煤层气。亚马孙盆地、查考盆地、查科—巴拉纳盆地、中上马格莱德纳盆地和亚诺斯盆地都只有页岩气资源，可采资源量依次为 $4.8\times10^{12}\mathrm{m}^3$、$3.0\times10^{12}\mathrm{m}^3$、$2.4\times10^{12}\mathrm{m}^3$、$5308.2\times10^8\mathrm{m}^3$ 和 $527.1\times10^8\mathrm{m}^3$。

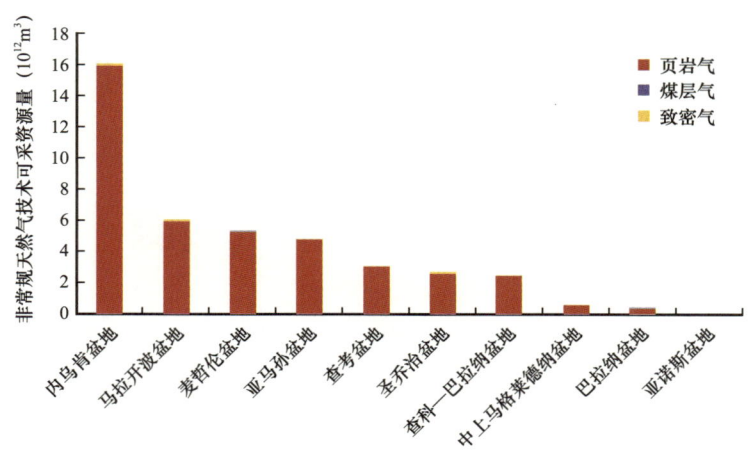

图 4-29　中南美非常规天然气技术可采资源量盆地分布柱状图

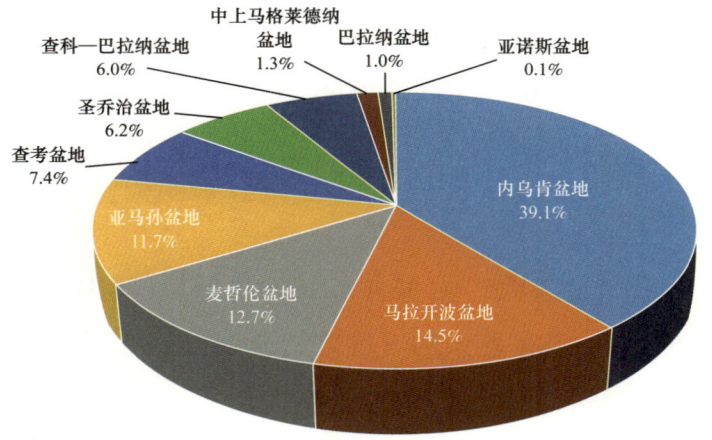

图 4-30　中南美非常规天然气技术可采资源量盆地分布饼状图

第五章 欧洲地区油气资源分布

欧洲包括英国、法国、德国、挪威等 45 个国家和地区，面积达 $1016\times10^4\text{km}^2$，为世界第六大洲。欧洲共发育 44 个沉积盆地，其中陆上以前陆盆地和克拉通盆地为主，海域以裂谷盆地和被动陆缘盆地为主。欧洲地区富集了全球 5.9% 的油气资源，油气可采资源量为 $1029.8\times10^8\text{t}$ 油当量。

第一节 常规油气资源

欧洲地区常规油气可采资源量为 $537.9\times10^8\text{t}$ 油当量，占全球常规油气可采资源量的 4.9%；其中可采储量为 $353.7\times10^8\text{t}$，占全球 5.3%；剩余油气可采储量为 $110.3\times10^8\text{t}$ 油当量，占全球 2.6%；已发现油气田未来油气增长量预测为 $32.3\times10^8\text{t}$ 油当量，占全球 2.9%；油气待发现可采资源量为 $151.9\times10^8\text{t}$ 油当量，占全球 4.7%。

一、剩余可采储量分布

欧洲剩余油气可采储量 $110.3\times10^8\text{t}$ 油当量，其中石油 $47.0\times10^8\text{t}$、凝析油 $5.6\times10^8\text{t}$、天然气 $6.9\times10^{12}\text{m}^3$。

1. 国家（地区）分布

挪威剩余油气可采储量最大，为 $36.4\times10^8\text{t}$ 油当量，其中石油占 40.5%，凝析油占 4.1%，天然气占 55.4%。英国剩余油气可采储量 $25.4\times10^8\text{t}$，位居第二，其中石油占 55.3%，凝析油占 6.8%，天然气占 37.9%（图 5-1、图 5-2）。

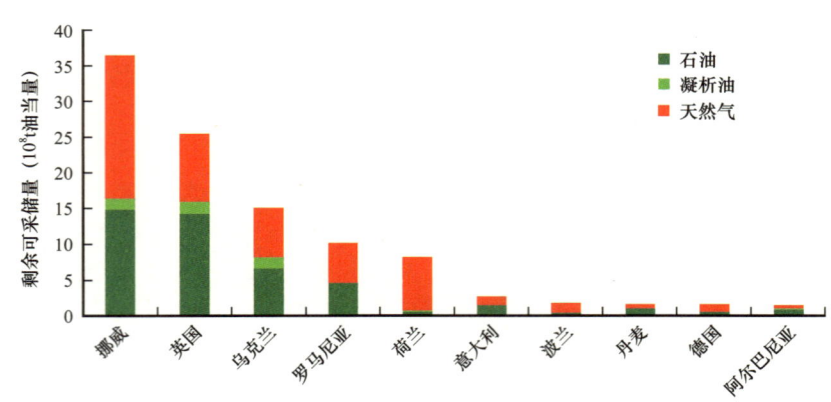

图 5-1 欧洲主要国家（地区）剩余可采储量柱状图

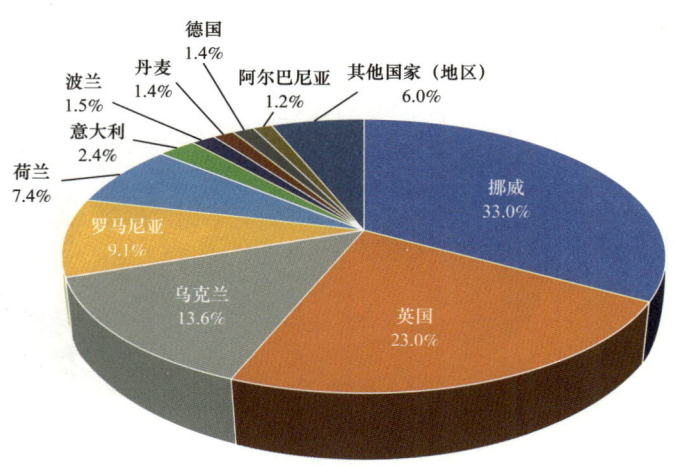

图 5-2 欧洲各国（地区）剩余可采储量饼状图

2. 盆地分布

欧洲剩余油气可采储量主要富集在北海盆地、第聂伯—顿涅茨盆地、法罗—西设得兰盆地、德国西北盆地、伏令盆地、南喀尔巴阡盆地、巴伦支海台地、北喀尔巴阡盆地、英荷盆地、潘农盆地等（图 5-3）。北海盆地、第聂伯—顿涅茨盆地和法罗—西设得兰盆地剩余油气储量位居前三，其剩余油气可采储量占比合计为 52.8%（图 5-4）。

北海盆地剩余油气可采储量达 38.7×10^8 t 油当量，其中石油占 49.2%，凝析油占 5.5%，天然气占 45.3%；第聂伯—顿涅茨盆地剩余油气可采储量为 11.3×10^8 t 油当量，石油占 37.6%，凝析油占 12.4%，天然气占 50.0%；法罗—西设得兰盆地剩余可采储量为 8.3×10^8 t 油当量，石油占 76.7%，凝析油占 1.7%，天然气占 21.6%。

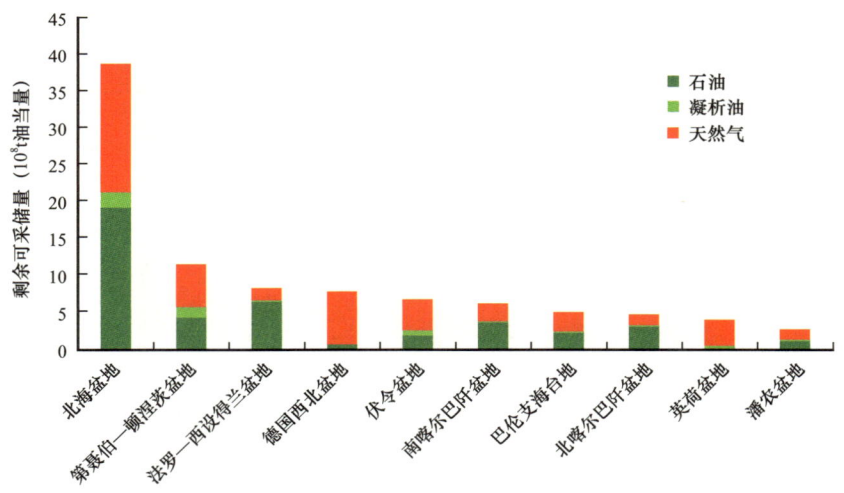

图 5-3 欧洲主要盆地剩余可采储量柱状图

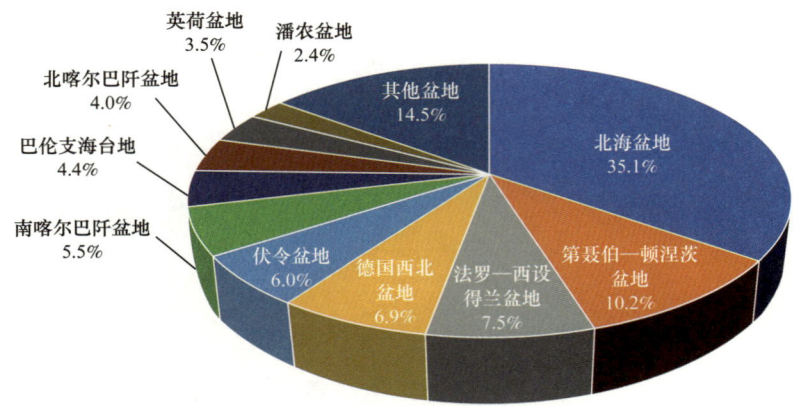

图 5-4　欧洲主要盆地剩余可采储量饼状图

3. 海陆分布

欧洲剩余油气可采储量海域和陆上分布不均衡，占比分别为 63.8% 和 37.2%（图 5-5）。陆上为 40.7×10^8 t 油当量，其中石油占 39.0%，凝析油占 4.9%，天然气占 56.1%。海域为 69.6×10^8 t 油当量，其中石油占 45.7%，凝析油占 5.7%，天然气占 48.6%。

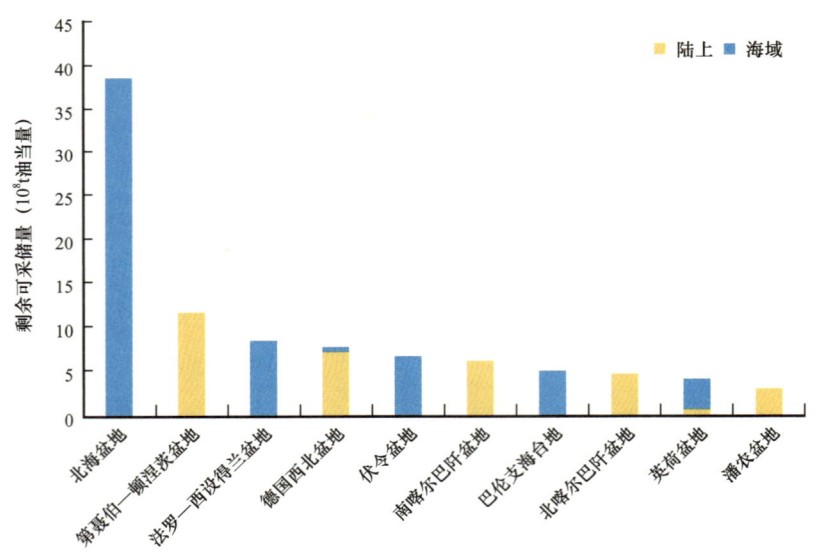

图 5-5　欧洲主要盆地剩余可采储量海陆分布柱状图

4. 岩性分布

欧洲剩余油气可采储量以碎屑岩为主，占 85.7%。碳酸盐岩剩余油气可采储量 15.7×10^8 t 油当量，其中石油占 50.3%，凝析油占 3.0%，天然气占 46.7%。碎屑岩剩余可采储量 94.6×10^8 t 油当量，其中石油占 38.0%，凝析油占 5.2%，天然气占 56.8%（图 5-6）。

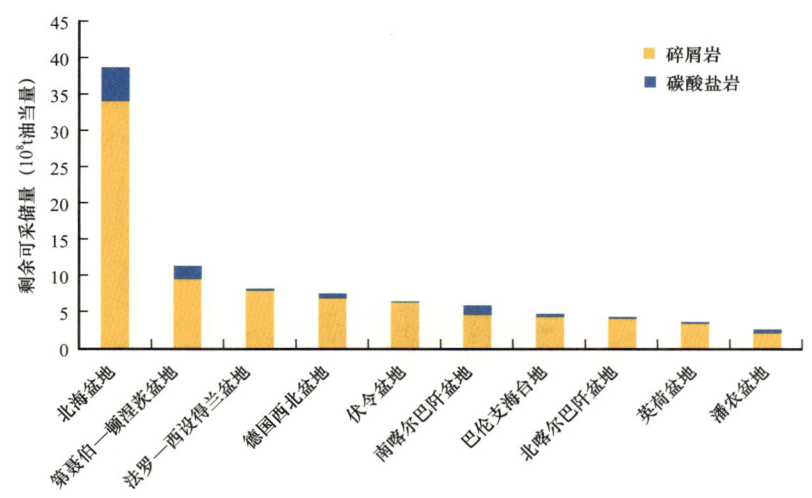

图 5-6　欧洲主要盆地剩余可采储量岩性分布柱状图

二、已发现油气田储量增长趋势

欧洲已发现油气田未来储量增长总计 32.3×10^8 t 油当量，其中石油占 27.1%，凝析油占 8.7%，天然气占 64.2%。

1. 国家（地区）分布

挪威已发现油气田未来储量增长 6.8×10^8 t 油当量，占未来储量增长的 21.0%，其中石油占 59.6%，凝析油占 18.0%，天然气占 22.4%。波兰仅次于挪威，为 6.1×10^8 t 油当量，其中石油占 2.4%，凝析油占 1.0%，天然气占 96.6%。英国为 5.9×10^8 t 油当量，其中石油占 35.7%，凝析油占 17.5%，天然气占 46.8%（图 5-7、图 5-8）。

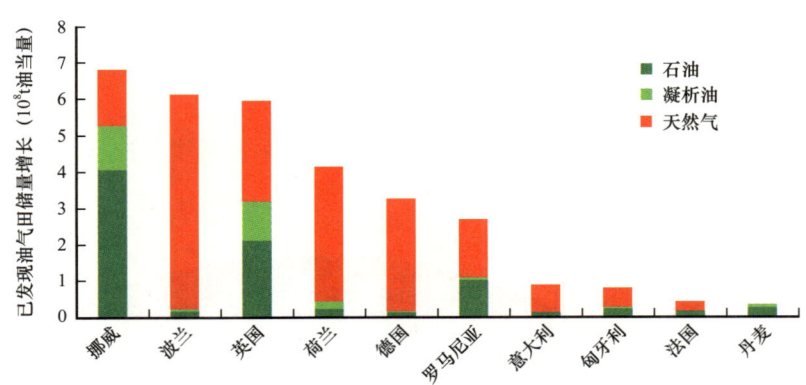

图 5-7　欧洲主要国家（地区）已发现油气田未来储量增长柱状图

2. 盆地分布

东北德国—波兰盆地、北海盆地和英荷盆地位居已发现油气田未来储量增长前三，占未来储量增长的 52.8%（图 5-9、图 5-10）。东北德国—波兰盆地已发现油气田未

来储量增长为 8.2×10^8 t 油当量,其中石油占 0.9%,凝析油占 1.0%,天然气占 98.1%。北海盆地已发现油气田未来储量增长为 5.0×10^8 t 油当量,其中石油占 67.8%,凝析油占 32.2%。英荷盆地为 3.8×10^8 t 油当量,其中石油占 3.1%,凝析油占 11.2%,天然气占 85.7%。

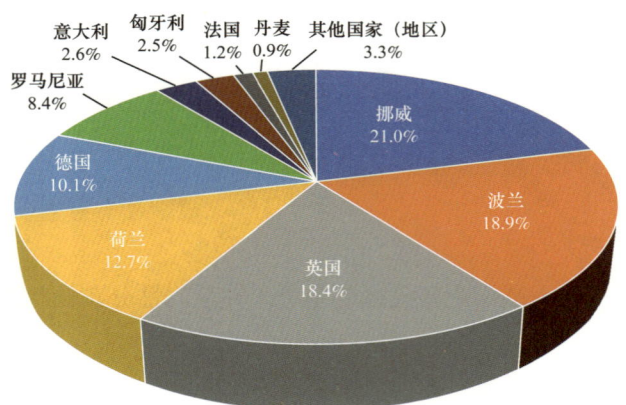

图 5-8 欧洲主要国家（地区）已发现油气田未来储量增长饼状图

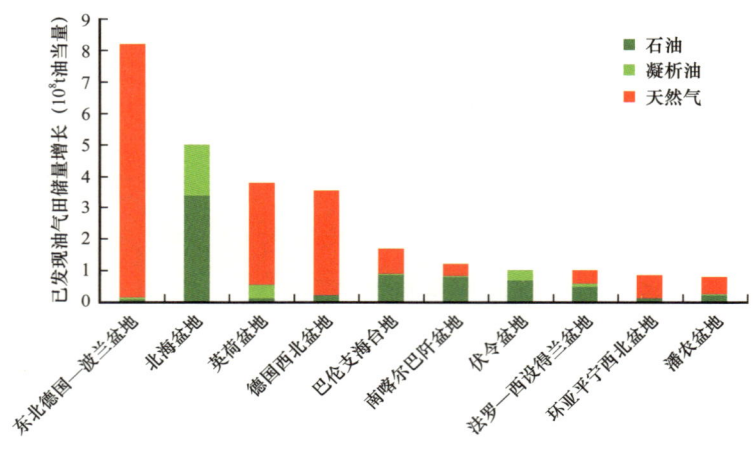

图 5-9 欧洲主要盆地已发现油气田未来储量增长柱状图

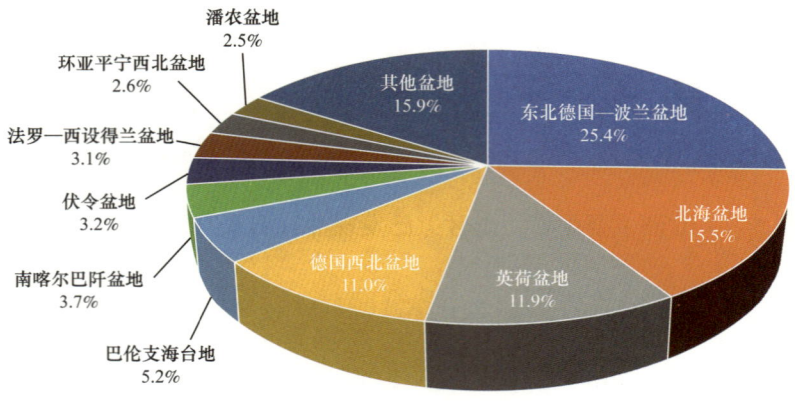

图 5-10 欧洲主要盆地已发现油气田未来储量增长饼状图

3. 海陆分布

欧洲已发现油气田未来储量增长海域和陆上分布不均衡（图 5-11）。陆上的储量增长超过 $16.4×10^8$t 油当量，其中石油占 27.8%，凝析油占 2.2%，天然气占 70.0%。海域的储量增长为 $15.9×10^8$t 油当量，其中石油占 51.3%，凝析油占 4.2%，天然气占 44.5%。

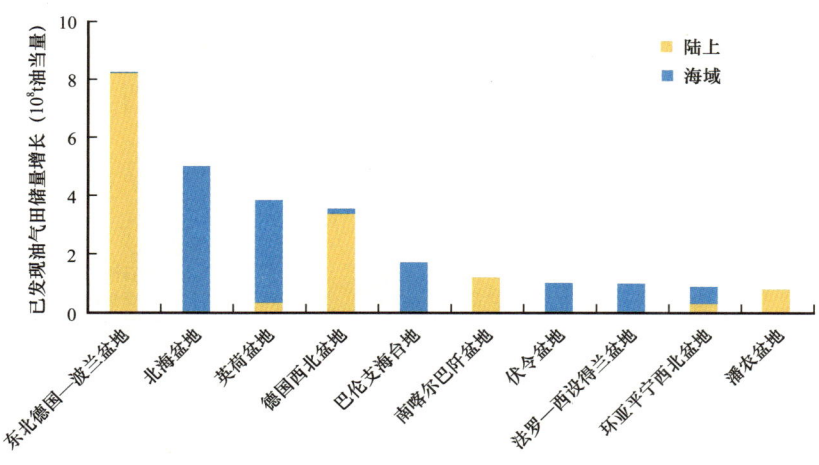

图 5-11　欧洲主要盆地已发现油气田未来储量增长海陆分布柱状图

4. 岩性分布

欧洲已发现油气田未来储量增长以碎屑岩为主，占未来储量增长总量的 84.5%，$27.3×10^8$t 油当量，主要来自东北德国—波兰盆地、北海盆地、英荷盆地和德国西北盆地，未来储量增长量均超过 $3×10^8$t 油当量（图 5-12）。碳酸盐岩储量增长为 $5.0×10^8$t 油当量，主要来自东北德国—波兰盆地、北海盆地和德国西北盆地。

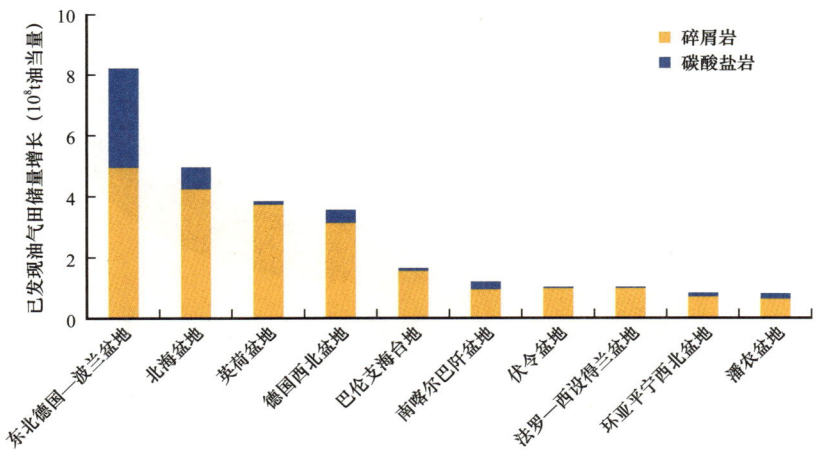

图 5-12　欧洲主要盆地已发现油气田未来储量增长岩性分布柱状图

三、待发现油气资源分布特征

欧洲待发现油气资源为 151.9×10^8 t 油当量，其中石油占 37.1%，凝析油占 9.0%，天然气占 53.9%。

1. 国家（地区）分布

挪威待发现资源总量为 43.8×10^8 t 油当量，待发现资源最多，其中石油占 38.1%，凝析油占 14.3%，天然气占 47.6%。格陵兰地区为 27.9×10^8 t 油当量，其中石油占 45.8%，凝析油占 11.9%，天然气占 42.3%。英国为 16.7×10^8 t 油当量，其中石油占 57.7%，凝析油占 8.2%，天然气占 34.1%（图 5-13、图 5-14）。

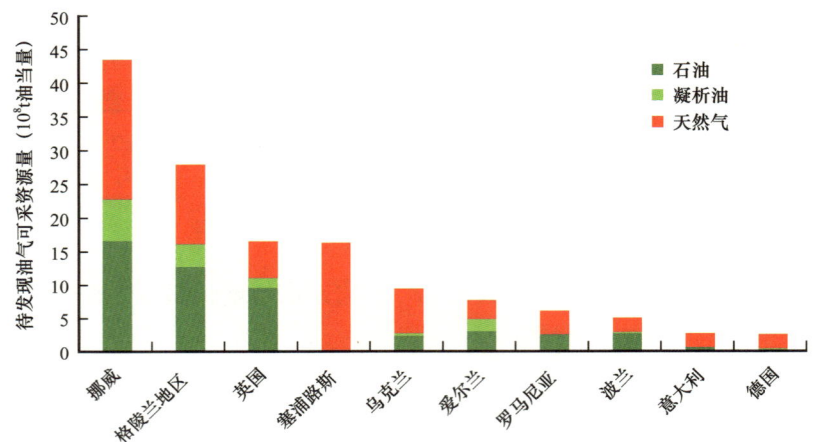

图 5-13 欧洲主要国家（地区）待发现油气可采资源量柱状图

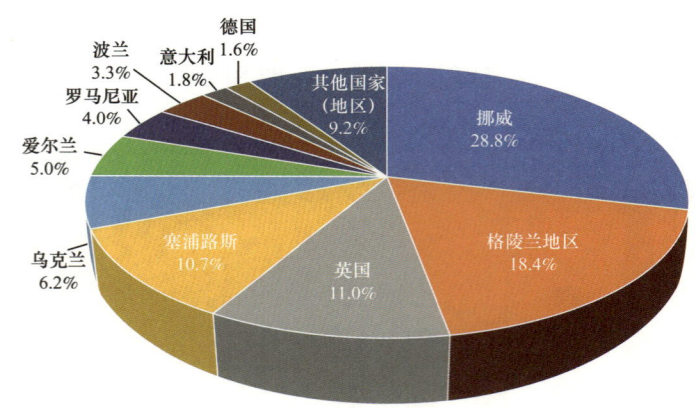

图 5-14 欧洲主要国家（地区）待发现油气可采资源量饼状图

2. 盆地分布

东格陵兰盆地、伏令盆地和埃拉托色尼盆地待发现资源潜力位居前三，占欧洲待发现资源总量的 42.9%（图 5-15、图 5-16）。东格陵兰盆地待发现资源量为 27.9×10^8 t

油当量,其中石油占45.8%,凝析油占11.9%,天然气占42.3%。伏令盆地待发现资源量为20.8×10⁸t油当量,其中石油占35.5%,凝析油占18.3%,天然气占46.2%。埃拉托色尼盆地待发现资源量为16.3×10⁸t油当量,其中凝析油占0.2%,天然气占99.8%。

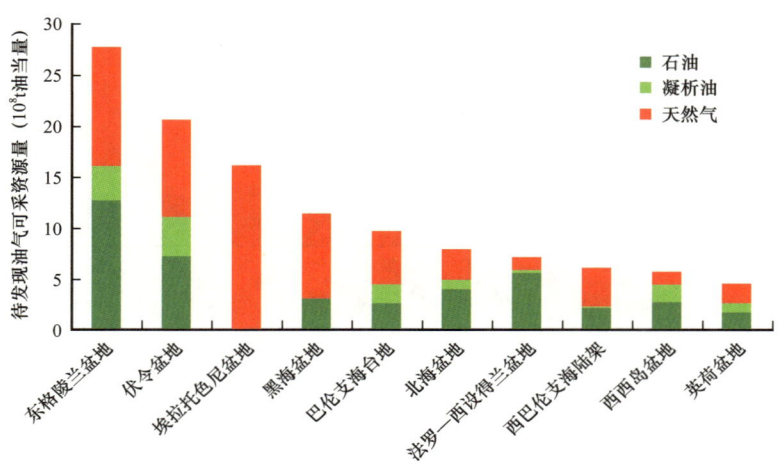

图5-15 欧洲主要盆地待发现油气可采资源量柱状图

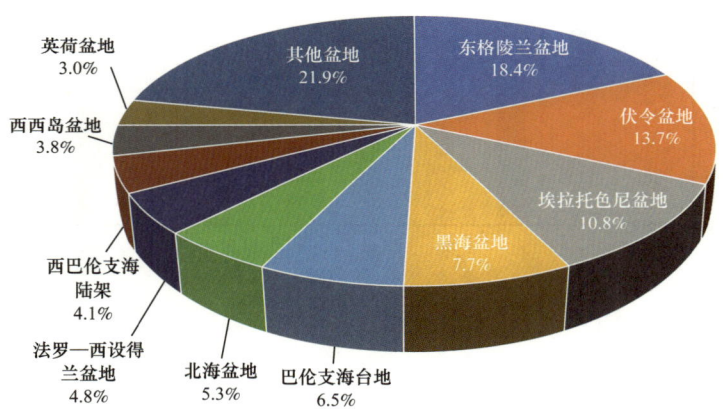

图5-16 欧洲主要盆地待发现油气可采资源量饼状图

3. 海陆分布

欧洲地区海域待发现油气资源是陆上的5倍。陆上待发现油气资源量为24.4×10⁸t油当量,其中石油占39.3%,凝析油占4.8%,天然气占55.9%(图5-17)。海域待发现油气资源量为127.5×10⁸t油当量,其中石油占36.8%,凝析油占9.8%,天然气占53.4%。

4. 岩性分布

欧洲碎屑岩待发现油气资源远大于碳酸盐岩,占比分别为80.4%和19.6%。碳酸盐岩待发现油气资源量为 $29.8×10^8$ t 油当量，主要来自埃拉托色尼盆地、巴伦支海台地和西西岛盆地（图 5-18）。碎屑岩为 $122.1×10^8$ t 油当量，主要来自东格陵兰盆地、伏令盆地、黑海盆地，其待发现资源量均超过 $10.0×10^8$ t 油当量。

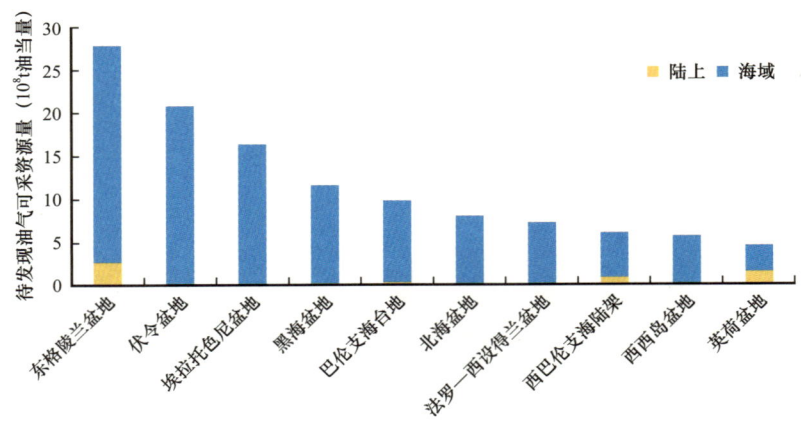

图 5-17 欧洲主要盆地待发现油气可采资源量海陆分布柱状图

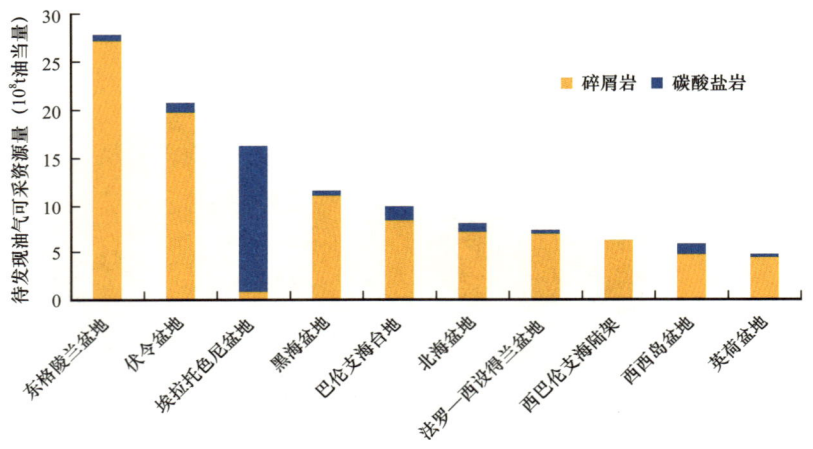

图 5-18 欧洲主要盆地待发现油气可采资源量岩性分布柱状图

第二节 非常规油气资源

欧洲非常规油气资源类型包括油页岩、重油、页岩油、油砂、页岩气、煤层气和致密气等 7 种类型。非常规油气技术可采资源总量 $492.0×10^8$ t 油当量，占全球非常规可采资源量的 7.7%。

欧洲非常规石油技术可采资源量 $325.9×10^8$ t，占全球非常规石油技术可采资源量的 8.0%。其中油页岩技术可采资源量最大，为 $200.1×10^8$ t；其次为重油，技术可采资源量为 $84.2×10^8$ t；页岩油和油砂分别为 $23.6×10^8$ t 和 $17.9×10^8$ t（图 5-19、图 5-20）。

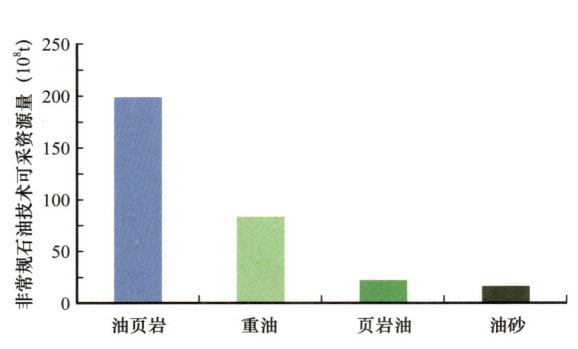 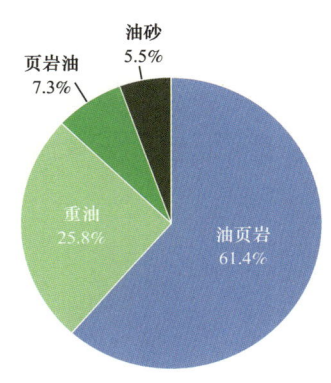

图 5-19 欧洲非常规石油技术可采资源量柱状图　图 5-20 欧洲非常规石油技术可采资源量饼状图

非常规天然气技术可采资源量为 $19.4×10^{12}m^3$，占全球非常规天然气总量的 7.0%，以页岩气为主，可采资源量为 $16.7×10^{12}m^3$，煤层气和致密气分别为 $0.7×10^{12}m^3$ 和 $2.0×10^{12}m^3$（图 5-21、图 5-22）。

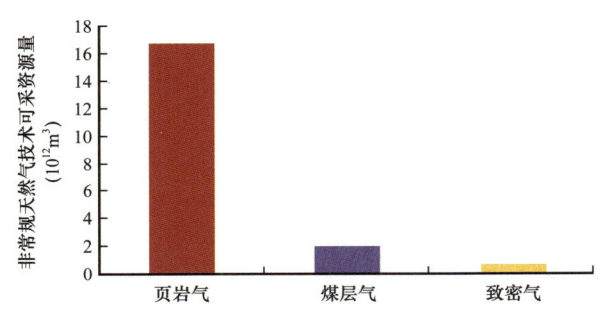 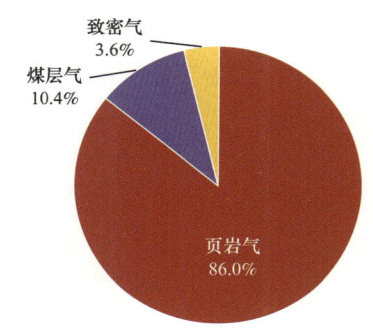

图 5-21　欧洲非常规天然气技术可采资源量柱状图　　图 5-22　欧洲非常规天然气技术可采资源量饼状图

一、非常规油气可采资源国家（地区）分布

1. 非常规石油国家（地区）分布

欧洲非常规石油主要分布在乌克兰、法国和德国三个国家。乌克兰非常规石油可采资源量达 $97.4×10^8t$，占欧洲非常规石油可采资源量的 29.9%，其中油页岩为 $95.8×10^8t$，页岩油为 $1.6×10^8t$。法国为 $88.8×10^8t$，以油页岩和页岩油为主，其中油页岩为 $78.7×10^8t$，页岩油为 $6.6×10^8t$。德国为 $38.7×10^8t$，以重油、油页岩和页岩油为主，其中重油为 $35.5×10^8t$，油页岩为 $2.1×10^8t$，页岩油为 $1.0×10^8t$（图 5-23、图 5-24）。总体而言，乌克兰和法国非常规石油资源以油页岩为主，德国以重油资源为主。

2. 非常规天然气国家（地区）分布

欧洲非常规天然气主要位于波兰、乌克兰和法国等国家。波兰非常规天然气可采资

源量达 $4.6\times10^{12}\text{m}^3$，占欧洲非常规天然气可采资源总量的23.5%，其中页岩气 $4.2\times10^{12}\text{m}^3$、煤层气为 $0.4\times10^{12}\text{m}^3$；乌克兰为 $3.9\times10^{12}\text{m}^3$，其中页岩气 $2.2\times10^{12}\text{m}^3$、煤层气 $1.6\times10^{12}\text{m}^3$、致密气 $0.1\times10^{12}\text{m}^3$；法国为 $3.7\times10^{12}\text{m}^3$，均为页岩气（图5-25、图5-26）。

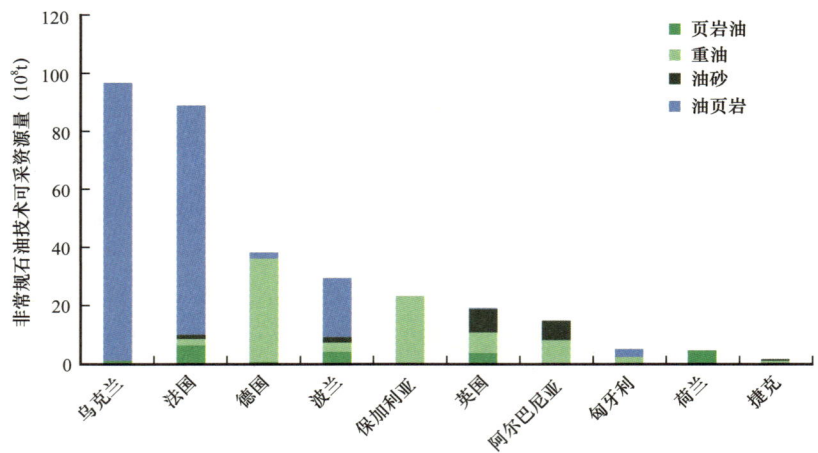

图5-23　欧洲非常规石油技术可采资源量国家（地区）分布柱状图

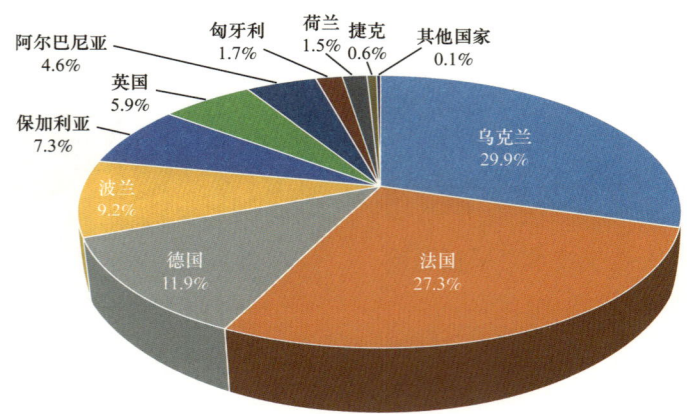

图5-24　欧洲非常规石油技术可采资源量国家（地区）分布饼状图

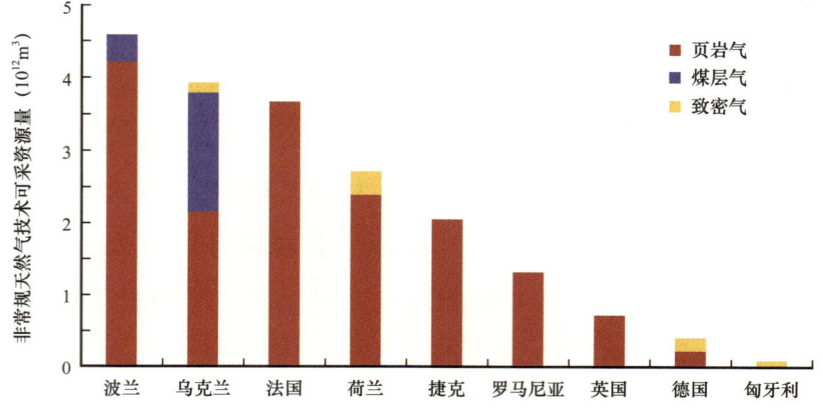

图5-25　欧洲非常规天然气技术可采资源量国家（地区）分布柱状图

第五章 欧洲地区油气资源分布

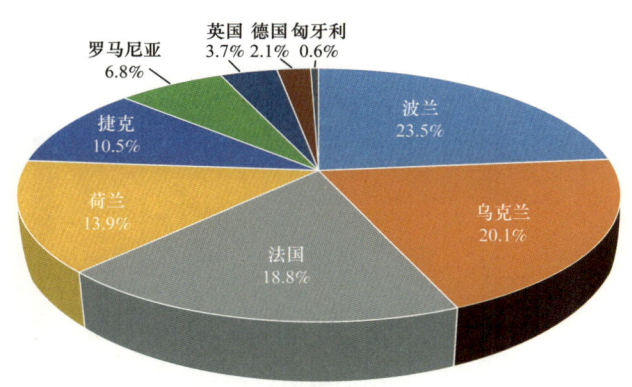

图 5-26 欧洲非常规天然气技术可采资源量国家（地区）分布饼状图

二、非常规油气资源盆地分布

1. 非常规石油盆地分布

欧洲非常规石油主要富集在第聂伯—顿涅茨盆地、巴黎盆地、波罗的海盆地和潘农盆地等 15 个盆地。其中，第聂伯—顿涅茨盆地欧洲排名第一，非常规石油技术可采资源量为 $97.4 \times 10^8 t$，占欧洲非常规石油可采资源的 29.9%，其中油页岩为 $95.8 \times 10^8 t$，页岩油为 $1.6 \times 10^8 t$。其次是巴黎盆地，为 $85.3 \times 10^8 t$，其中油页岩为 $78.7 \times 10^8 t$，页岩油为 $6.6 \times 10^8 t$。德国西北盆地为位居第三，为 $36.5 \times 10^8 t$，其中重油为 $35.5 \times 10^8 t$，页岩油为 $1.0 \times 10^8 t$（图 5-27、图 5-28）。

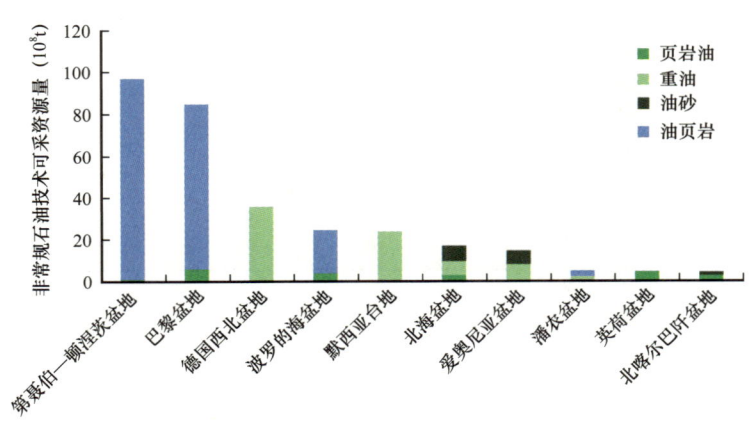

图 5-27 欧洲非常规石油技术可采资源量排名前十盆地分布柱状图

油页岩主要分布在第聂伯—顿涅茨盆地、巴黎盆地、波罗的海盆地和潘农盆地。重油主要分布在德国西北盆地、默西亚台地、爱奥尼亚盆地、北海盆地、北喀尔巴阡盆地、潘农盆地、磨拉石盆地和南喀尔巴阡盆地。油砂主要分布在北海盆地、爱奥尼亚盆地、北喀尔巴阡盆地、磨拉石盆地和南喀尔巴阡盆地。页岩油主要分布在英荷盆地、波罗的海盆地、北海盆地、第聂伯—顿涅茨盆地、德国西北盆地、韦塞克斯盆地和默西亚台地。

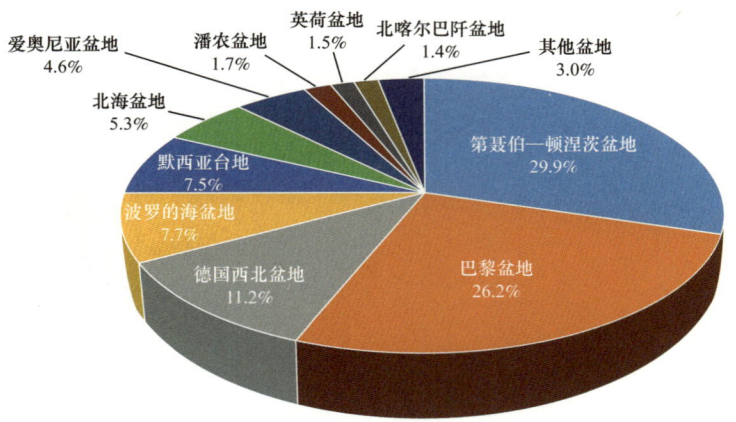

图 5-28　欧洲非常规石油技术可采资源量盆地分布饼状图

2. 非常规天然气盆地分布

欧洲非常规天然气主要富集在波罗的海盆地、第聂伯—顿涅茨盆地、巴黎盆地、英荷盆地、南喀尔巴阡盆地等 10 个盆地。波罗的海盆地非常规天然气技术可采资源量欧洲排名第一，为 $4.2 \times 10^{12} m^3$，占欧洲非常规天然气可采资源总量的 21.5%，以页岩气为主。其次是第聂伯—顿涅茨盆地，为 $3.9 \times 10^{12} m^3$，占 20.1%，以页岩气和煤层气为主，分别占 55.0% 和 41.7%。巴黎盆地位居第三，为 $3.7 \times 10^{12} m^3$，均为页岩气（图 5-29、图 5-30）。

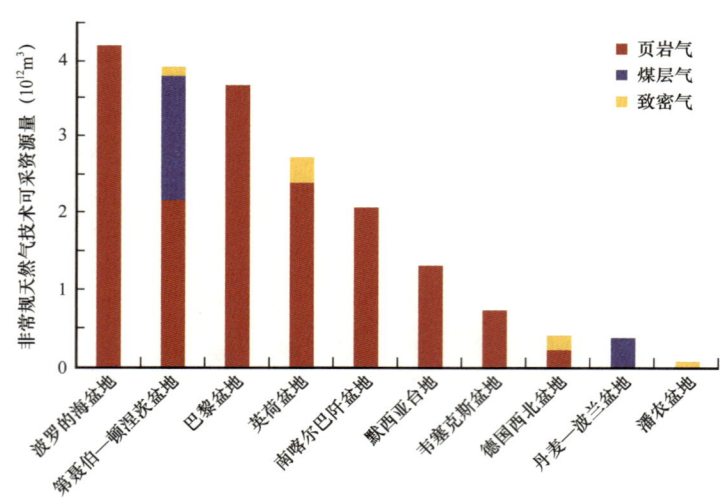

图 5-29　欧洲非常规天然气技术可采资源量排名前十盆地分布柱状图

页岩气主要分布于波罗的海盆地、巴黎盆地、英荷盆地、第聂伯—顿涅茨盆地、南喀尔巴阡盆地、默西亚台地、韦塞克斯盆地和德国西北盆地，其中，波罗的海盆地、巴黎盆地和英荷盆地排名前三，均超过 $2.4 \times 10^{12} m^3$。煤层气主要位于第聂伯—顿涅茨盆地和丹麦—波兰盆地，致密气分布在英荷盆地、德国西北盆地、第聂伯—顿涅茨盆地和潘农盆地。

第五章 欧洲地区油气资源分布

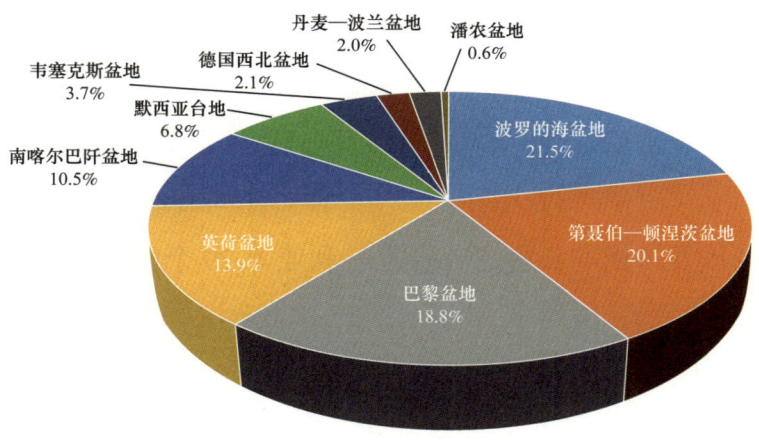

图 5-30 欧洲非常规天然气技术可采资源量盆地分布饼状图

第六章 非洲地区油气资源分布

非洲地区包括埃及、南非、肯尼亚、尼日利亚等 29 个国家，面积 $3020\times10^4\mathrm{km}^2$，为世界第二大洲，共发育 70 个沉积盆地，其中陆上沉积面积 $2023.4\times10^4\mathrm{km}^2$，以克拉通盆地和裂谷盆地为主，海域沉积面积 $996.6\times10^4\mathrm{km}^2$，以被动陆缘盆地为主。非洲地区油气资源丰富，富集了全球 9.3% 的油气资源量，油气可采资源总量为 $1614.8\times10^8\mathrm{t}$ 油当量。

第一节 常规油气资源

非洲常规油气可采资源量为 $1116.4\times10^8\mathrm{t}$ 油当量，占全球总量的 10.2%。其中可采储量为 $591.8\times10^8\mathrm{t}$，占 8.9%；油气累计产量为 $241.0\times10^8\mathrm{t}$ 油当量，占全球油气累计产量的 10.1%；剩余油气可采储量为 $350.8\times10^8\mathrm{t}$ 油当量，占全球剩余可采储量的 8.2%；已发现油气田未来油气增长量预测为 $165.6\times10^8\mathrm{t}$ 油当量，占全球已发现油气田未来储量增长的 15.0%；油气待发现可采资源量为 $359.0\times10^8\mathrm{t}$ 油当量，占全球油气待发现可采资源量的 11.2%。

一、剩余可采储量分布

非洲剩余油气可采储量为 $350.8\times10^8\mathrm{t}$ 油当量，其中石油、凝析油和天然气的剩余可采储量分别为 $129.7\times10^8\mathrm{t}$、$20.4\times10^8\mathrm{t}$ 和 $23.5\times10^{12}\mathrm{m}^3$，占非洲剩余油气可采储量的比例分别为 37.0%、5.8% 和 57.2%。

1. 国家（地区）分布

非洲地区油气剩余可采储量主要分布于尼日利亚、阿尔及利亚、利比亚、莫桑比克、安哥拉和埃及，占比为 78.9%（图 6-1、图 6-2）。尼日利亚剩余油气可采储量 $90.4\times10^8\mathrm{t}$ 油当量，其中石油占 43.8%，凝析油占 5.6%，天然气占 50.6%。阿尔及利亚和利比亚剩余油气可采储量分别为 $52.4\times10^8\mathrm{t}$ 油当量和 $40.3\times10^8\mathrm{t}$ 油当量，位居非洲第二和第三，其中石油占比分别为 29.3% 和 57.1%，凝析油占比分别为 8.9% 和 8.2%，天然气占比分别为 61.8% 和 34.7%。

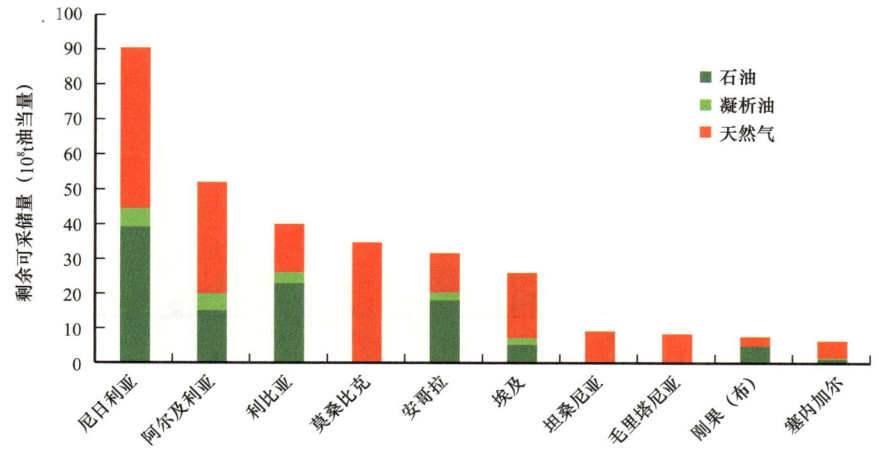

图 6-1 非洲主要国家（地区）剩余可采储量分布柱状图

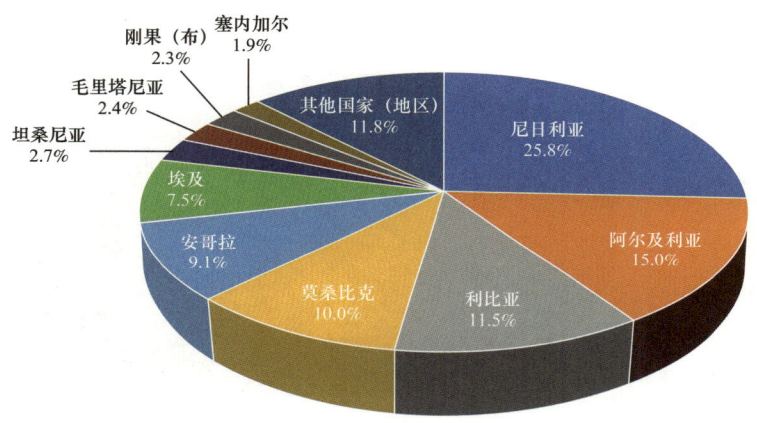

图 6-2 非洲主要国家（地区）剩余可采储量分布饼状图

2. 盆地分布

非洲地区油气剩余可采储量主要分布于尼日尔三角洲、三叠—古达米斯、鲁伍马、下刚果、锡尔特和尼罗河三角洲盆地，占非洲地区各盆地油气剩余可采储量的 71.6%（图 6-3、图 6-4）。尼日尔三角洲盆地剩余油气可采储量为 94.4×10^8t 油当量，其中石油占 42.9%，凝析油占 6.1%，天然气占 51.0%。三叠—古达米斯和鲁伍马盆地剩余油气可采储量分别为 42.9×10^8t 油当量和 36.1×10^8t 油当量，位居非洲第二和第三，其中石油占比分别为 37.5% 和 0，凝析油占比分别为 8.6% 和 0.9%，天然气占比分别为 53.9% 和 99.1%。

3. 海陆分布

非洲地区油气剩余可采储量海域和陆上分布不均衡，各占 55.4% 和 44.6%（图 6-5），海域剩余可采储量天然气大于石油，陆上剩余可采储量石油大于天然气。

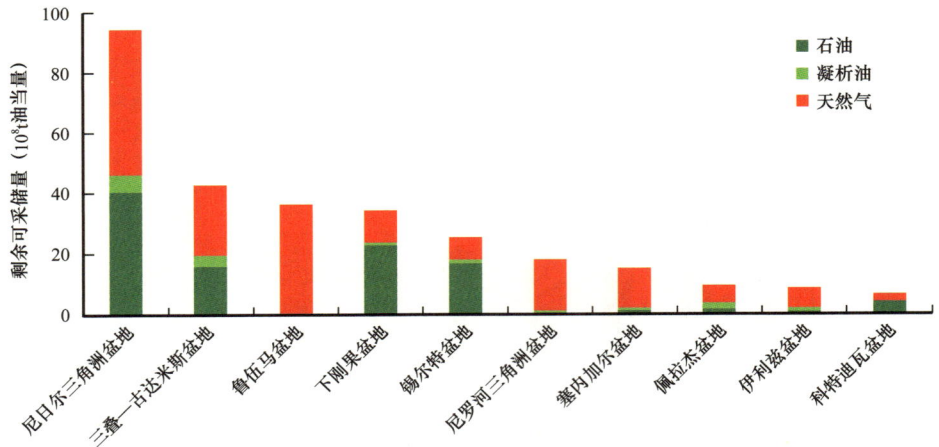

图 6-3　非洲主要盆地剩余可采储量分布柱状图

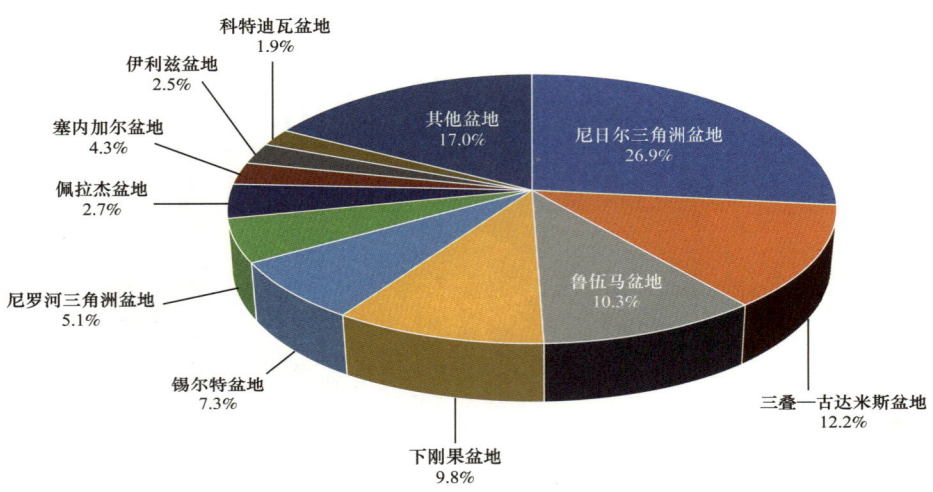

图 6-4　非洲主要盆地剩余可采储量分布饼状图

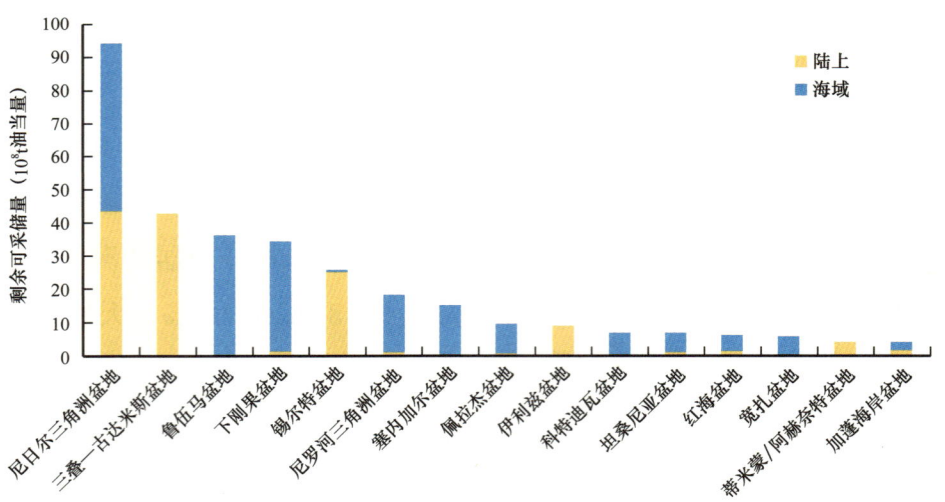

图 6-5　非洲主要盆地剩余可采储量海陆分布柱状图

海域剩余油气可采储量 194.3×10⁸t 油当量，其中石油、凝析油和天然气的占比分别为 30.8%、5.4% 和 63.8%。陆上剩余可采储量 156.5×10⁸t 油当量，其中石油、凝析油和天然气的占比分别为 45.3%、6.2% 和 48.5%。

4. 岩性分布

非洲剩余油气可采储量碎屑岩和碳酸盐岩储集分布不均衡，分别占非洲剩余可采储量的 87.8% 和 12.2%（图 6-6）。碎屑岩和碳酸盐岩天然气剩余可采储量均大于石油。

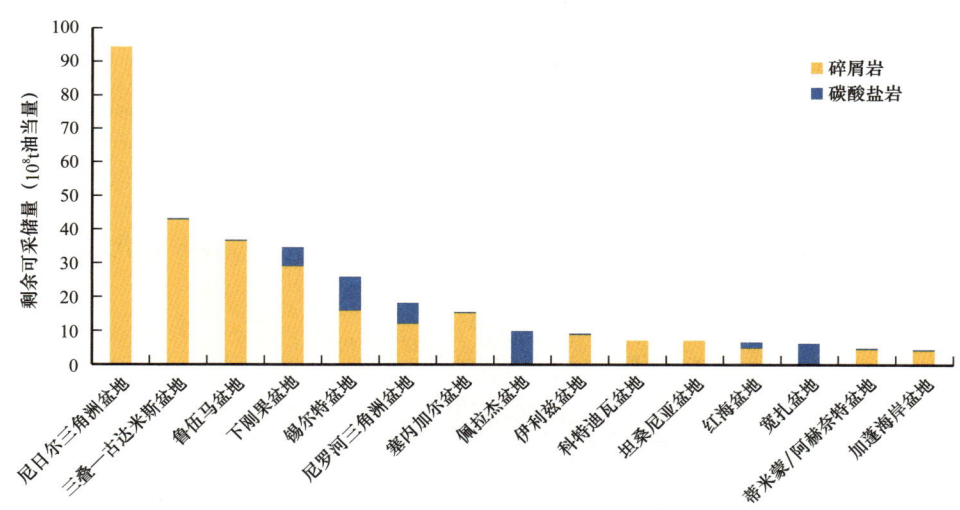

图 6-6　非洲主要盆地岩性剩余可采储量柱状图

碎屑岩剩余可采储量 308.1×10⁸t 油当量，其中石油、凝析油和天然气占比分别为 38.6%、5.0% 和 56.4%。碳酸盐岩剩余可采储量 42.7×10⁸t 油当量，其中石油、凝析油和天然气占比分别为 33.8%、9.5% 和 56.7%。

二、已发现油气田储量增长趋势

非洲已发现油气田储量增长量为 165.6×10⁸t 油当量，其中石油、凝析油和天然气分别为 76.1×10⁸t、5.2×10⁸t 和 9.9×10¹²m³，占比分别为 45.9%、3.1% 和 51.0%。

1. 国家（地区）分布

非洲地区已发现油气田储量增长主要分布于埃及、莫桑比克、坦桑尼亚、尼日利亚、刚果（布）、利比亚和阿尔及利亚，上述国家与非洲地区已发现油气田储量增长的占比为 92.6%，其中埃及未来油气储量增长最多（图 6-7、图 6-8）。

埃及已发现油气田未来储量增长为 35.4×10⁸t 油当量，其中石油占 67.3%，凝析油占 5.5%，天然气占 27.2%。莫桑比克和坦桑尼亚油气储量增长分别为 33.2×10⁸t 油当量和 19.2×10⁸t 油当量，位居非洲第二和第三，其中凝析油占比分别为 1.5% 和 0.1%，天然气占比分别为 98.5% 和 99.9%。

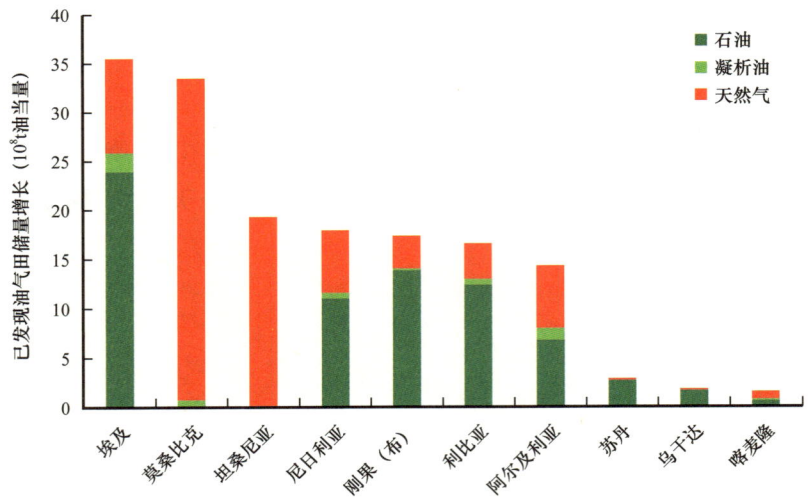

图 6-7　非洲主要国家（地区）已发现油气田未来储量增长柱状图

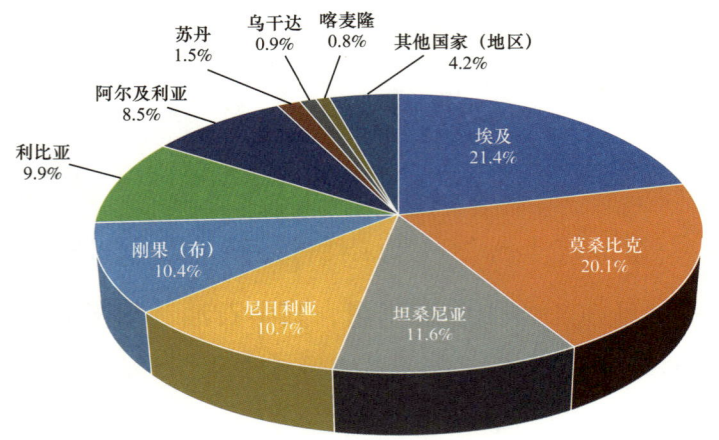

图 6-8　非洲主要国家（地区）已发现油气田未来储量增长饼状图

2. 盆地分布

非洲地区已发现油气田储量增长主要分布于鲁伍马、尼罗河三角洲、坦桑尼亚、尼日尔三角洲、下刚果、锡尔特和伊利兹盆地，上述盆地占非洲地区各盆地储量增长的 81.8%，其中鲁伍马盆地未来油气储量增长最多（图 6-9、图 6-10）。

鲁伍马盆地未来油气储量增长量为 33.2×10⁸t 油当量，其中凝析油占 1.4%，天然气占 98.6%。尼罗河三角洲和坦桑尼亚盆地未来油气储量增长分别为 28.7×10⁸t 油当量和 19.2×10⁸t 油当量，位居非洲第二和第三，其中石油占比分别为 70.2 和 0.3%，凝析油占比分别为 4.8% 和 0.1%，天然气占比分别为 25.0% 和 99.6%。

第六章 非洲地区油气资源分布

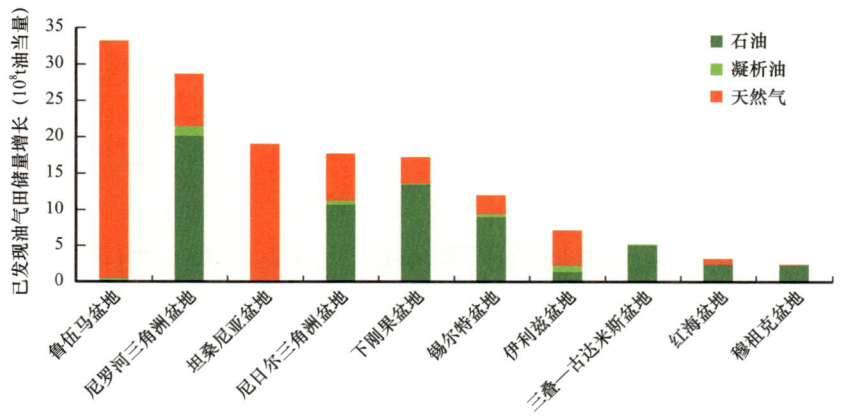

图 6-9 非洲主要盆地已发现油气田未来储量增长柱状图

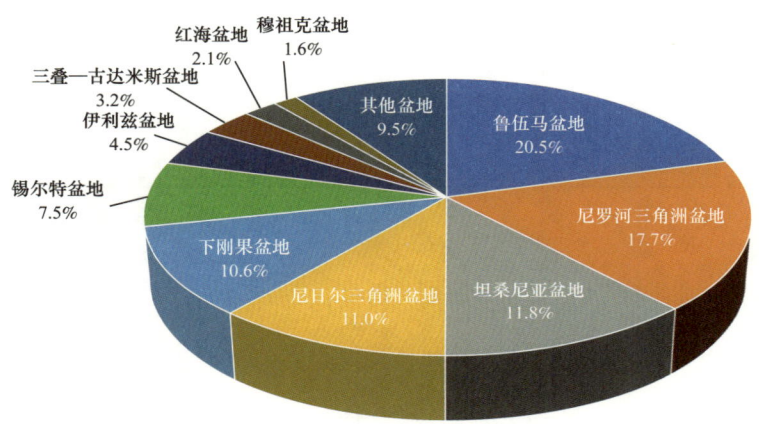

图 6-10 非洲主要盆地已发现油气田未来储量增长饼状图

3. 海陆分布

非洲未来油气储量增长海域和陆上分布不均衡，分别占 65.5% 和 34.5%（图 6-11），海域未来储量增长天然气大于石油，陆上未来储量增长石油大于天然气。

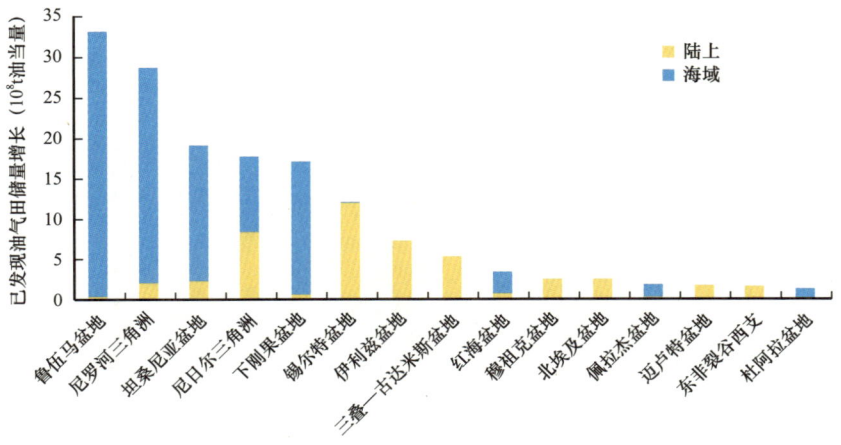

图 6-11 非洲主要盆地已发现油气田未来储量增长海陆分布柱状图

77

海域未来油气储量增长 $108.4×10^8$t 油当量，其中石油、凝析油和天然气的未来油气储量增长占比分别为 39.2%、2.4% 和 58.4%。陆上未来油气储量增长 $57.2×10^8$t 油当量，其中石油、凝析油和天然气的未来油气储量增长占比分别为 58.6%、4.6% 和 36.8%。

4. 岩性分布

非洲未来油气储量增长碎屑岩和碳酸盐岩储集分布不均衡，分别占 79.1% 和 19.7%，其他岩性占 1.2%（图 6-12）。碎屑岩天然气储量增长大于石油，碳酸盐岩石油储量增长大于天然气。

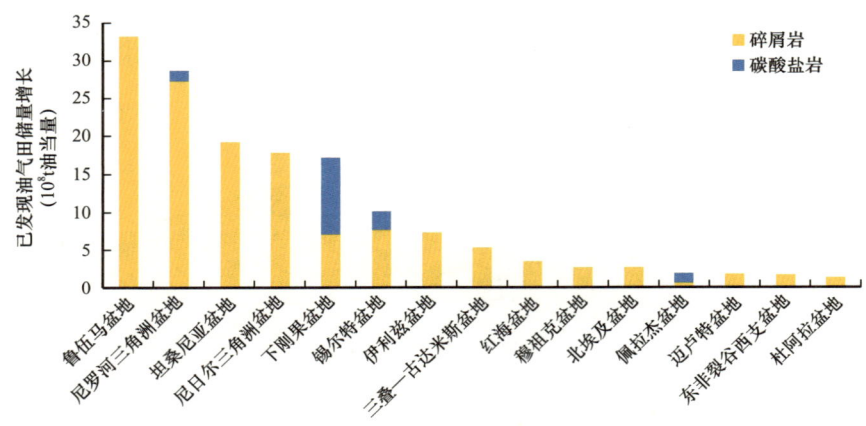

图 6-12 非洲主要盆地已发现油气田未来储量增长岩性分布柱状图

碎屑岩未来油气储量增长 $147.0×10^8$t，其中石油、凝析油和天然气未来储量增长占比分别为 43.2%、3.3% 和 53.5%。碳酸盐岩未来油气储量增长 $16.5×10^8$t，其中石油、凝析油和天然气未来储量增长占比分别为 64.8%、1.9% 和 33.3%。

三、待发现油气资源分布特征

非洲待发现油气资源量为 $359.0×10^8$ 油当量，其中石油、凝析油和天然气的待发现资源量分别为 $133.3×10^8$t、$38.6×10^8$t 和 $21.9×10^{12}$m^3，占比分别为 37.1%、10.8% 和 52.1%。

1. 国家（地区）分布

非洲地区油气待发现资源量主要分布于莫桑比克、索马里、尼日利亚、安哥拉、刚果（布）和塞内加尔，上述国家占非洲各国待发现油气资源量的 55.3%，其中莫桑比克最多（图 6-13、图 6-14）。

莫桑比克待发现油气资源量为 $44.7×10^8$t 油当量，主要为天然气，占 80.7%。索马里和尼日利亚待发现油气资源量分别为 $42.0×10^8$t 油当量和 $31.2×10^8$t 油当量，位居非洲第二和第三，其中石油占比分别为 1.1% 和 51.3%，凝析油占比分别为 12.3% 和 20.0%，天然气占比分别为 86.6% 和 28.7%。

第六章 非洲地区油气资源分布

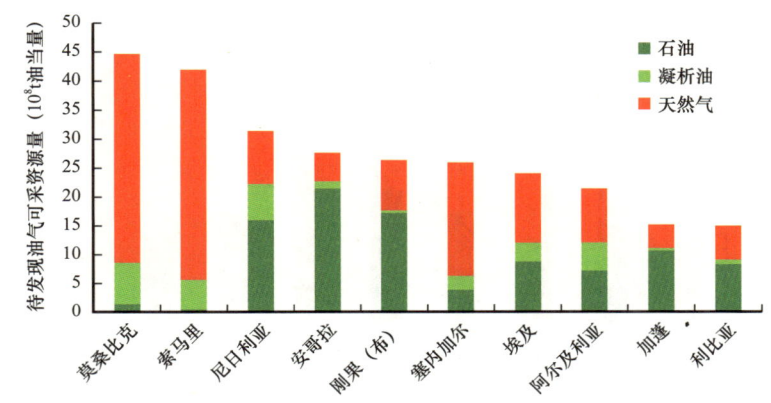

图 6-13 非洲主要国家（地区）待发现油气可采资源量分布柱状图

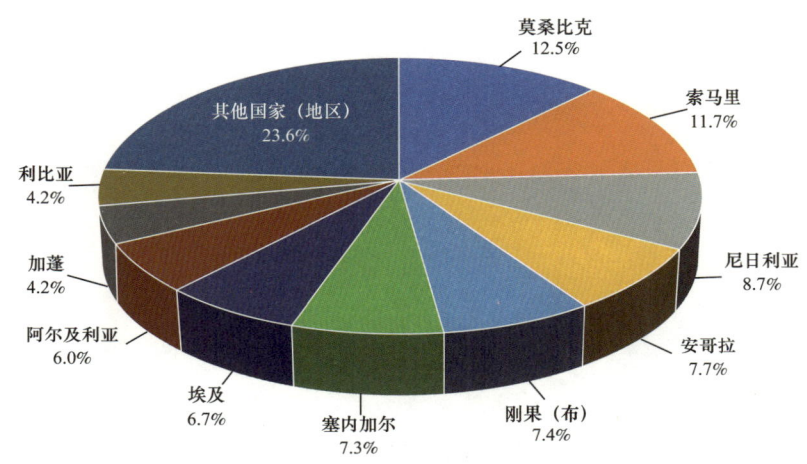

图 6-14 非洲主要国家（地区）待发现油气可采资源量分布饼状图

2. 盆地分布

非洲地区待发现油气资源量主要分布于索马里深海、尼日尔三角洲、莫桑比克、下刚果、宽扎、塞内加尔、鲁伍马、加蓬海岸、坦桑尼亚、三叠—古达米斯和东非裂谷西支等盆地，上述盆地占非洲各盆地待发现油气资源量的 66.3%，其中索马里深海盆地待发现资源量最多（图 6-15、图 6-16）。

索马里深海盆地待发现油气资源量为 35.5×10^8t 油当量，其中石油占 1.3%，凝析油占 8.5%，天然气占 90.2%；尼日尔三角洲和莫桑比克盆地待发现油气资源量分别为 30.8×10^8t 油当量和 27.0×10^8t 油当量，位居非洲第二和第三，其中石油占比分别为 52.0% 和 5.3%，凝析油占比分别为 20.3% 和 11.0%，天然气占比分别为 27.7% 和 83.7%。

3. 海陆分布

非洲待发现油气资源量海域和陆上分布不均衡，各占 65.3% 和 34.7%（图 6-17），陆上石油待发现资源量大于天然气，海域天然气待发现资源量大于石油。

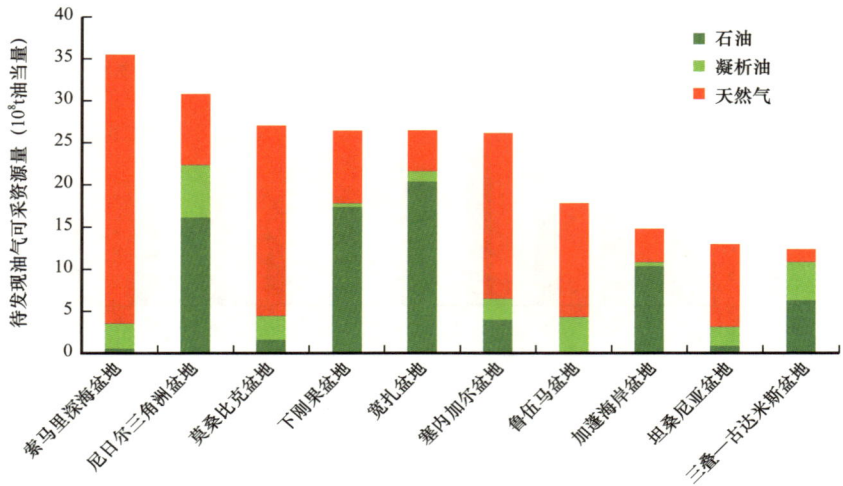

图 6-15　非洲主要盆地待发现油气可采资源量柱状图

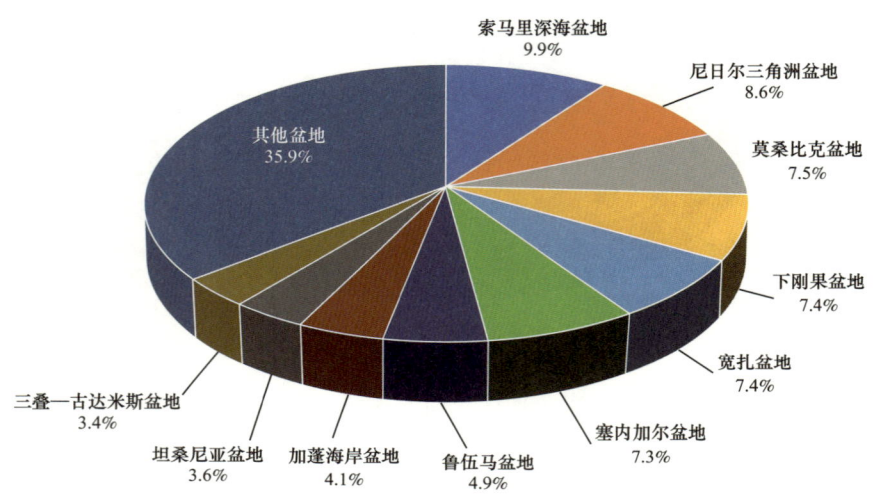

图 6-16　非洲主要盆地待发现油气可采资源量饼状图

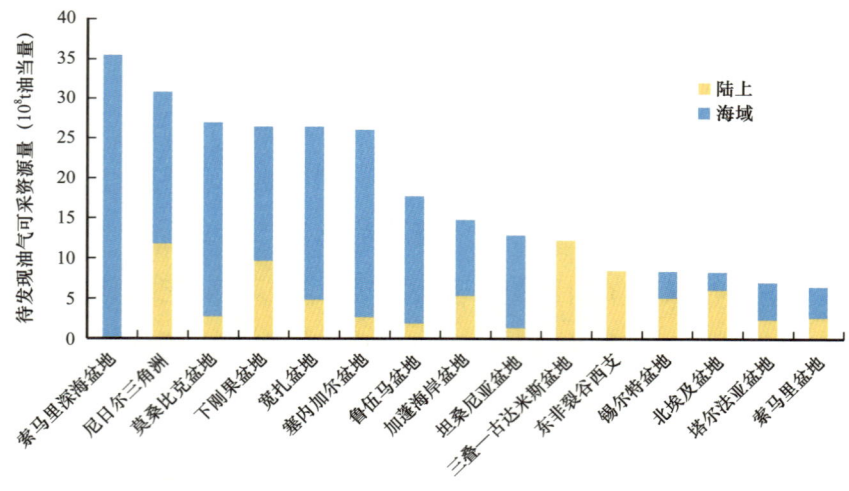

图 6-17　非洲主要盆地待发现油气可采资源量海陆分布柱状图

陆上待发现油气资源量124.7×10⁸t油当量，其中石油、凝析油和天然气的待发现资源量占比分别为49.7%、10.7%和39.6%。海域待发现油气资源量234.4×10⁸t油当量，其中石油、凝析油和天然气的待发现资源量占比分别为30.4%、10.8%和58.8%。

4. 岩性分布

非洲待发现油气资源量碎屑岩和碳酸盐岩储集分布不均衡，分别占83.4%和15.7%（图6-18）。碎屑岩待发现天然气资源量大于石油，碳酸盐岩待发现石油资源量大于天然气。

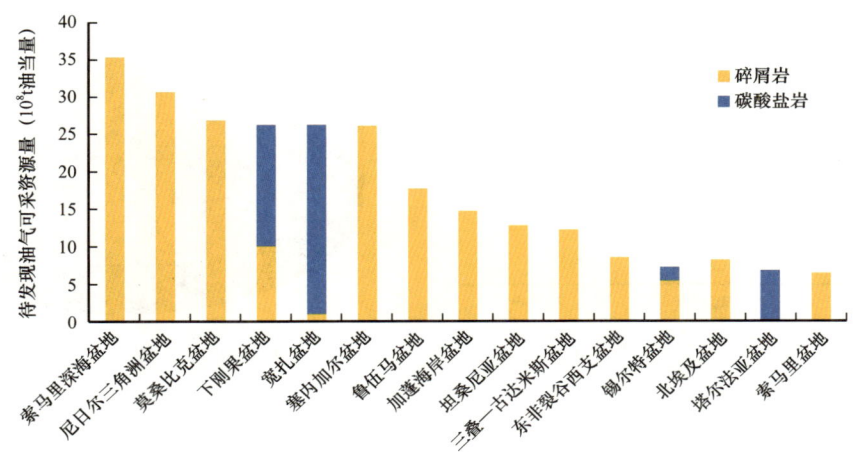

图6-18 非洲主要盆地待发现油气可采资源量岩性分布柱状图

碎屑岩待发现油气资源量为299.3×10⁸t油当量，其中石油、凝析油和天然气待发现资源量占比分别为32.7%、11.7%和55.6%。碳酸盐岩待发现资源量为56.3×10⁸t油当量，其中石油、凝析油和天然气待发现资源量占比分别为58.3%、6.4%和35.3%。

第二节 非常规油气资源

非洲非常规油气技术可采资源总量为498.4×10⁸t油当量，占全球的7.8%。主要以油页岩、重油、页岩油、油砂和页岩气为主。

非常规石油技术可采资源量222.8×10⁸t，占全球的5.5%。其中油页岩技术可采资源量为69.7×10⁸t，重油技术可采资源量为64.8×10⁸t，页岩油技术可采资源量为63.3×10⁸t，油砂技术可采资源量为25.0×10⁸t，占比分别为31.3%、21.9%、28.4%及11.2%（图6-19、图6-20）。

非常规天然气可采资源量为32.2×10¹²m³，占全球非常规天然气的12.0%，主要为页岩气（图6-21、图6-22）。

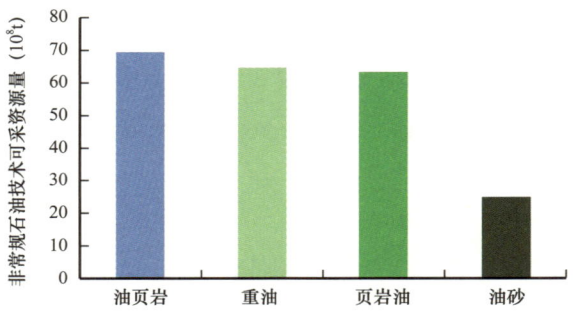

图 6-19 非洲非常规石油技术可采资源量柱状图

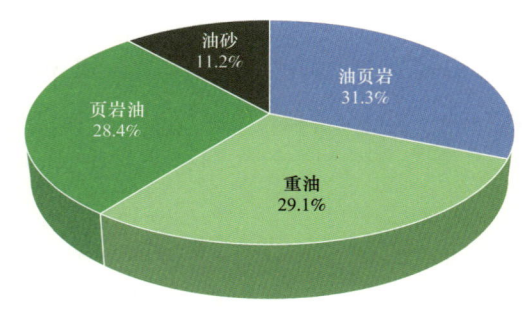

图 6-20 非洲非常规石油技术可采资源量饼状图

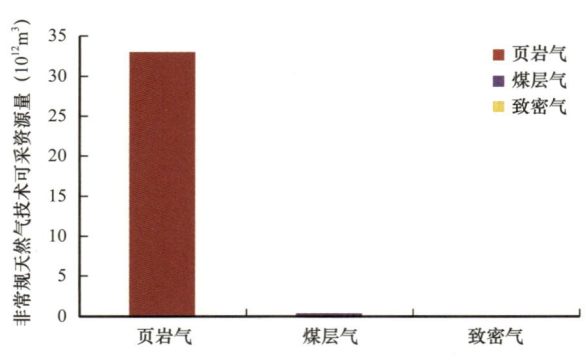

图 6-21 非洲非常规天然气技术可采资源量柱状图

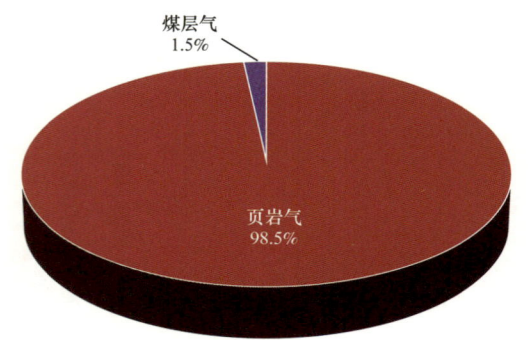

图 6-22 非洲非常规天然气技术可采资源量饼状图

一、非常规油气可采资源国家（地区）分布

1. 非常规石油国家（地区）分布

非洲地区非常规油气主要分布在阿尔及利亚、南非、摩洛哥、埃及、利比亚、马达加斯加、尼日利亚、乍得、刚果（布）、尼日尔、苏丹、安哥拉、塞内加尔和贝宁14个国家，以摩洛哥的油页岩、马达加斯加的重油和利比亚的页岩油为主。其中摩洛哥的油页岩可采资源量为 $67.4×10^8t$，占非洲非常规石油可采资源量的 30.3%；马达加斯加重油可采资源量为 $34.8×10^8t$，占 15.6%；利比亚页岩油可采资源量为 $27.4×10^8t$，占 12.3%；阿尔及利亚非常规石油可采资源为 $19.0×10^8t$，以页岩油为主；埃及非常规石油可采资源为 $22.7×10^8t$，以重油为主。

非洲油页岩主要分布在摩洛哥和尼日利亚，重油主要分布在马达加斯加、埃及和刚果（布）；页岩油主要分布在利比亚、阿尔及利亚和埃及、乍得，油砂主要分布在尼日利亚（图6-23、图6-24）。

2. 非常规天然气国家（地区）分布

非洲地区非常规天然气主要集中在阿尔及利亚、南非、埃及和利比亚四个国家，以页岩气为主。阿尔及利亚非常规天然气可采资源量达 $17.4 \times 10^{12} m^3$，占非洲地区 54.2%，主要为页岩气。南非、埃及和利比亚非常规天然气主要为页岩气，其页岩气可采资源分别为 $9.1 \times 10^{12} m^3$、$2.4 \times 10^{12} m^3$ 和 $1.8 \times 10^{12} m^3$，占比分别为 28.4%、7.3% 和 5.4%（图 6-25、图 6-26）。

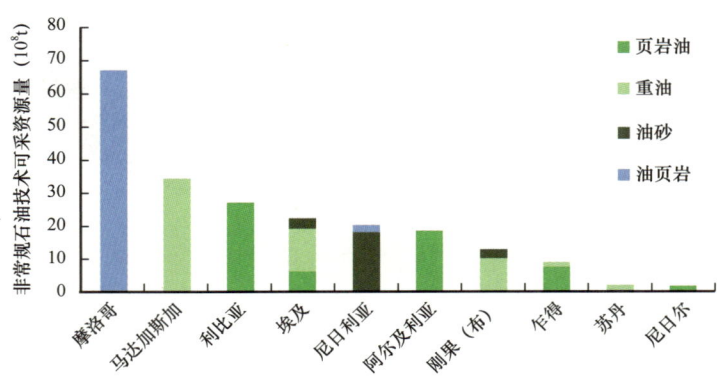

图 6-23 非洲非常规石油技术可采资源量国家（地区）分布柱状图

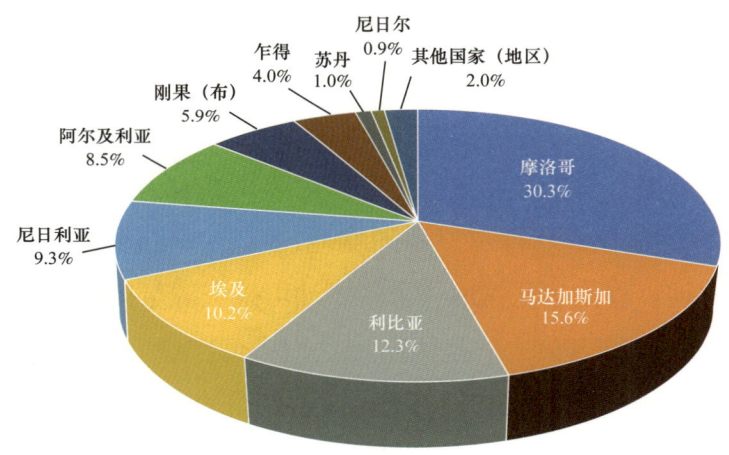

图 6-24 非洲非常规石油技术可采资源量国家（地区）分布饼状图

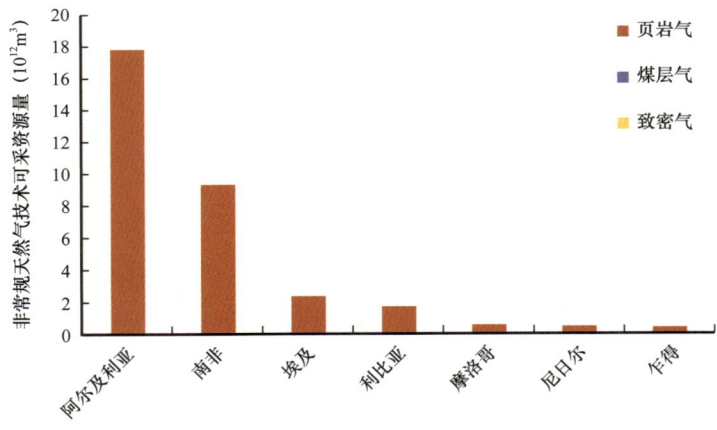

图 6-25 非洲非常规天然气技术可采资源量国家（地区）分布柱状图

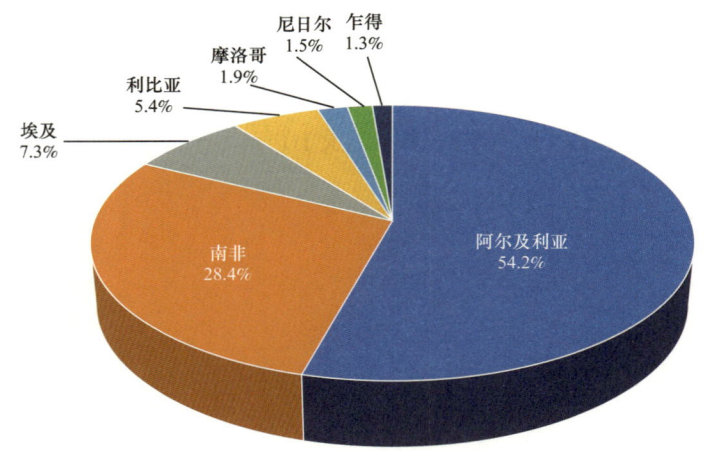

图 6-26 非洲非常规天然气技术可采资源量国家（地区）分布饼状图

二、非常规油气资源盆地分布

非洲地区非常规油气可采资源主要分布于 25 个盆地，其中石油分布于 23 个盆地，天然气分布于 13 个盆地。三叠—古达米斯、廷杜夫、锡尔特、北埃及和阿布加拉迪、邦戈尔、东尼日尔、尼罗河三角洲、伊利兹等盆地非常规石油和天然气均有分布。

1. 非常规石油盆地分布

非洲 88.4% 的非常规石油可采资源富集在穆伦达瓦盆地、锡尔特盆地、廷杜夫盆地、塔尔法亚盆地、索维拉盆地、尼日尔三角洲盆地、三叠—古达米斯盆地、红海盆地、下刚果盆地和南乍得盆地。穆伦达瓦盆地非常规石油可采资源量排名第一，重油可采资源量为 $34.8 \times 10^8 t$，占 15.6%；排名第二的是锡尔特盆地，页岩油可采资源量为 $25.6 \times 10^8 t$，占 11.5%；排名第三的是廷杜夫盆地，其油页岩可采资源量为 $23.3 \times 10^8 t$，占 10.5%。

非洲油页岩资源集中分布于廷杜夫、塔尔法亚、索维拉三个盆地；重油主要分布于穆伦达瓦、红海和下刚果盆地；页岩油主要分布于锡尔特、三叠—古达米斯和南乍得盆地；油砂主要集中分布在尼日尔三角洲盆地（图 6-27、图 6-28）。

2. 非常规天然气盆地分布

非洲 92.6% 的非常规天然气富集于三叠—古达米斯、阿赫奈特、卡鲁、雷甘、锡尔特、阿布加拉迪和伊利兹盆地，绝大部分为页岩气。三叠—古达米斯盆地非常规天然气可采资源量非洲排名第一，页岩气可采资源量为 $8.5 \times 10^{12} m^3$，占非洲的 26.4%；排名第二的是阿尔及利亚的阿赫奈特盆地，页岩气可采资源量为 $5.1 \times 10^{12} m^3$，占非洲的 15.8%；排名第三的是卡鲁盆地，其页岩气可采资源量为 $3.4 \times 10^{12} m^3$，占非洲的 10.6%（图 6-29、图 6-30）。

第六章 非洲地区油气资源分布

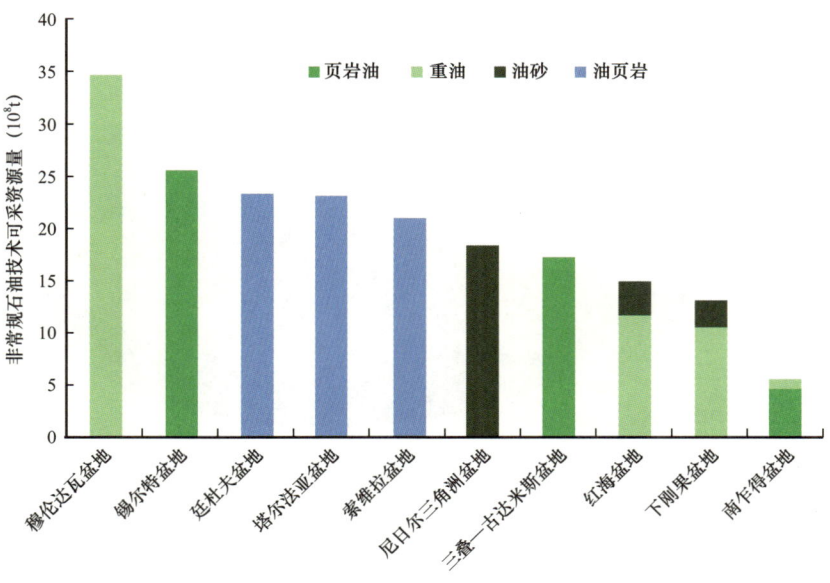

图 6-27 非洲非常规石油技术可采资源量盆地分布柱状图

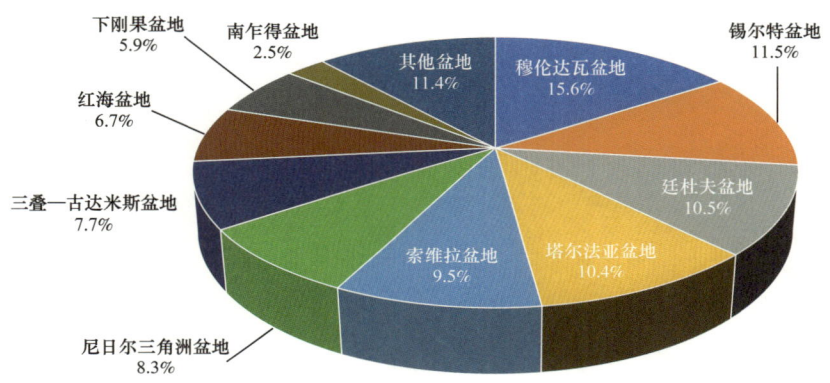

图 6-28 非洲非常规石油技术可采资源量盆地分布饼状图

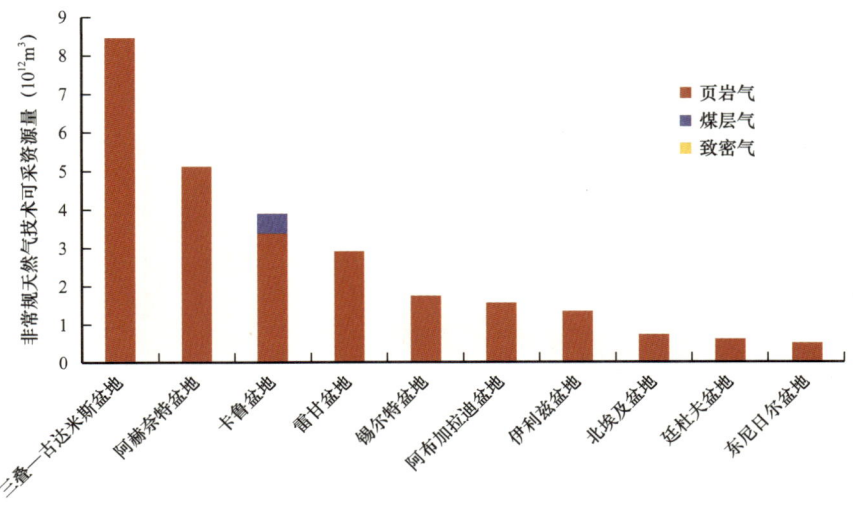

图 6-29 非洲非常规天然气技术可采资源量盆地分布柱状图

85

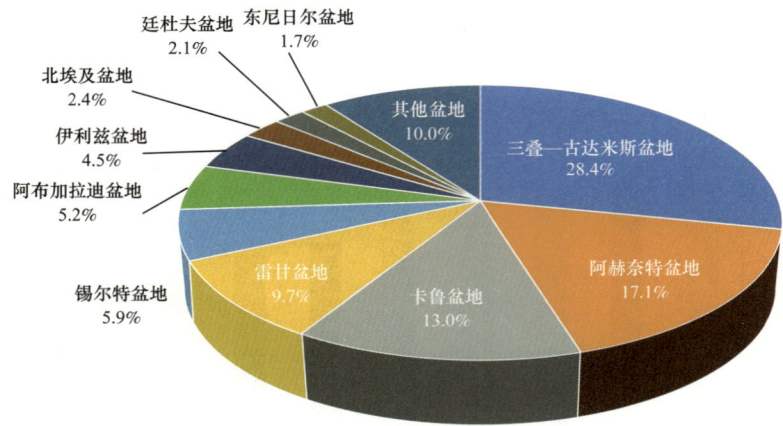

图 6-30　非洲非常规天然气技术可采资源量盆地分布饼状图

第七章 中东地区油气资源分布

中东包括巴林、伊朗、伊拉克、以色列、约旦、科威特、黎巴嫩、阿曼、卡塔尔、沙特阿拉伯、叙利亚、阿拉伯联合酋长国、也门、巴勒斯坦和土耳其等 15 个国家和地区，面积约 $626×10^4 km^2$。中东地区主要发育 9 个沉积盆地，其中陆上以前陆盆地和被动陆缘盆地为主，海域以裂谷盆地和被动陆缘盆地为主。中东地区油气资源最为丰富，富集了全球 23.3% 的油气资源，油气可采资源量为 $4039.7×10^8 t$ 油当量。

第一节 常规油气资源

中东地区油气资源非常丰富，常规油气总可采资源量为 $3598.5×10^8 t$ 油当量，占全球总油气可采资源量的 32.8%。其中可采储量为 $2523.6×10^8 t$ 油当量，占全球的 37.9%；剩余油气可采储量为 $1965.5×10^8 t$ 油当量，占全球的 46.1%；已发现油气田未来油气增长量预测为 $397.4×10^8 t$，占全球的 36.0%；油气待发现可采资源量为 $677.6×10^8 t$ 油当量，占全球的 21.1%。

一、剩余可采储量分布

中东剩余油气可采储量约 $1965.5×10^8 t$ 油当量，其中石油为 $923.2×10^8 t$，凝析油为 $86.4×10^8 t$，天然气为 $111.8×10^{12} m^3$。

1. 国家（地区）分布

沙特阿拉伯剩余可采储量最多，超过 $507.0×10^8 t$ 油当量，石油剩余可采储量远大于天然气，石油占 76.7%，凝析油占 3.4%，天然气占 19.9%。卡塔尔和伊朗剩余可采储量位列第二、三位，天然气剩余可采储量大于石油（图 7-1、图 7-2）。卡塔尔剩余可采储量约 $466.3×10^8 t$ 油当量，其中石油占 1.3%，凝析油占 6.4%，天然气占 92.3%。伊朗剩余可采储量为 $430.9×10^8 t$ 油当量，其中石油占 32.8%，凝析油占 5.7%，天然气占 61.5%。

2. 盆地分布

中东剩余油气可采储量主要富集在阿拉伯盆地、扎格罗斯盆地、阿曼盆地、地中海东部盆地和也门盆地等。阿拉伯盆地、扎格罗斯盆地和阿曼盆地剩余油气储量位居前三，占中东剩余可采储量的 99.2%（图 7-3、图 7-4）。

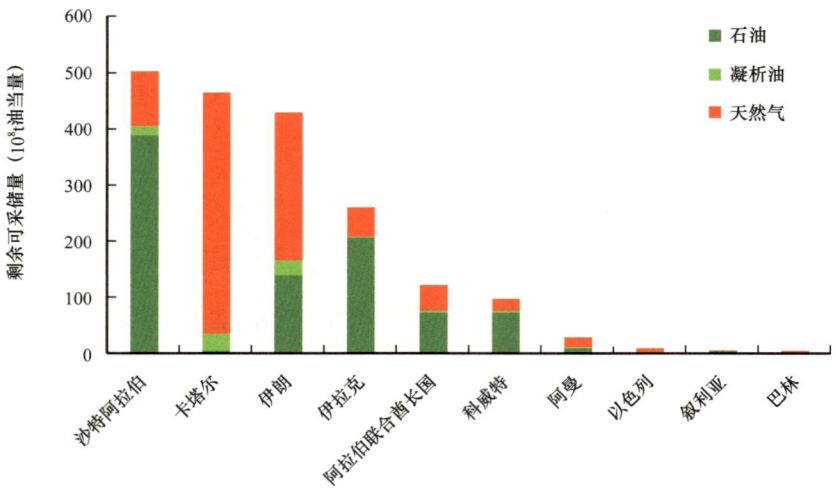

图 7-1　中东主要国家（地区）剩余可采储量柱状图

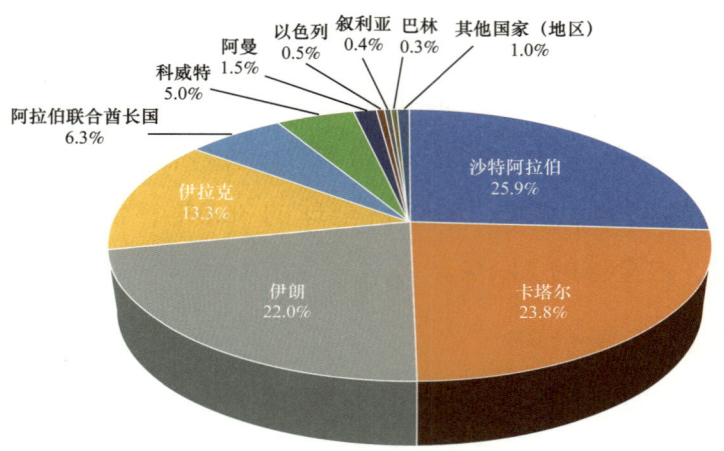

图 7-2　中东各国（地区）剩余可采储量饼状图

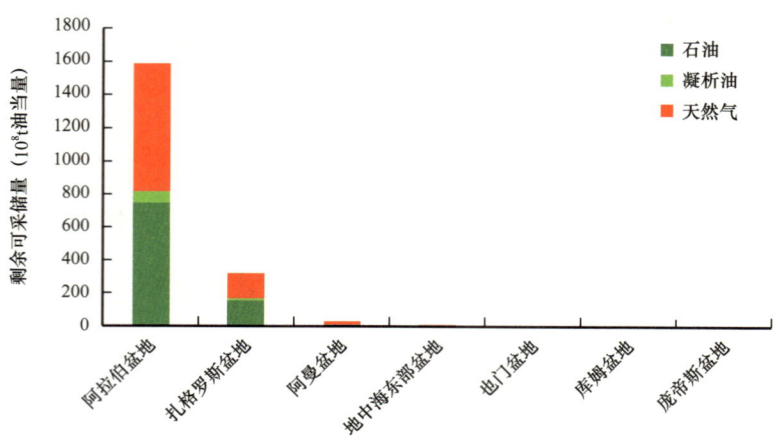

图 7-3　中东主要盆地剩余可采储量柱状图

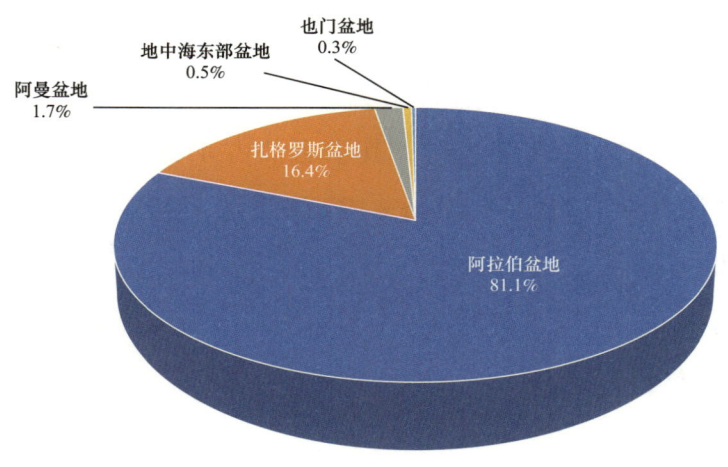

图 7-4　中东主要盆地剩余可采储量饼状图

阿拉伯盆地剩余油气可采储量达 1593.0×10^8t 油当量，其中石油占 47.0%，凝析油占 4.5%，天然气占 48.5%。扎格罗斯盆地剩余可采储量为 323.7×10^8t 油当量，其中石油占 49.9%，凝析油占 3.7%，天然气占 46.4%。阿曼盆地剩余可采储量为 33.3×10^8t 油当量，其中石油占 34.6%，凝析油占 8.7%，天然气占 56.7%。

3. 海陆分布

中东剩余油气可采储量海域和陆上分布差别较小，分别占 47.8% 和 52.2%（图 7-5）。海域剩余油气可采储量近 939.0×10^8t 油当量，其中石油占 27.1%，凝析油占 5.1%，天然气占 67.8%。陆上剩余可采储量约 1026.5×10^8t 油当量，其中石油占 65.2%，凝析油占 3.7%，天然气占 31.1%。

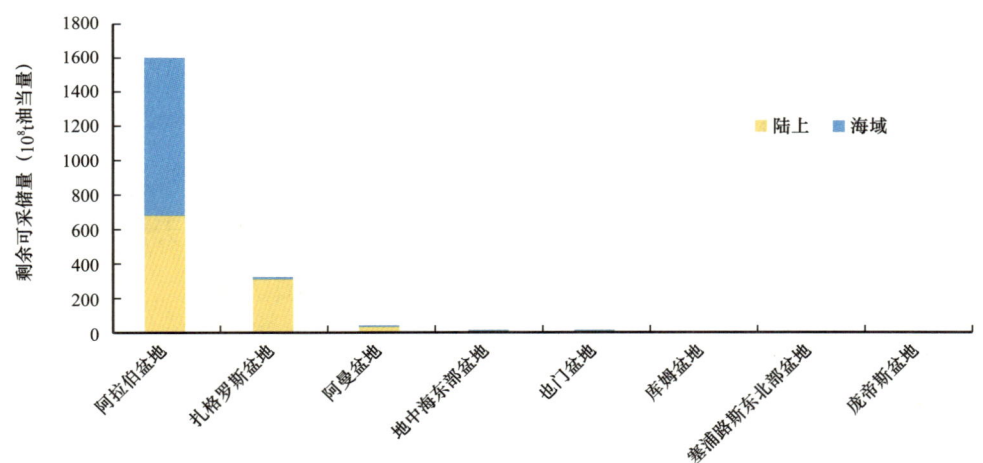

图 7-5　中东主要盆地剩余可采储量海陆分布柱状图

4. 岩性分布

中东剩余油气可采储量以碳酸盐岩储层为主（图7-6），占比84.0%。碳酸盐岩剩余油气可采储量约 1651.9×10^8 t 油当量，其中石油占41.8%，凝析油占6.6%，天然气占51.6%。碎屑岩剩余可采储量近 313.6×10^8 t 油当量，其中石油占72.0%，凝析油占2.1%，天然气占25.9%。

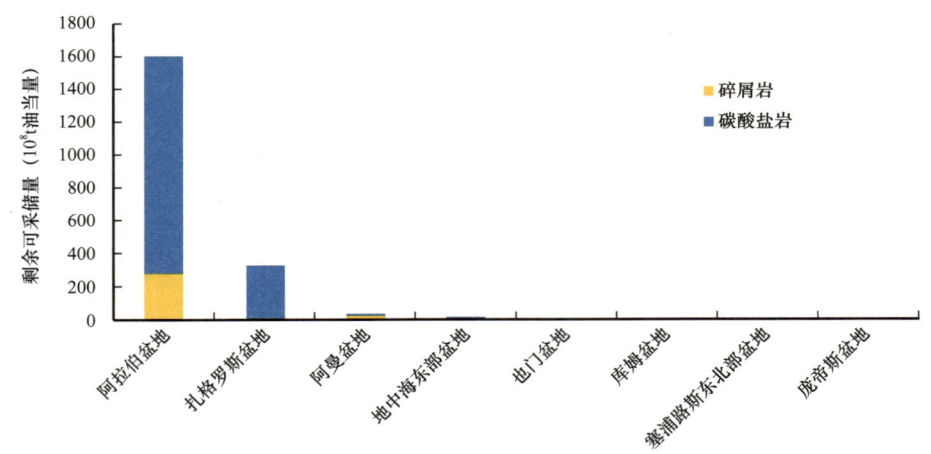

图 7-6　中东主要盆地剩余可采储量岩性分布柱状图

二、已发现油气田储量增长趋势

中东已发现油气田未来储量增长近 397.4×10^8 t 油当量，其中石油 167.1×10^8 t，凝析油 34.7×10^8 t，天然气 23.0×10^{12} m³。

1. 国家（地区）分布

中东地区沙特阿拉伯已发现油气田未来储量增长最多，储量增长近 102.9×10^8 t 油当量，占25.8%，其中石油占42.6%，凝析油占9.9%，天然气占47.5%；卡塔尔油气储量增长潜力仅次于沙特阿拉伯，约 77.3×10^8 t 油当量，其中石油占9.0%，凝析油占9.9%，天然气占81.1%；伊朗位列第三，约 74.2×10^8 t 油当量，天然气储量增长与石油储量增长相当，占比分别为47.7%和45.8%（图7-7、图7-8）。

2. 盆地分布

中东油气田未来储量增长主要来自阿拉伯盆地、扎格罗斯盆地、地中海东部盆地、阿曼盆地和也门盆地等。阿拉伯盆地、扎格罗斯盆地和地中海东部盆地储量增长位居前三，占比约98.0%（图7-9、图7-10）。

第七章 中东地区油气资源分布

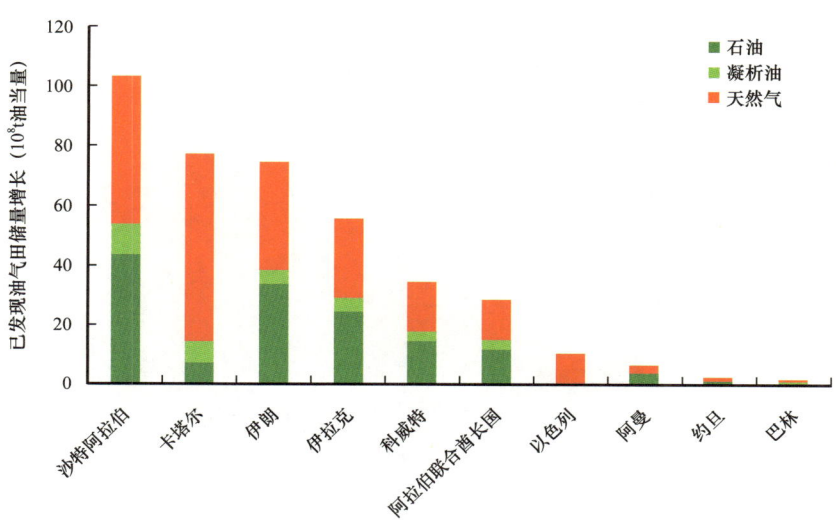

图 7-7　中东主要国家（地区）已发现油气田未来储量增长柱状图

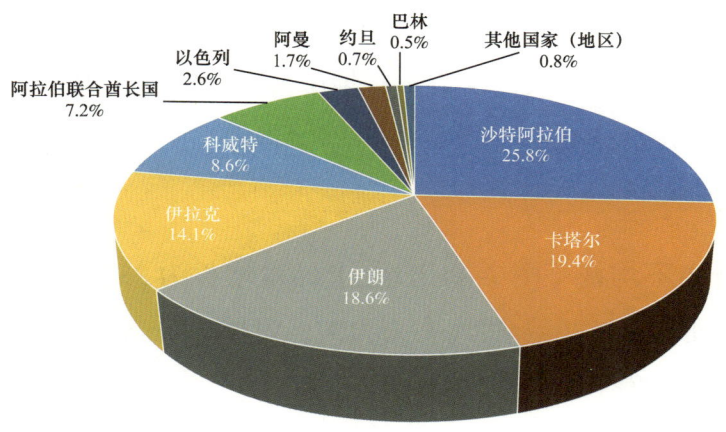

图 7-8　中东主要国家（地区）已发现油气田未来储量增长饼状图

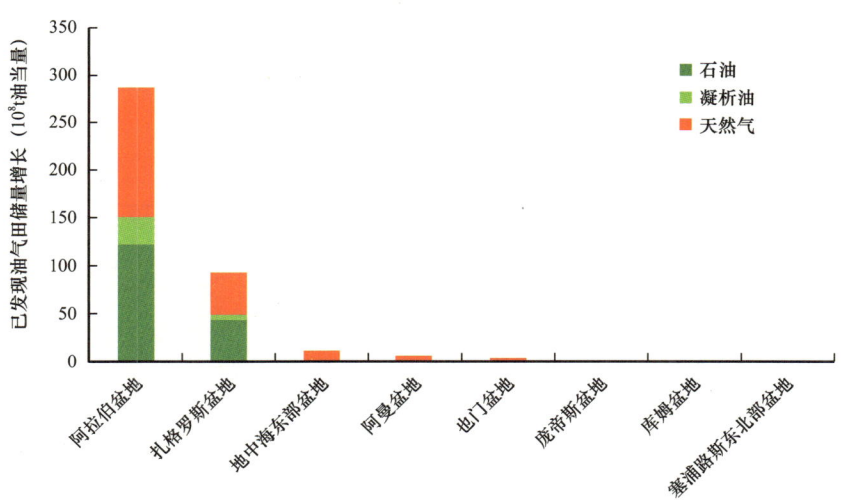

图 7-9　中东主要盆地已发现油气田未来储量增长柱状图

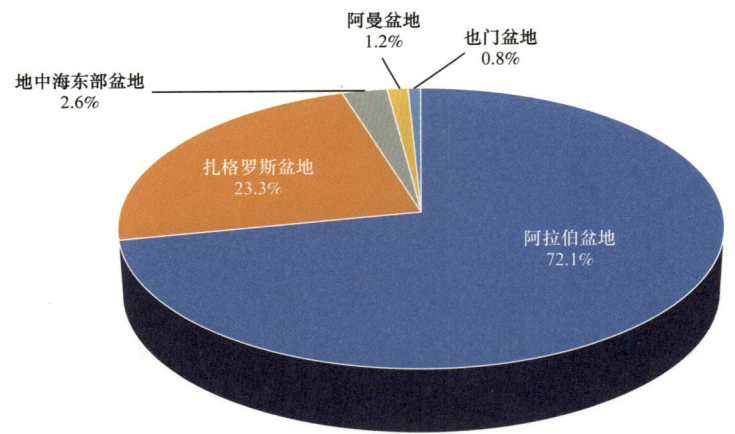

图 7-10　中东主要盆地已发现油气田未来储量增长饼状图

阿拉伯盆地已发现油气田未来储量增长为 286.4×10^8t 油当量，其中石油占 42.6%，凝析油占 9.9%，天然气占 47.5%；扎格罗斯盆地为 92.7×10^8t 油当量，其中石油占 45.8%，凝析油占 6.5%，天然气占 47.7%；地中海东部盆地为 10.5×10^8t 油当量，其中石油占 0.2%，凝析油占 0.5%，天然气占 99.3%。

3. 海陆分布

海域和陆上分布不均衡（图 7-11），陆上储量增长为 237.1×10^8t 油当量，其中石油占 72.2%，凝析油占 2.8%，天然气占 25.0%；海域为 160.3×10^8t 油当量，其中石油占 32.1%，凝析油占 4.8%，天然气占 63.1%。

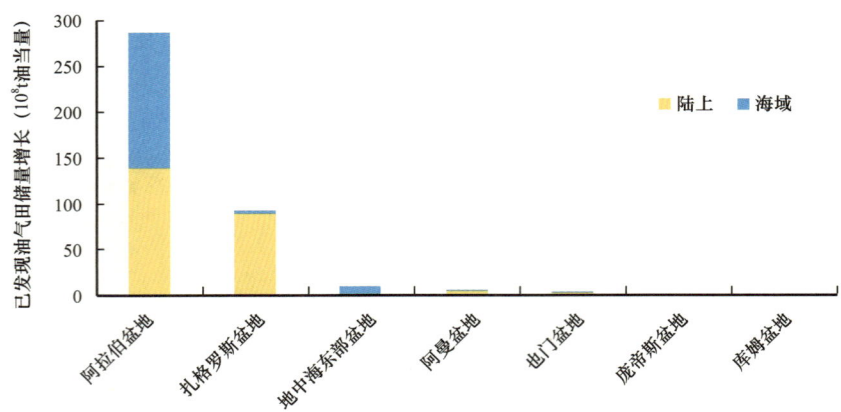

图 7-11　中东主要盆地已发现油气田未来储量增长海陆分布柱状图

4. 岩性分布

已发现油气田未来储量增长以碳酸盐岩储层为主（图 7-12），占比近 83%，储量增长为 329.0×10^8t 油当量，主要来自阿拉伯盆地和扎格罗斯盆地的贡献，其储量增长合

计达 326.3×10^8t 油当量。碎屑岩为 68.3×10^8t 油当量，主要来自阿拉伯盆地和地中海东部盆地，其储量合计达 62.7×10^8t 油当量，占碎屑岩储量增长总量的 91.9%。

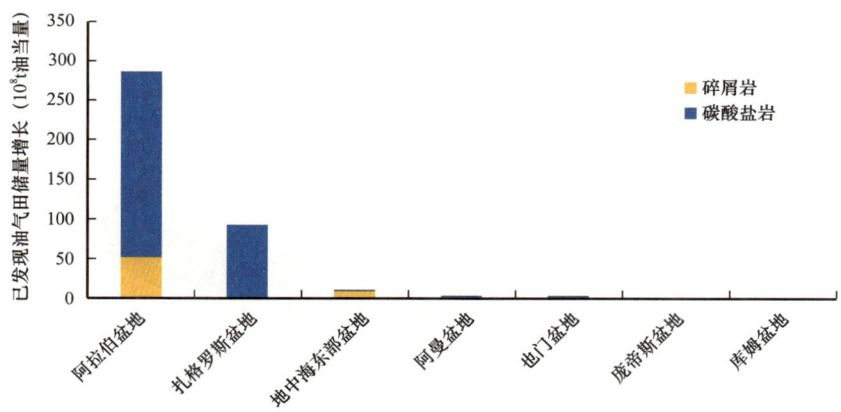

图 7-12　中东主要盆地已发现油气田未来储量增长岩性分布柱状图

三、待发现油气资源分布特征

中东待发现油气资源为 677.6×10^8t 油当量，石油和天然气待发现资源量相近。其中石油为 295.5×10^8t，凝析油为 47.8×10^8t，天然气为 39.3×10^{12}m³。

1. 国家（地区）分布

伊朗待发现资源最多，超过 213.0×10^8t 油当量，以天然气为主，其中石油占 35.1%，凝析油占 5.9%，天然气占 59.0%；沙特阿拉伯 124.6×10^8t 油当量，石油待发现资源量和天然气相当，其中石油占 49.3%，凝析油占 7.2%，天然气占 43.5%；伊拉克为 106.8×10^8t 油当量，其中石油占 46.2%，凝析油占 6.8%，天然气占 47.0%（图 7-13、图 7-14）。

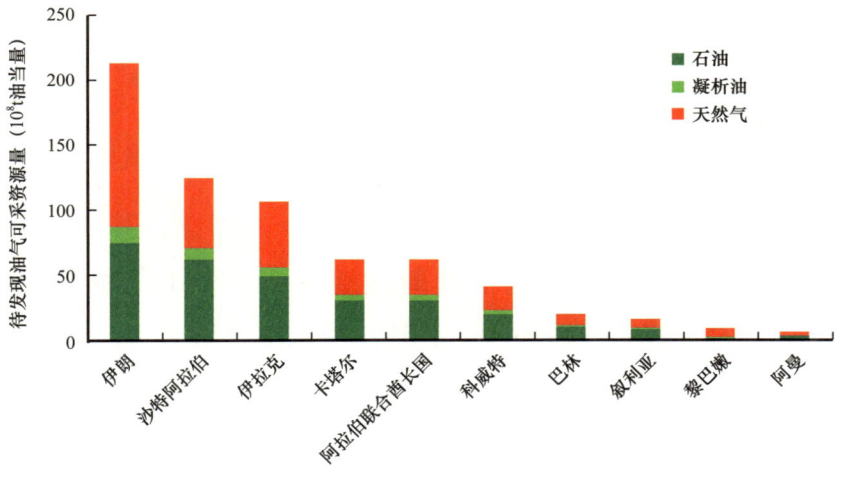

图 7-13　中东主要国家（地区）待发现油气可采资源量柱状图

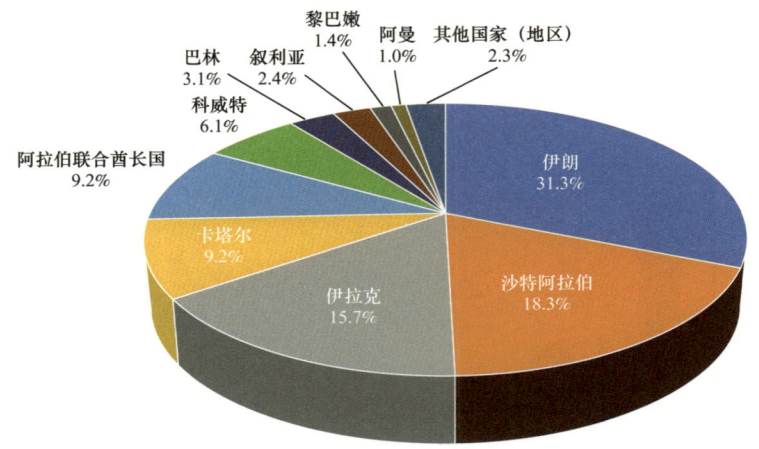

图 7-14 中东主要国家（地区）待发现油气可采资源量饼状图

2. 盆地分布

中东待发现油气资源潜力主要位于阿拉伯盆地、扎格罗斯盆地、地中海东部盆地、阿曼盆地、库姆盆地和也门盆地等。阿拉伯盆地、扎格罗斯盆地和地中海东部盆地待发现资源潜力位居前三，占比98.5%（图7-15、图7-16）。

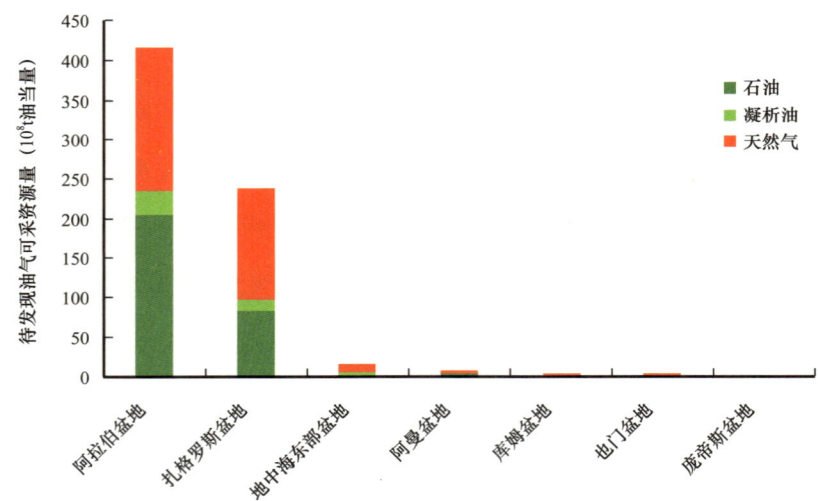

图 7-15 中东主要盆地待发现油气可采资源量柱状图

阿拉伯盆地待发现油气资源总量为 415.4×10^8 t 油当量，其中石油占49.3%，凝析油占7.2%，天然气占43.5%；扎格罗斯盆地为 236.7×10^8 t 油当量，其中石油占35.1%，凝析油占5.9%，天然气占59.0%；地中海东部盆地为 15.4×10^8 t 油当量，主要为深水—超深水领域，其中石油占10.7%，凝析油占23.5%，天然气占65.8%。

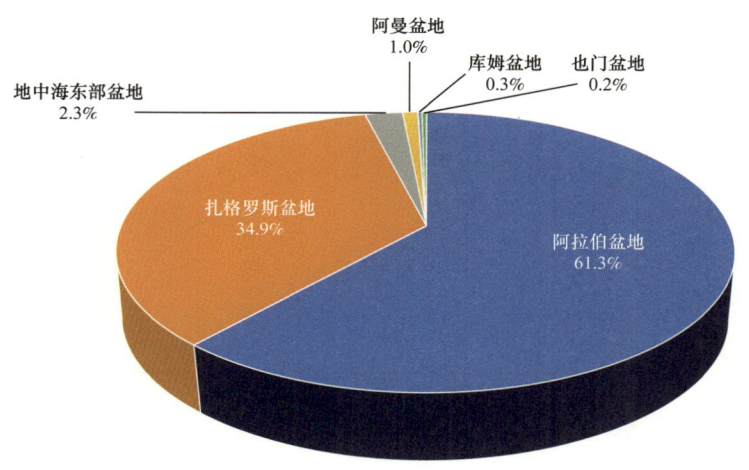

图 7-16　中东主要盆地待发现油气可采资源量饼状图

3. 海陆分布

陆上待发现油气资源远大于海域（图 7-17）。陆上待发现油气资源量为 $621.6 \times 10^8 t$ 油当量，其中石油占 43.8%，凝析油占 6.8%，天然气占 49.4%。海域待发现油气资源量为 $56.0 \times 10^8 t$ 油当量，其中石油占 41.4%，凝析油占 9.4%，天然气占 49.2%。

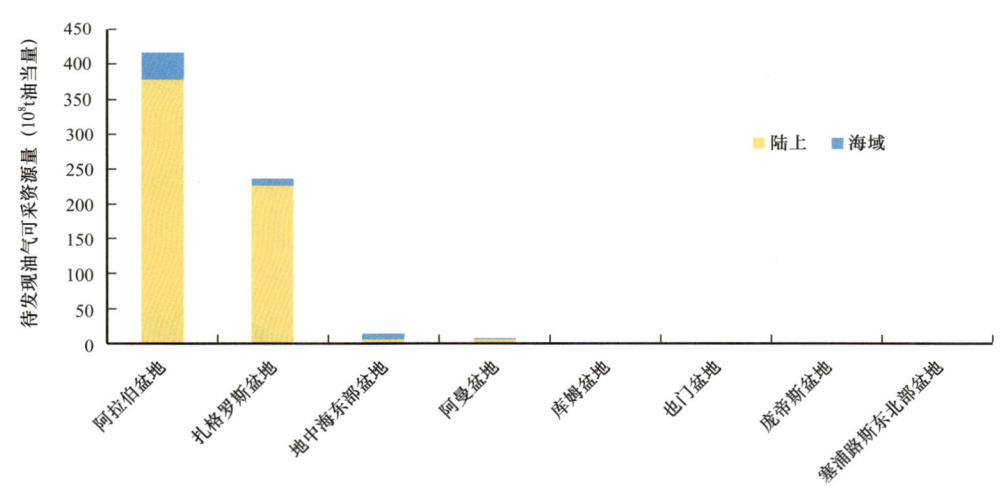

图 7-17　中东主要盆地待发现油气可采资源量海陆分布柱状图

4. 岩性分布

中东待发现碳酸盐岩油气资源远大于碎屑岩，分别占 86.3% 和 13.7%（图 7-18）。碳酸盐岩待发现油气资源量为 $584.8 \times 10^8 t$ 油当量，主要分布在阿拉伯盆地和扎格罗斯盆地，两个盆地的碳酸盐岩待发现储量合计 $578.0 \times 10^8 t$ 油当量，占中东待发现碳酸盐岩总储量的 98.9%。碎屑岩为 $92.8 \times 10^8 t$ 油当量，主要来自阿拉伯盆地、扎格罗斯盆地和地中海东部盆地，其待发现储量合计达 $87.9 \times 10^8 t$ 油当量。

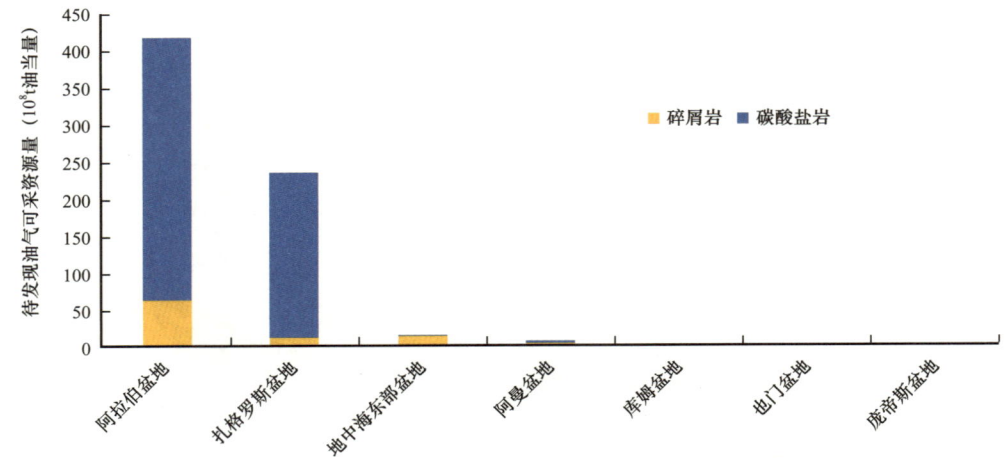

图 7-18　中东主要盆地待发现油气可采资源量岩性分布柱状图

第二节　非常规油气资源分布

中东非常规油气资源类型包括油页岩、重油、页岩油、页岩气和致密气 5 种类型。非常规油气技术可采资源总量 441.2×10^8 t 油当量，占全球非常规技术可采资源量的 6.9%。

中东非常规石油技术可采资源量 302.2×10^8 t，占全球非常规石油技术可采资源量的 7.5%。其中重油资源量最大，约 180.6×10^8 t，油页岩为 62.6×10^8 t，页岩油为 59.0×10^8 t（图 7-19、图 7-20）。

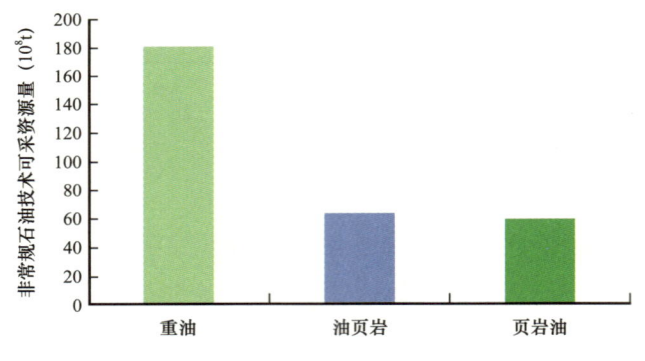

图 7-19　中东非常规石油技术
可采资源量柱状图

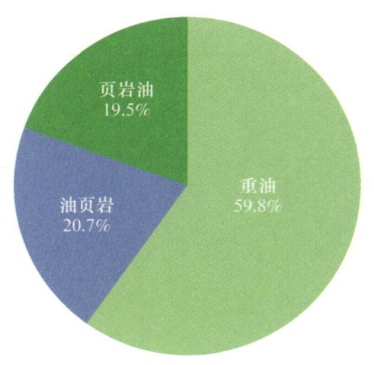

图 7-20　中东非常规石油技术
可采资源量饼状图

非常规天然气技术可采资源量为 16.3×10^{12} m³，以页岩气为主，技术可采资源量为 16.1×10^{12} m³，致密气为 0.2×10^{12} m³（图 7-21、图 7-22）。

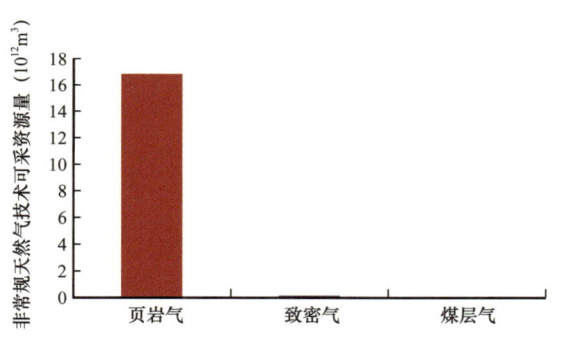
图 7-21　中东非常规天然气技术
可采资源量柱状图

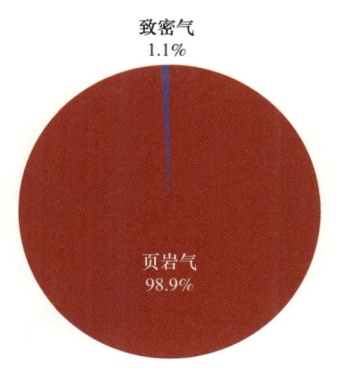
图 7-22　中东非常规天然气技术
可采资源量饼状图

一、非常规油气可采资源国家（地区）分布

1. 非常规石油国家（地区）分布

中东非常规油主要分布在沙特阿拉伯、阿拉伯联合酋长国、伊拉克、伊朗和以色列等国家。沙特阿拉伯为 $226.0 \times 10^8 t$，其中重油为 $160.2 \times 10^8 t$，油页岩为 $57.0 \times 10^8 t$，页岩油为 $8.8 \times 10^8 t$；阿拉伯联合酋长国非常规石油可采资源量为 $33.9 \times 10^8 t$，均为页岩油；伊拉克非常规石油可采资源量为 $23.6 \times 10^8 t$，其中重油为 $20.4 \times 10^8 t$，页岩油为 $3.2 \times 10^8 t$（图 7-23、图 7-24）。

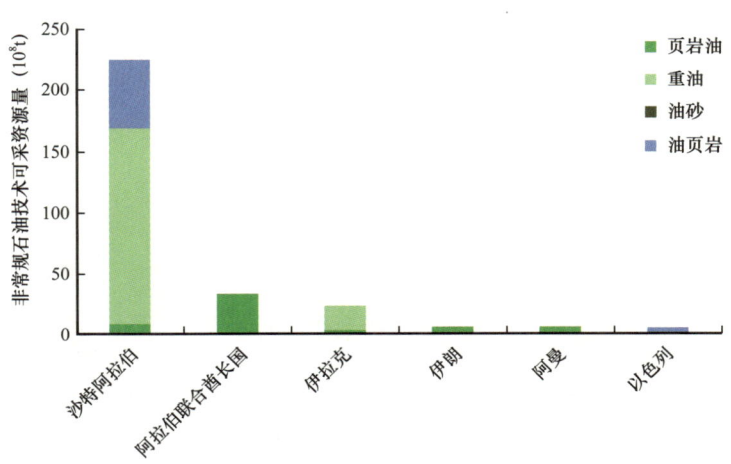

图 7-23　中东非常规石油技术可采资源量国家分布柱状图

2. 非常规天然气国家（地区）分布

中东非常规天然气主要位于沙特阿拉伯、阿拉伯联合酋长国、土耳其和阿曼。沙特阿拉伯非常规天然气可采资源量达 $8.9 \times 10^{12} m^3$，其中页岩气 $8.7 \times 10^{12} m^3$，致密气 $0.2 \times 10^{12} m^3$；阿拉伯联合酋长国为 $6.5 \times 10^{12} m^3$，均为页岩气（图 7-25、图 7-26）。

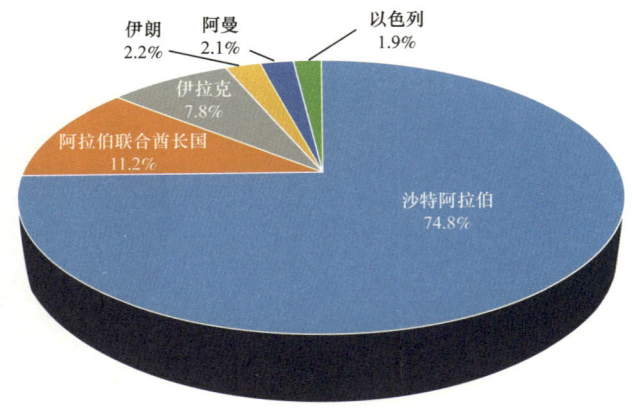

图 7-24　中东非常规石油技术可采资源量国家分布饼状图

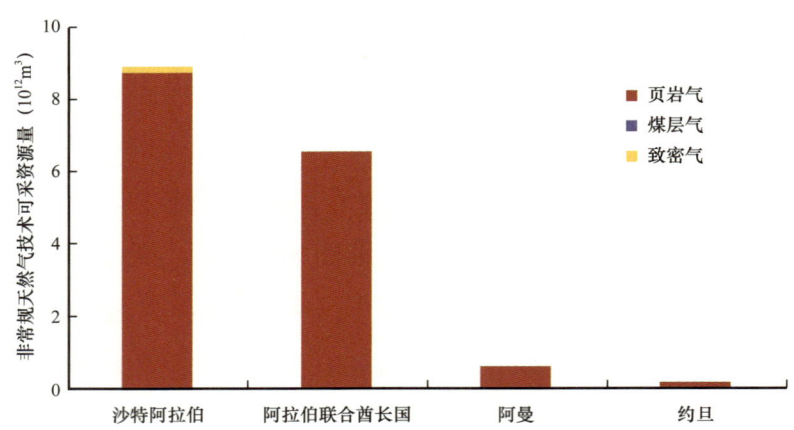

图 7-25　中东非常规天然气技术可采资源量国家分布柱状图

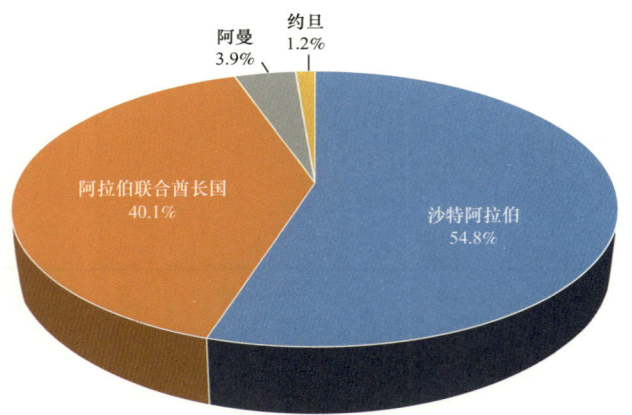

图 7-26　中东非常规天然气技术可采资源量国家分布饼状图

二、非常规油气资源盆地分布

1. 非常规石油盆地分布

中东非常规石油主要富集在阿拉伯、扎格罗斯、阿曼等盆地（图 7-27、图 7-28）。

从盆地资源类型来看，页岩油主要分布在阿拉伯盆地、扎格罗斯盆地和阿曼盆地，重油主要分布在阿拉伯盆地和扎格罗斯盆地，油页岩主要分布在阿拉伯盆地和地中海东部盆地。从各盆地的资源类型来看，阿拉伯盆地非常规石油可采资源量在中东排名第一，可采资源量 260×10^8 t，重油、油页岩和页岩油分别占 61.6%、21.9% 和 16.5%；扎格罗斯盆地为 30.1×10^8 t，以页岩油和重油为主，占比分别为 32.4% 和 67.6%。

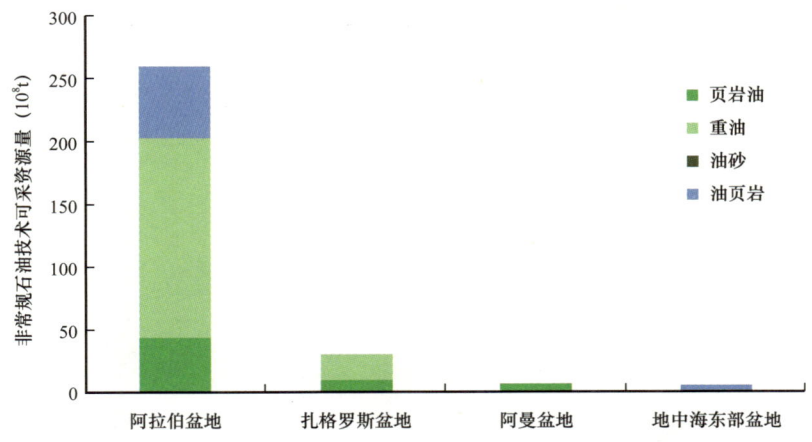

图 7-27　中东非常规石油技术可采资源量盆地分布柱状图

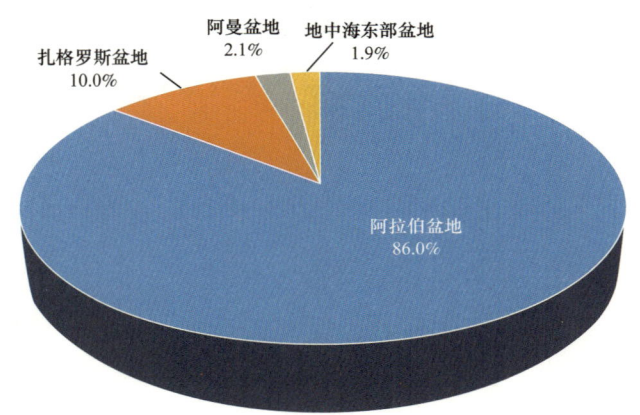

图 7-28　中东非常规石油技术可采资源量盆地分布饼状图

2. 非常规天然气盆地分布

非常规天然气主要富集在阿拉伯、阿曼和地中海东部等盆地（图 7-29、图 7-30）。阿拉伯盆地非常规天然气资源最为丰富，为 15.4×10^{12} m³，占比超过 94.5%，以页岩气和致密气为主，占盆地非常规资源量的比例分别为 98.8% 和 1.2%；其次是阿曼盆地，可采资源量为 0.6×10^{12} m³，均为页岩气。

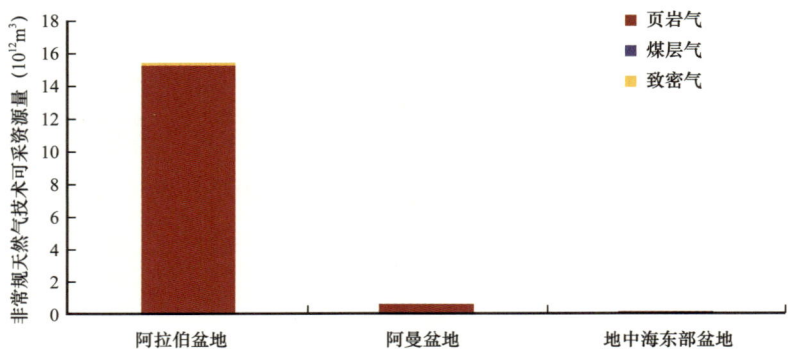

图 7-29　中东非常规天然气技术可采资源量盆地分布柱状图

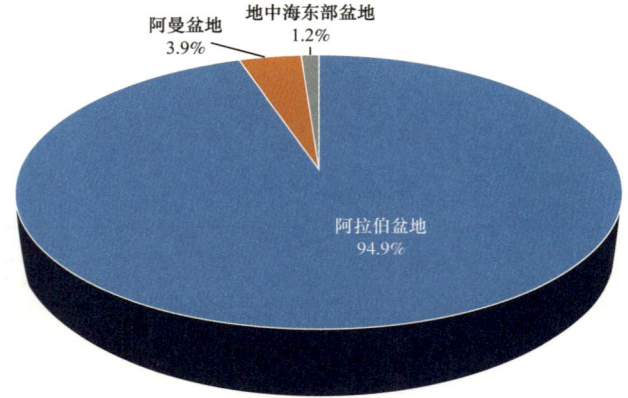

图 7-30　中东非常规天然气技术可采资源量盆地分布饼状图

第八章　中亚地区油气资源分布

中亚地区包括哈萨克斯坦、吉尔吉斯斯坦、乌兹别克斯坦、塔吉克斯坦、土库曼斯坦、阿塞拜疆、格鲁吉亚等国家，总面积 $416.29\times10^4km^2$。主要发育 18 个含油气盆地，其中陆上沉积面积约 $277.0\times10^4km^2$，海域沉积面积约 $33.2\times10^4km^2$。中亚地区富集了全球 5.2% 的油气资源，油气可采资源总量为 891.8×10^8t 油当量。

第一节　常规油气资源

中亚地区常规油气可采资源量 748.3×10^8t 油当量，占全球 6.8%。其中，可采储量 389.0×10^8t，占全球 5.8%；油气累计产量 107.5×10^8t 油当量，占全球的 4.5%；剩余油气可采储量 281.5×10^8t 油当量，占全球的 6.6%；已发现油气田未来储量增长量预测 96.0×10^8t 油当量，占全球的 8.7%；油气待发现可采资源量 263.3×10^8t 油当量，占全球的 8.2%。

一、剩余可采储量分布

中亚地区剩余油气可采储量 281.5×10^8t 油当量。其中石油 47.8×10^8t，占比 17.0%；凝析油 14.2×10^8t，占比 5.1%；天然气 $25.7\times10^{12}m^3$，占比 77.9%。

1. 国家（地区）分布

中亚地区约 93.4% 的剩余可采储量集中分布在土库曼斯坦、哈萨克斯坦和阿塞拜疆三个国家。土库曼斯坦油气总量占比 54.2%，以天然气为主；哈萨克斯坦油气总量占比 31.1%，排名第二，天然气略多于石油，该国石油剩余可采储量在该区名列第一，天然气名列第二；阿塞拜疆油气总量占比 8.1%，排名第三，天然气多于石油；其他国家剩余可采储量排名依次为乌兹别克斯坦、塔吉克斯坦、格鲁吉亚以及吉尔吉斯斯坦（图 8–1、图 8–2）。

2. 盆地分布

中亚地区剩余可采储量分布在排名前 10 的盆地中（图 8–3）。其中阿姆河盆地、滨里海盆地和南里海盆地位居前三，这三个盆地合计剩余可采储量占整个中亚地区的 93.3%（图 8–4）。

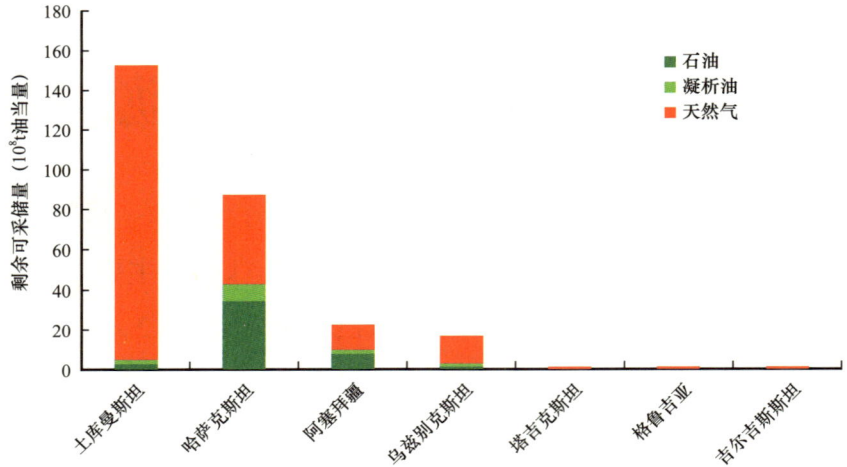

图 8-1　中亚地区剩余可采储量国家分布柱状图

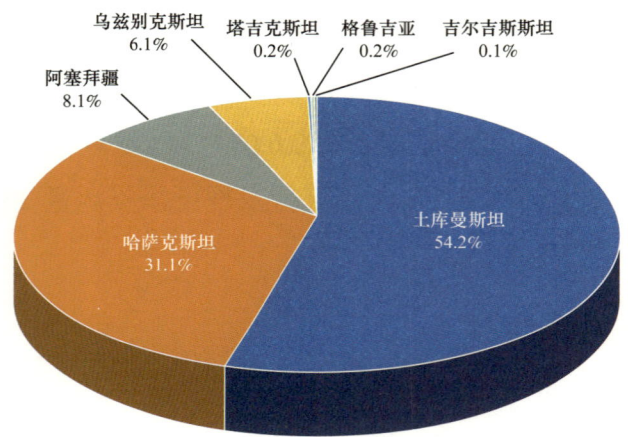

图 8-2　中亚地区剩余可采储量国家分布饼状图

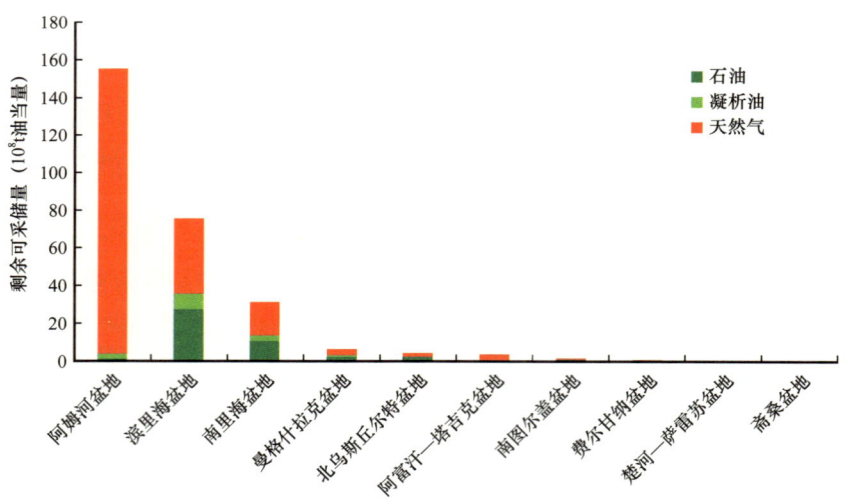

图 8-3　中亚地区排名前十盆地剩余可采储量柱状图

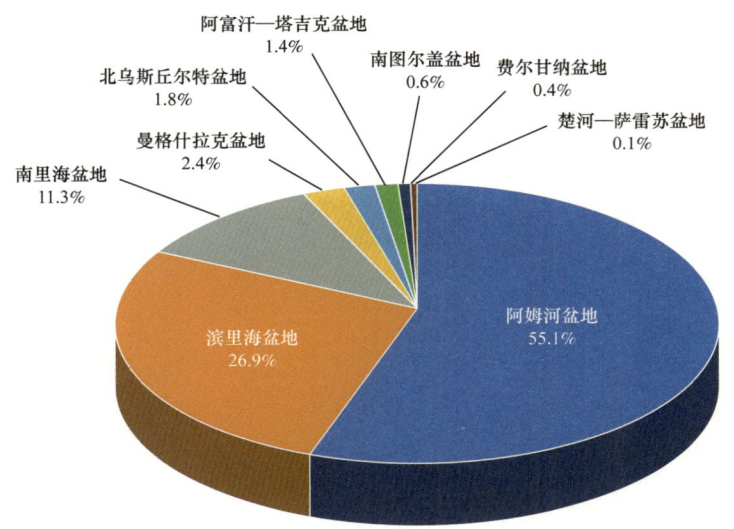

图 8-4　中亚地区主要盆地剩余可采储量分布饼状图

阿姆河盆地剩余可采储量 $155.1 \times 10^8 t$ 油当量，其中石油占 0.8%，凝析油占 1.7%，天然气占 97.5%。滨里海盆地剩余可采储量 $75.7 \times 10^8 t$ 油当量，其中石油占 36.6%，凝析油占 11.0%，天然气占 52.4%。南里海盆地剩余可采储量 $31.8 \times 10^8 t$ 油当量，其中石油占 35.4%，凝析油占 8.3%，天然气占 56.3%。

3. 海陆分布

中亚地区陆域剩余油气可采储量远大于海域，占比分别为 80.0% 和 20.0%（图 8-5）。陆域剩余油气可采储量 $225.2 \times 10^8 t$ 油当量，其中石油占比 10.8%，凝析油占比 5.1%，天然气占比 84.1%。海域剩余可采储量 $56.2 \times 10^8 t$ 油当量，其中石油占比 41.8%，凝析油占比 5.0%，天然气占比 53.2%。

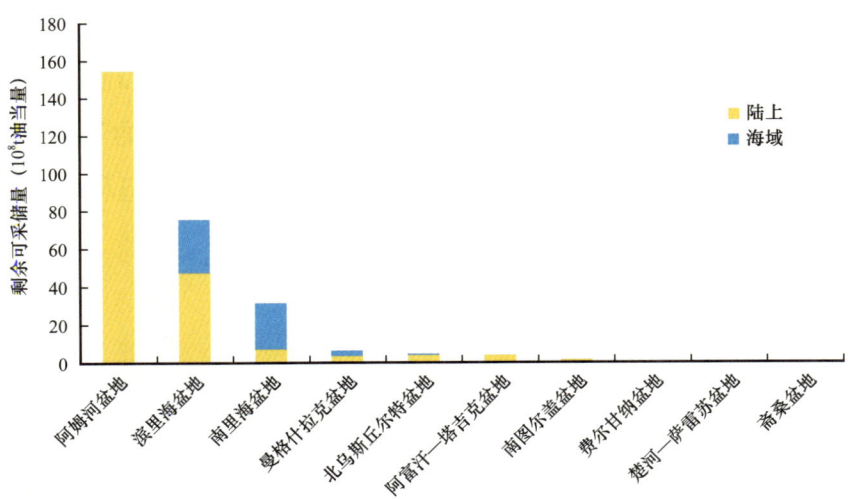

图 8-5　中亚地区主要盆地剩余可采储量海陆分布柱状图

4. 岩性分布

中亚地区剩余可采储量在碳酸盐岩中的分布远大于碎屑岩,占比分别为78.0%和22.0%;天然气剩余可采储量在碎屑岩和碳酸盐岩中的分布均大于石油,碎屑岩中天然气占比64.5%,碳酸盐岩中天然气占比82.9%。(图8-6)。

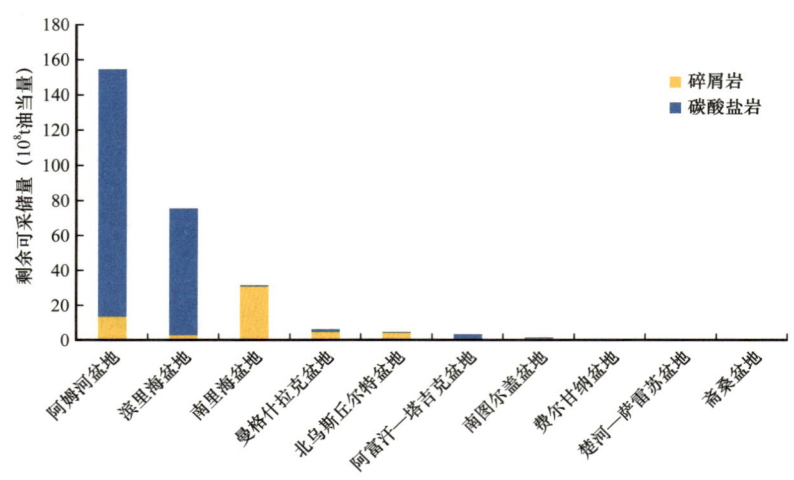

图 8-6　中亚地区主要盆地剩余可采储量岩性分布柱状图

二、已发现油气田储量增长趋势

中亚地区已发现油气田未来储量增长 96.0×10^8t 油当量,其中石油增长量为 20.6×10^8t,占中亚地区的 21.5%,凝析油增长量为 5.5×10^8t,占比 5.7%,天然气增长量为 8.2×10^{12}m³,占比 72.8%。

1. 国家分布

土库曼斯坦已发现油气田未来储量增长最大,占中亚地区的61.7%,油气田未来储量增长以天然气为主。其次是哈萨克斯坦,占中亚地区的22.0%,已发现油气田未来储量增长石油大于天然气,石油占比67.7%;其他几个国家油气田未来储量增长排名依次为阿塞拜疆、乌兹别克斯坦、塔吉克斯坦、吉尔吉斯斯坦和格鲁吉亚(图8-7、图8-8)。

2. 盆地分布

中亚地区96.0%的已发现油气田未来储量增长分布在排名前4的盆地中,分别为阿姆河盆地、滨里海盆地、南里海盆地和北乌斯丘尔特盆地(图8-9、图8-10)。

阿姆河盆地未来储量增长为 59.2×10^8t 油当量,其中石油占0.8%,凝析油占1.8%,天然气占97.4%。滨里海盆地未来储量增长为 17.3×10^8t 油当量,其中石油占

74.5%，凝析油占 16.4%，天然气占 9.1%。南里海盆地未来储量增长为 12.8×10^8 t 油当量，其中石油占 37.1%，凝析油占 11.1%，天然气占 51.8%。

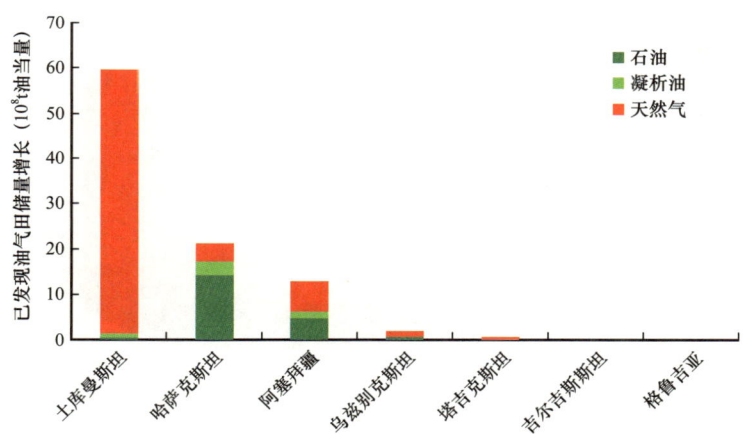

图 8-7　中亚地区已发现油气田未来储量增长国家分布柱状图

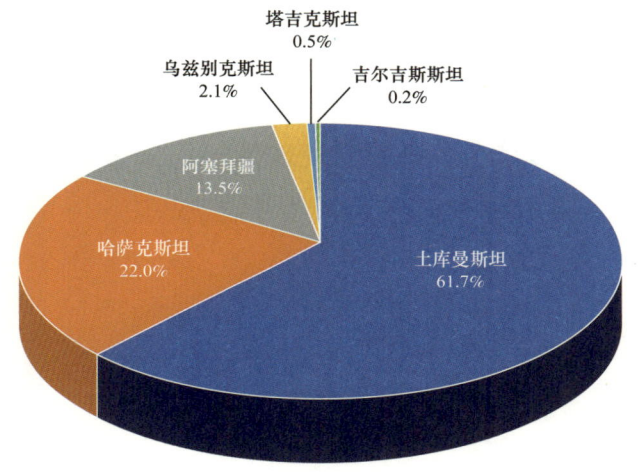

图 8-8　中亚地区已发现油气田未来储量增长国家分布饼状图

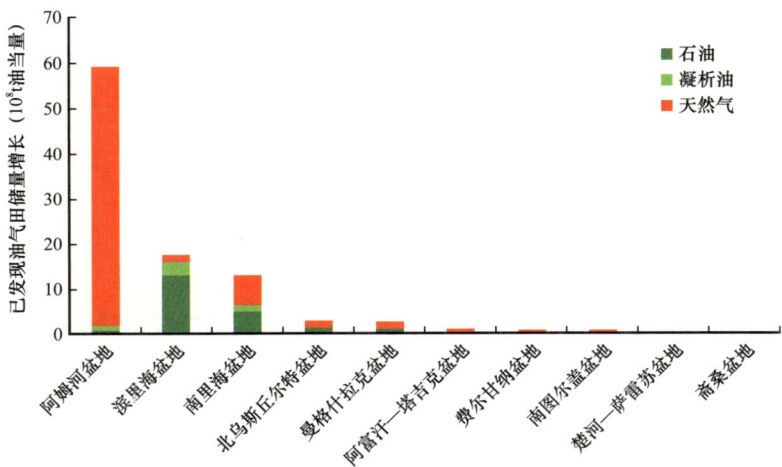

图 8-9　中亚地区主要盆地已发现油气田未来储量增长柱状图

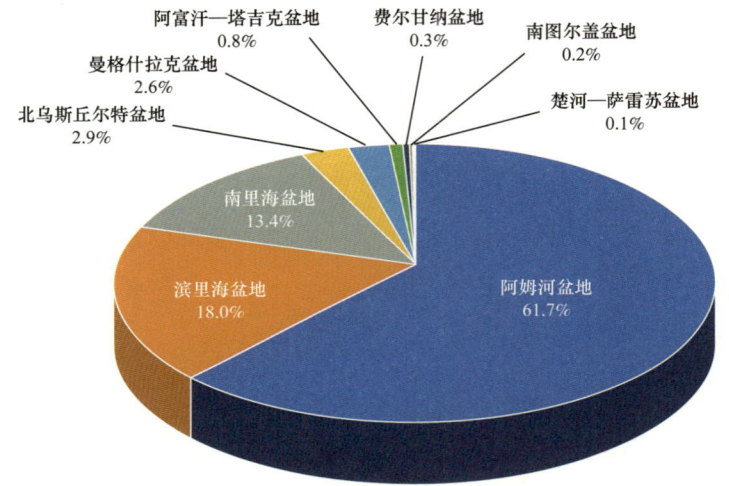

图 8-10　中亚地区主要盆地已发现油气田未来储量增长饼状图

3. 海陆分布

中亚地区已发现油气田未来储量增长陆域大于海域，占比分别为 85.3% 和 14.7%（图 8-11）。陆域已发现油气田未来储量增长量 $81.9×10^8$t 油当量，其中石油占 46.4%，凝析油占 4.6%，天然气占 49.0%。海域已发现油气田未来储量增长量 $14.1×10^8$t 油当量，其中石油占 19.4%，凝析油占 4.7%，天然气占 75.9%。

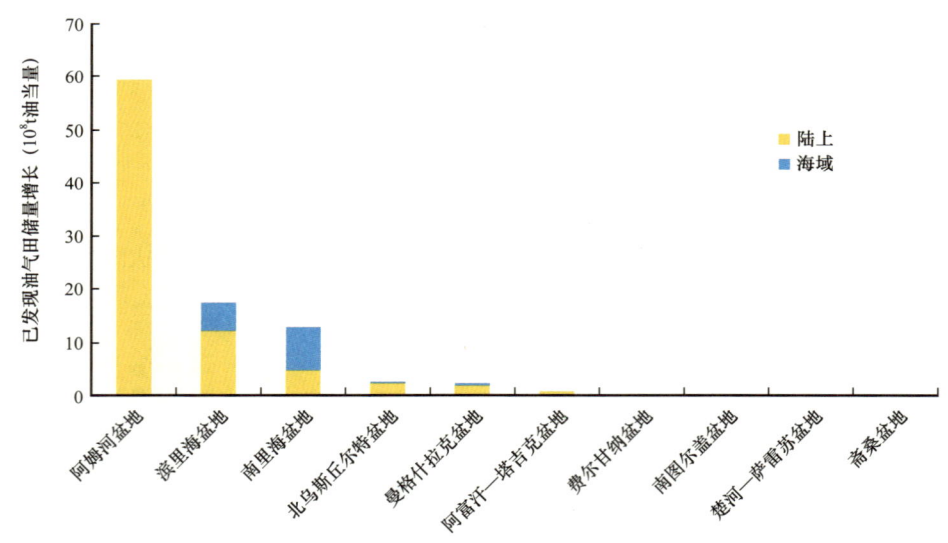

图 8-11　中亚地区主要盆地已发现油气田未来储量增长海陆分布柱状图

4. 岩性分布

中亚地区已发现油气田未来储量增长在碳酸盐岩中的分布远大于碎屑岩中的分布，分别占比 68.2% 和 31.8%（图 8-12）。

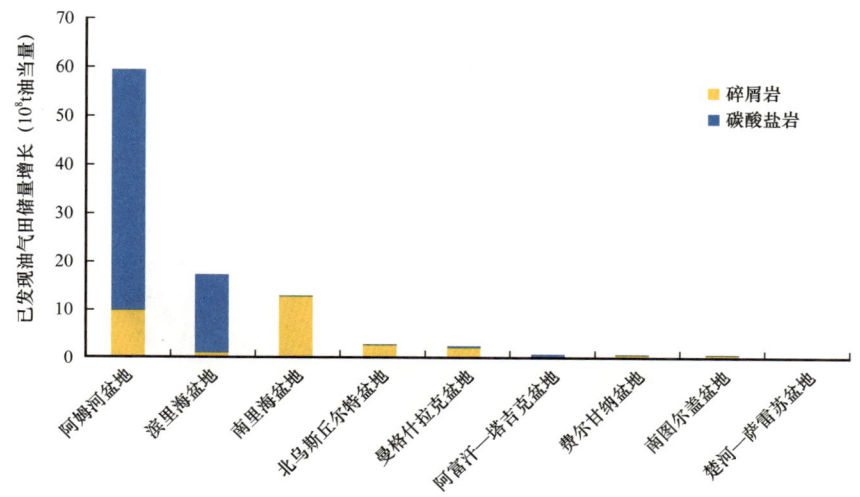

图 8-12　中亚地区主要盆地已发现油气田未来储量增长岩性分布柱状图

三、待发现油气资源分布特征

中亚地区待发现油气资源 $263.3×10^8t$ 油当量，天然气远大于石油。其中石油 $50.2×10^8t$，占比 19.1%；凝析油 $12.7×10^8t$，占比 4.8%；天然气 $23.4×10^{12}m^3$，占比 76.1%。

1. 国家分布

中亚地区待发现资源超过 99.6% 集中分布在土库曼斯坦、哈萨克斯坦、阿塞拜疆和乌兹别克斯坦四个国家。土库曼斯坦总量占比最多，约占 51.9%，以天然气为主；哈萨克斯坦排名第二，天然气待发现资源量略多于石油；阿塞拜疆排名第三，石油待发现资源量略多于天然气；其他国家排名依次为乌兹别克斯坦、吉尔吉斯斯坦、格鲁吉亚及塔吉克斯坦（图 8-13、图 8-14）。

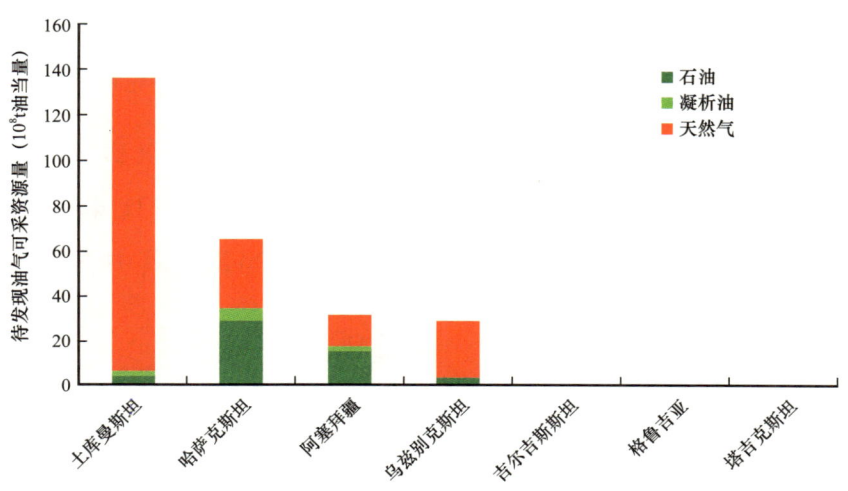

图 8-13　中亚地区待发现油气可采资源量国家分布柱状图

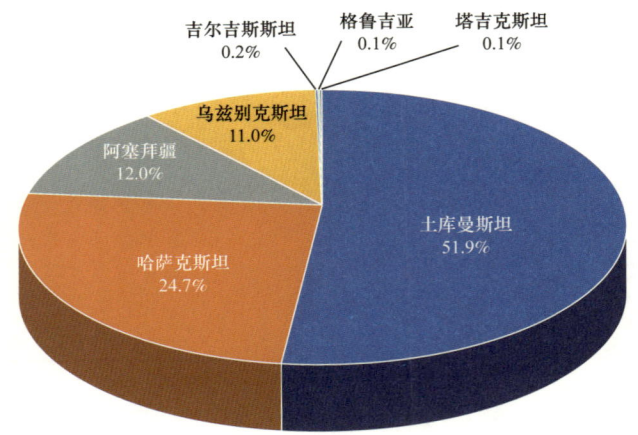

图 8-14　中亚地区待发现油气可采资源量国家分布饼状图

2. 盆地分布

中亚地区 99.5% 的待发现油气资源分布在排名前 10 的盆地中（图 8-15）。其中阿姆河盆地、滨里海盆地和南里海盆地位居前三，前三盆地的待发现油气资源占中亚地区 87.3%（图 8-16）。

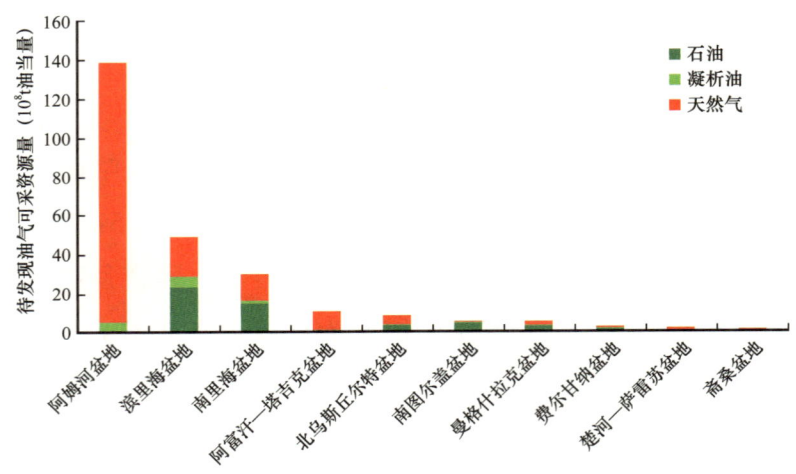

图 8-15　中亚地区主要盆地待发现油气可采资源量分布柱状图

阿姆河盆地 151.9×10^8t 油当量，其中石油占比 0.4%，凝析油占比 2.9%，天然气占比 96.8%；滨里海盆地 48.4×10^8t 油当量，其中石油占比 47.5%，凝析油占比 11.3%，天然气占比 41.2%。南里海盆地 29.5×10^8t 油当量，其中石油占比 48.0%，凝析油占比 5.9%，天然气占比 46.1%。

3. 海陆分布

中亚地区待发现油气资源陆域远大于海域，占比分别为 84.3% 和 15.7%（图 8-17）。天然气待发现资源量陆域大于石油而海域略小于石油。

第八章 中亚地区油气资源分布

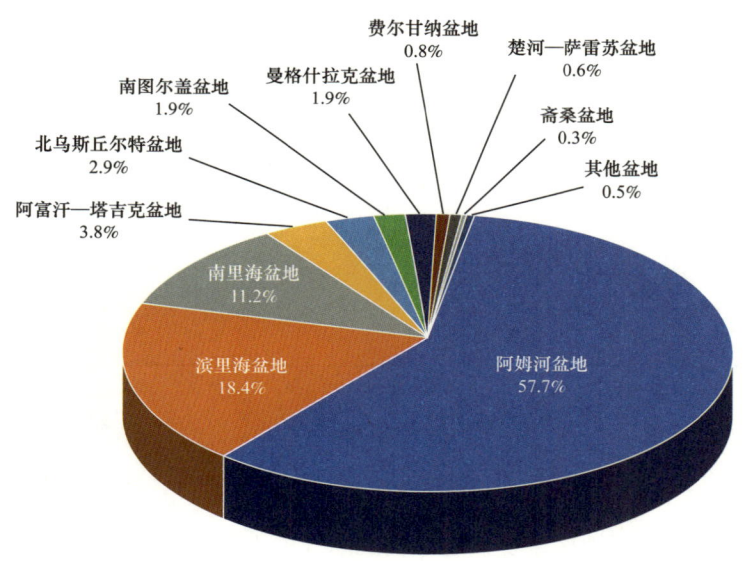

图 8-16 中亚地区主要盆地待发现油气可采资源量分布饼状图

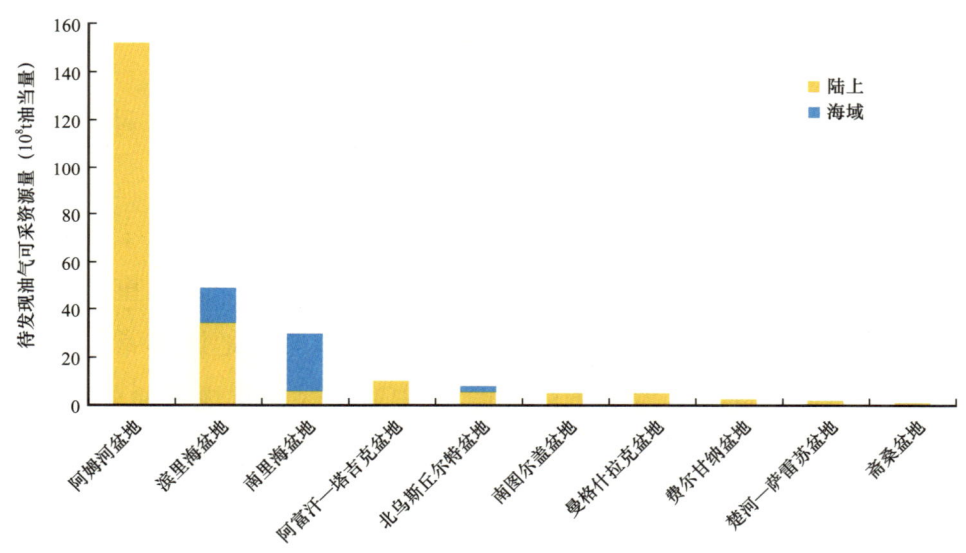

图 8-17 中亚地区主要盆地待发现油气可采资源量海陆分布柱状图

陆域油气待发现油气资源量 222.0×10^8t 油当量，其中石油占比 13.8%，凝析油占比 4.3%，天然气占比 81.9%。海域待发现油气资源量 41.3×10^8t 油当量，其中石油占比 47.4%，凝析油占比 7.6%，天然气占比 45.0%。

4. 岩性分布

中亚地区待发现油气资源在碳酸盐岩储层中的分布远大于碎屑岩，分别占 66.8% 和 33.2%；天然气待发现资源量碎屑岩和碳酸盐岩中的分布均大于石油，碎屑岩中天然待发现资源量占比 63.3%，碳酸盐岩中天然气待发现资源量占比 82.5%。（图 8-18）。

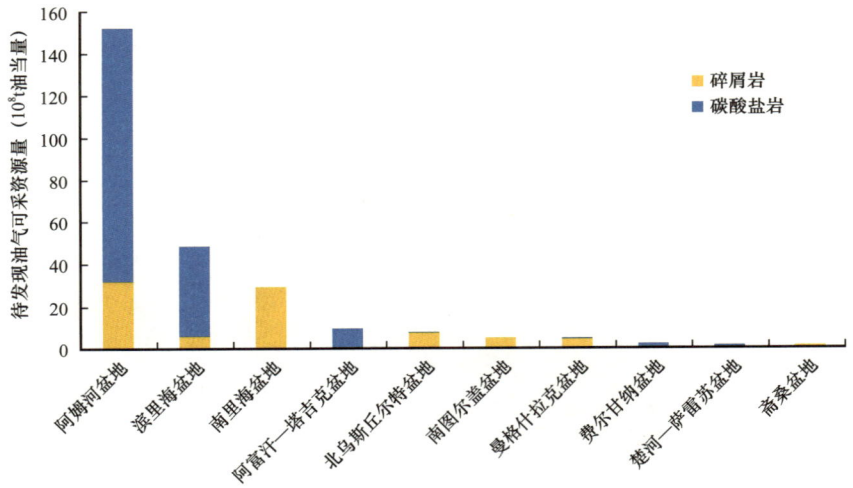

图 8-18　中亚地区主要盆地待发现油气可采资源量岩性分布柱状图

第二节　非常规油气资源

中亚地区非常规资源类型包括重油、油砂、页岩油、页岩气 4 种类型，非常规油气可采资源总量 $143.5 \times 10^8 t$ 油当量，占全球 2.3%。

中亚地区非常规石油技术可采资源量 $120.6 \times 10^8 t$，占全球 3.0%；其中油砂资源量最大，为 $59.4 \times 10^8 t$，占中亚地区非常规石油可采资源量 49.3%；重油在中亚地区非常规石油可采资源总量中排名第二，为 $44.6 \times 10^8 t$，占中亚地区非常规石油可采资源量 37.0%；页岩油可采资源量为 $16.6 \times 10^8 t$，占中亚地区非常规石油可采资源量 13.7%（图 8-19、图 8-20）。非常规天然气技术可采资源量 $2.7 \times 10^{12} m^3$，占全球 1.0%，全部为页岩气。

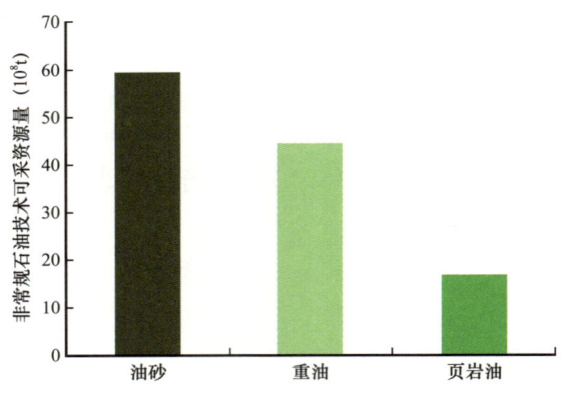

图 8-19　中亚地区非常规石油技术
可采资源量柱状图

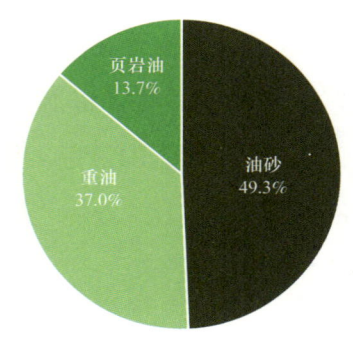

图 8-20　中亚地区非常规石油技术
可采资源量饼状图

一、非常规油气可采资源国家（地区）分布

1. 非常规石油国家（地区）分布

中亚地区非常规石油资源主要分布在哈萨克斯坦、格鲁吉亚和土库曼斯坦三个国家。哈萨克斯坦非常规石油可采资源量 $84.3×10^8t$，占中亚地区 69.9%，占全球 2.1%；哈萨克斯坦非常规石油资源量排序依次为重油、油砂和页岩油，其中重油为 $34.3×10^8t$，油砂为 $33.4×10^8t$，页岩油为 $16.6×10^8t$。格鲁吉亚非常规石油可采资源量 $31.4×10^8t$，占中亚地区 26.0%，占全球 0.8%；格鲁吉亚非常规石油资源以重油和油砂为主，其中重油为 $6.8×10^8t$，油砂为 $24.6×10^8t$。土库曼斯坦非常规石油可采资源量为 $4.9×10^8t$，占中亚地区 4.0%，占全球 0.1%（图 8-21、图 8-22）。

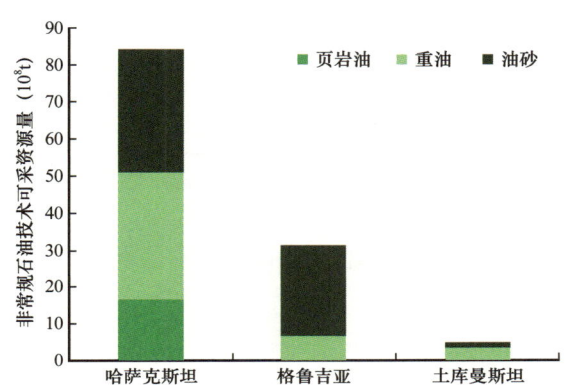

图 8-21 中亚地区非常规石油技术可采资源量国家分布柱状图

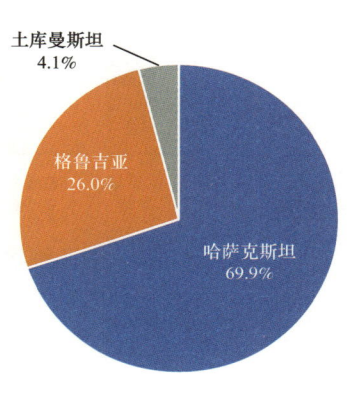

图 8-22 中亚地区非常规石油技术可采资源量国家分布饼状图

2. 非常规天然气国家（地区）分布

中亚非常规天然气主要分布在哈萨克斯坦和土库曼斯坦两个国家。哈萨克斯坦非常规天然气可采资源主要为页岩气，可采资源量为 $0.8×10^{12}m^3$，占中亚地区 29.0%。土库曼斯坦非常规天然气可采资源也主要为页岩气，可采资源量为 $2.0×10^{12}m^3$，占中亚地区 71.0%。

二、非常规油气资源盆地分布

中亚地区的非常规油气可采资源主要分布在滨里海盆地、北乌斯丘尔特盆地、南里海盆地、阿姆河盆地、曼格什拉克盆地和南图尔盖盆地。

1. 非常规石油盆地分布

中亚地区非常规石油主要分布在 6 个盆地中，其中滨里海盆地、北乌斯丘尔特盆

地和南里海盆地排名前三。滨里海盆地非常规石油可采资源量为 $43.3×10^8t$，占中亚地区 35.9%，其中页岩油 $9.9×10^8t$，油砂 $33.4×10^8t$。北乌斯丘尔特盆地排名第二，非常规石油可采资源量为 $36.0×10^8t$，占中亚地区 29.9%，其中页岩油 $1.7×10^8t$，重油 $34.3×10^8t$。南里海盆地排名第三，非常规石油可采资源量为 $31.4×10^8t$，占中亚地区 26.0%，其中重油 $6.8×10^8t$，油砂 $24.6×10^8t$。其他盆地非常规石油可采资源排名依次为阿姆河盆地、曼格什拉克盆地、南图尔盖盆地（图 8-23、图 8-24）。

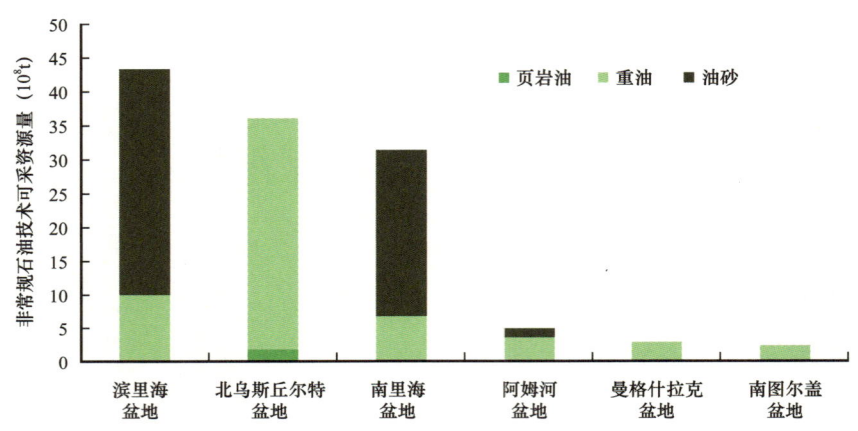

图 8-23　中亚地区非常规石油技术可采资源量盆地分布柱状图

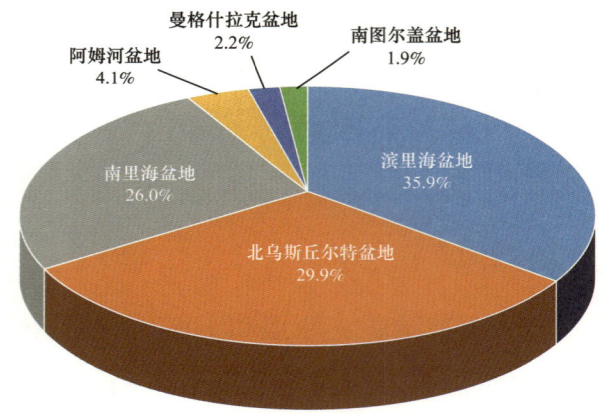

图 8-24　中亚地区非常规石油技术可采资源量盆地分布饼状图

2. 非常规天然气盆地分布

中亚地区非常规天然气主要分布在 4 个盆地，主要为页岩气。其中阿姆河盆地页岩气排名第一，可采资源 $2.0×10^{12}m^3$，占中亚地区的 71.0%；滨里海盆地排名第二，页岩气可采资源 $0.6×10^{12}m^3$，占中亚地区的 21.7%；曼格什拉克盆地排名第三，页岩气可采资源 $0.09×10^{12}m^3$，占中亚地区的 3.3%；南图尔盖盆地页岩气可采资源 $0.08×10^{12}m^3$，占中亚地区的 3.1%（图 8-25、图 8-26）。

第八章 中亚地区油气资源分布

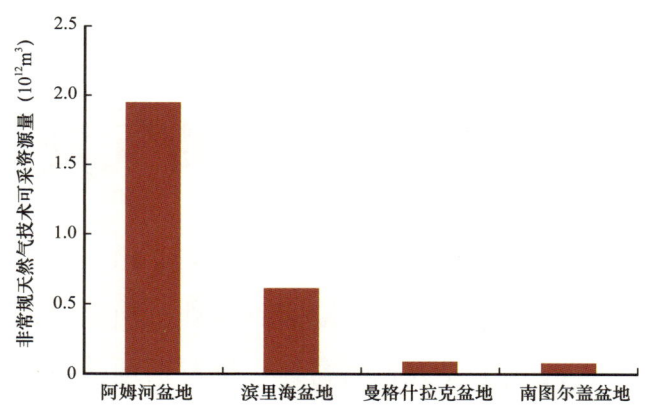

图 8-25 中亚地区非常规天然气技术可采资源量盆地分布柱状图

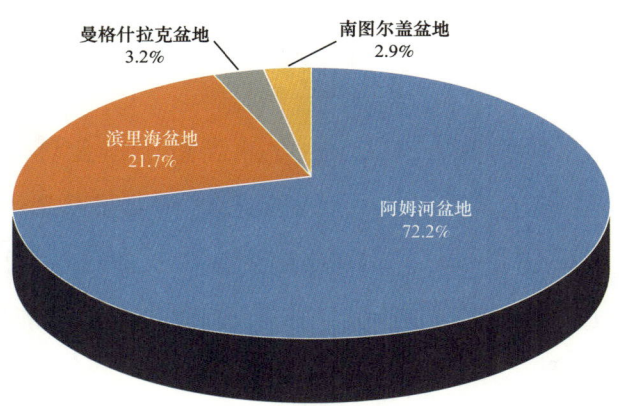

图 8-26 中亚地区非常规天然气技术可采资源量盆地分布饼状图

第九章　俄罗斯地区油气资源分布

俄罗斯地区位于欧亚大陆北部，国土面积 $1709.82 \times 10^4 km^2$。主要发育有 26 个含油气盆地，其中陆上发育有克拉通盆地、大陆裂谷盆地、前陆盆地等，北极海域主要为被动陆缘盆地，西太平洋海域主要为弧后盆地。俄罗斯地区富集了全球 15.6% 的油气资源，油气可采资源总量为 $2707.7 \times 10^8 t$ 油当量。

第一节　常规油气资源

俄罗斯常规油气可采资源量 $1741.7 \times 10^8 t$ 油当量，占全球 15.9%。其中，可采储量 $1015.3 \times 10^8 t$ 油当量，占全球 15.3%；油气累计产量 $473.2 \times 10^8 t$ 油当量，占全球的 19.8%；剩余油气可采储量 $542.1 \times 10^8 t$ 油当量，占全球的 12.7%；已发现油气田未来储量增长量预测 $132.5 \times 10^8 t$ 油当量，占全球的 12.0%；油气待发现可采资源量 $594.0 \times 10^8 t$ 油当量，占全球的 18.5%。

一、剩余可采储量分布

俄罗斯剩余油气可采储量 $542.1 \times 10^8 t$ 油当量，其中石油 $191.5 \times 10^8 t$，占比 35.3%；凝析油 $21.9 \times 10^8 t$，占比 4.1%；天然气 $38.5 \times 10^{12} m^3$，占比 60.6%。

1. 盆地分布

俄罗斯地区的剩余可采储量几乎全部分布在排名前 10 的盆地中（图 9-1）。其中西西伯利亚盆地、东西伯利亚盆地和伏尔加—乌拉尔盆地位居前三，三个盆地合计剩余可采储量占整个俄罗斯地区的 85.9%（图 9-2）。

西西伯利亚盆地剩余油气可采储量 $369.0 \times 10^8 t$ 油当量，其中石油占 32.4%，凝析油占 4.2%，天然气占 63.4%。东西伯利亚盆地剩余可采储量 $50.4 \times 10^8 t$ 油当量，其中石油占 22.2%，凝析油占 4.1%，天然气占 73.7%。伏尔加—乌拉尔盆地剩余可采储量 $46.3 \times 10^8 t$ 油当量，其中石油占 83.2%，凝析油占 1.7%，天然气占 15.1%。

2. 海陆分布

俄罗斯陆上剩余油气可采储量远大于海域，占比分别为 87.6% 和 12.4%（图 9-3）。

第九章 俄罗斯地区油气资源分布

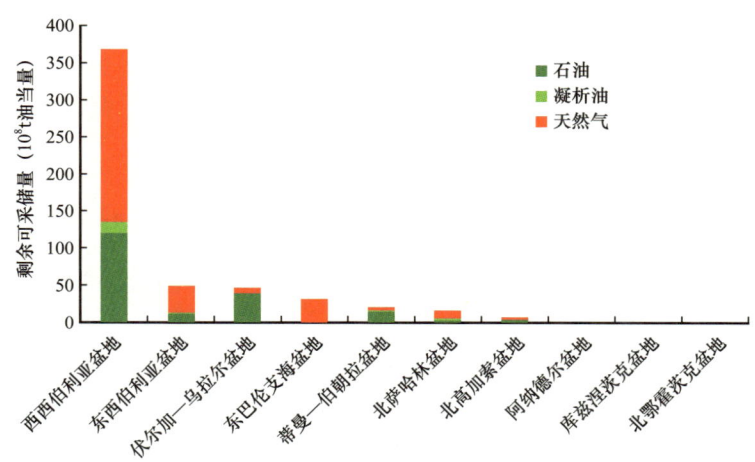

图 9-1　俄罗斯排名前十盆地剩余可采储量分布柱状图

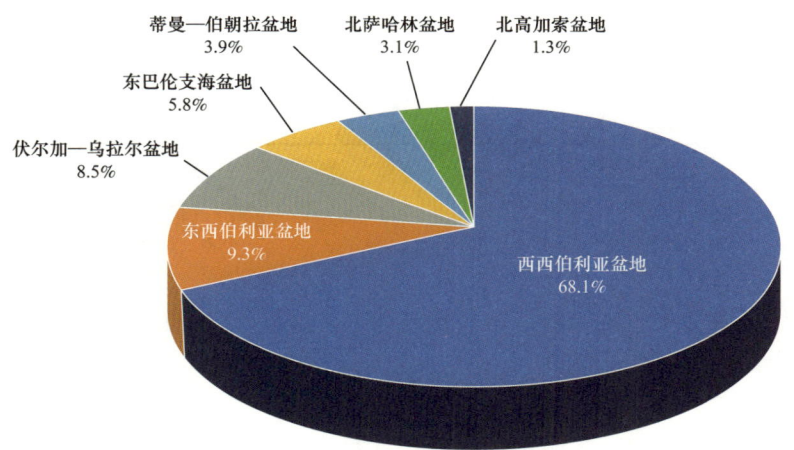

图 9-2　俄罗斯主要盆地剩余可采储量分布饼状图

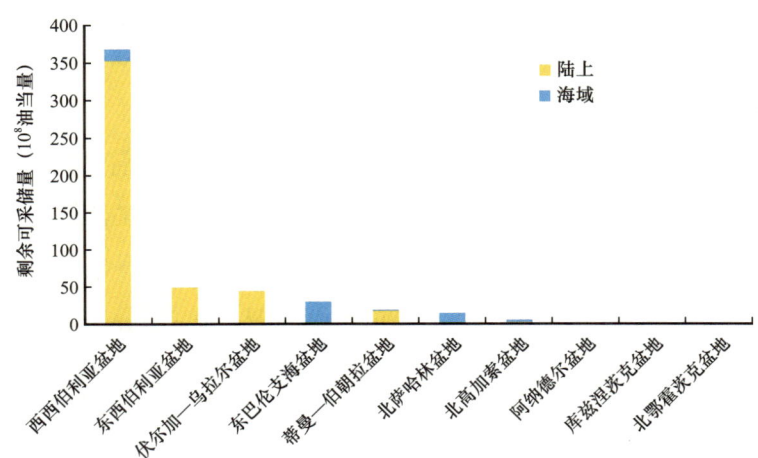

图 9-3　俄罗斯主要盆地剩余可采储量海陆分布柱状图

陆域剩余油气可采储量 $475.2×10^8$t 油当量，其中石油占比 39.0%，凝析油占比 4.0%，天然气占比 57.0%。海域剩余可采储量 $67.0×10^8$t 油当量，其中石油占比 8.8%，凝析油占比 4.4%，天然气占比 86.8%。

3. 岩性分布

俄罗斯剩余可采储量碎屑岩远大于碳酸盐岩，占比分别为 89.8% 和 10.2%；天然气剩余可采储量大于石油，占比 61.3%。碎屑岩中天然气占比 64.8%，碳酸盐岩中天然气占比 29.6%。（图 9-4）。

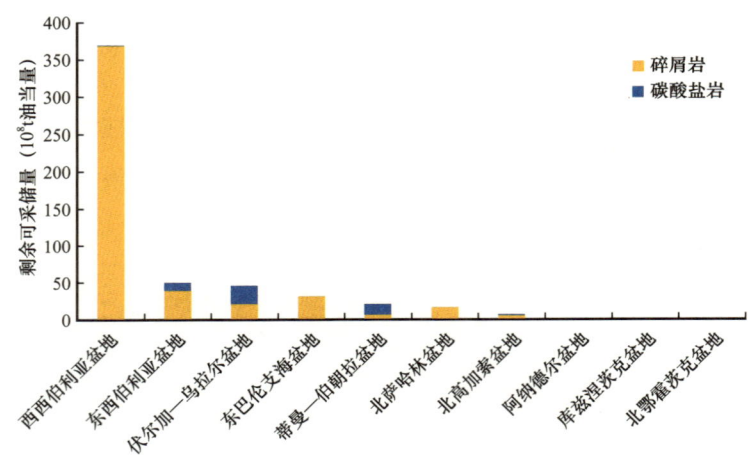

图 9-4　俄罗斯主要盆地剩余可采储量岩性分布柱状图

二、已发现油气田储量增长趋势

俄罗斯已发现油气田未来储量增长 $132.5×10^8$t 油当量，其中石油增长量为 $63.8×10^8$t，占比 48.1%，凝析油增长量为 $3.7×10^8$t，占比 2.8%，天然气增长量为 $7.6×10^{12}$m^3，占比 49.1%。

1. 盆地分布

俄罗斯 99.9% 的已发现油气田未来储量增长分布在排名前 10 的盆地中（图 9-5）。其中俄罗斯的西西伯利亚盆地、东巴伦支海盆地和伏尔加—乌拉尔盆地位居前三，这三个盆地占整个俄罗斯地区的 88.1%（图 9-6）。

西西伯利亚盆地已发现油气田未来储量增长为 $85.2×10^8$t 油当量，其中石油占 55.8%，凝析油占 2.0%，天然气占 42.2%。东巴伦支海盆地已发现油气田未来储量增长为 $19.5×10^8$t 油当量，其中凝析油占 1.2%，天然气占 98.8%。伏尔加—乌拉尔盆地已发现油气田未来储量增长为 $12.0×10^8$t 油当量，其中石油占 76.2%，凝析油占 4.8%，天然气占 19.0%。

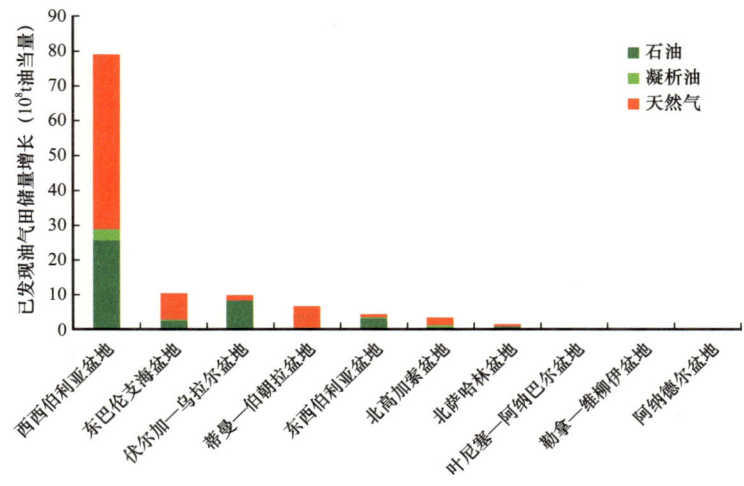

图 9-5　俄罗斯主要盆地已发现油气田未来储量增长柱状图

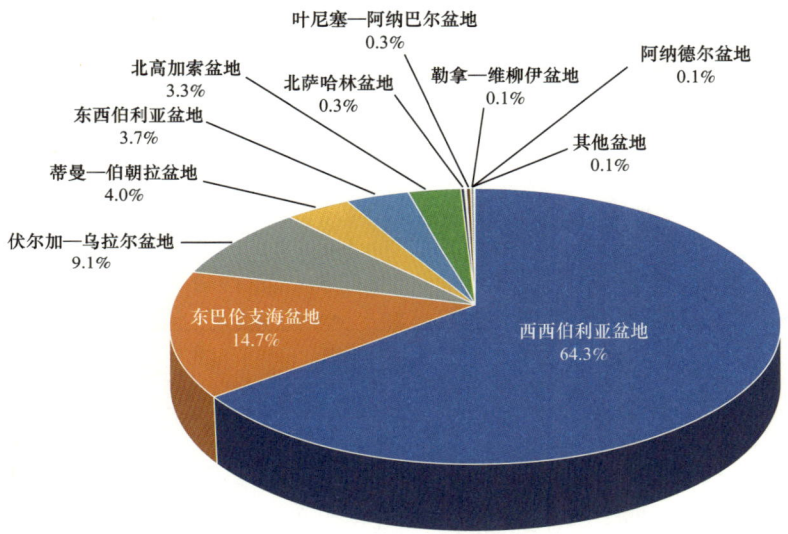

图 9-6　俄罗斯主要盆地已发现油气田未来储量增长饼状图

2. 海陆分布

俄罗斯地区已发现油气田未来储量增长陆域大于海域，占比分别为 92.7% 和 7.3%（图 9-7）。陆域和海域的天然气占比均大于石油。

陆域已发现油气田未来储量增长量 $122.8×10^8$t 油当量，其中石油占 45.8%，凝析油占 2.5%，天然气占 51.6%。海域已发现油气田未来储量增长量 $9.6×10^8$t 油当量，石油占 10.7%，凝析油占 4.4%，天然气占 84.9%。

3. 岩性分布

俄罗斯已发现油气田未来储量增长在碎屑岩中的分布远大于碳酸盐岩中的分布，占比分别为 89.5% 和 10.5%（图 9-8）。

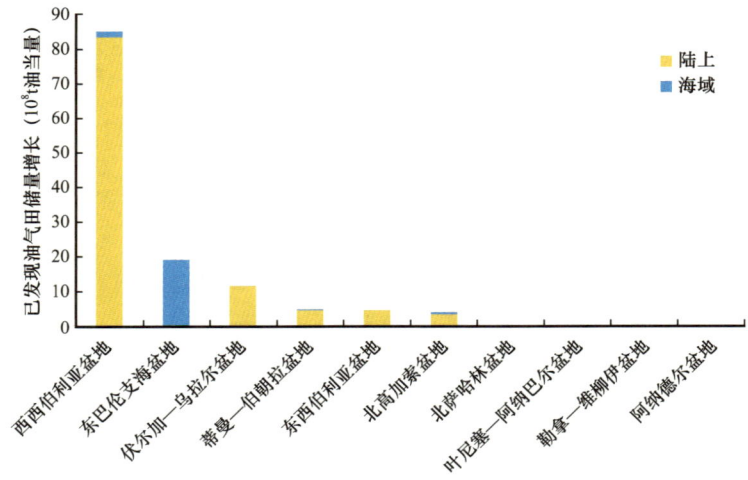

图 9-7　俄罗斯主要盆地已发现油气田未来储量增长海陆分布柱状图

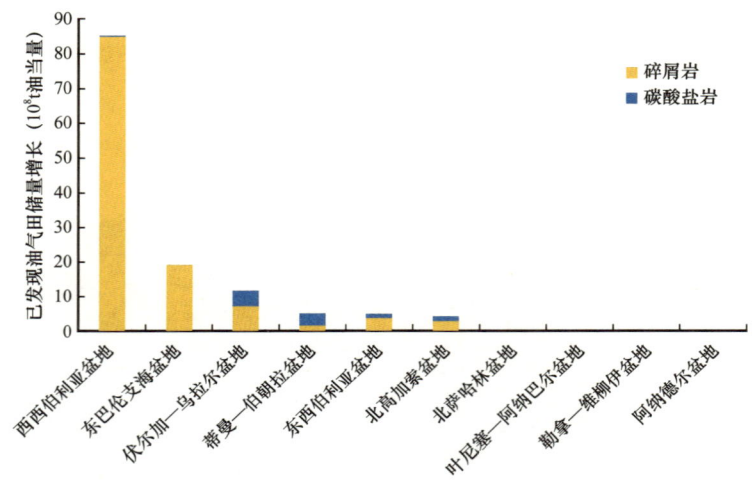

图 9-8　俄罗斯主要盆地已发现油气田未来储量增长岩性分布柱状图

三、待发现油气资源分布特征

俄罗斯地区待发现油气资源 594.0×10^8t 油当量，天然气大于石油。其中石油 148.8×10^8t，占比 25.1%；凝析油 38.4×10^8t，占比 6.4%；天然气 47.6×10^{12}m³，占比 68.4%。

1. 盆地分布

俄罗斯地区 96.8% 的待发现油气资源分布在排名前 10 的盆地中（图 9-9）。其中西西伯利亚盆地、东西伯利亚盆地和东巴伦支盆地位居前三，前三盆地的待发现油气资源占俄罗斯地区的 78.8%（图 9-10）。

西西伯利亚盆地待发现油气资源量 261.1×10^8t 油当量，其中石油占比 35.3%，凝析油占比 7.2%，天然气占比 57.5%；东西伯利亚盆地 113.7×10^8t 油当量，其中石油占比 10.8%，凝析油占比 5.2%，天然气占比 84.0%；东巴伦支海盆地 93.2×10^{8}t 油当量，其中石油占比 8.3%，凝析油占比 4.6%，天然气占比 87.1%。

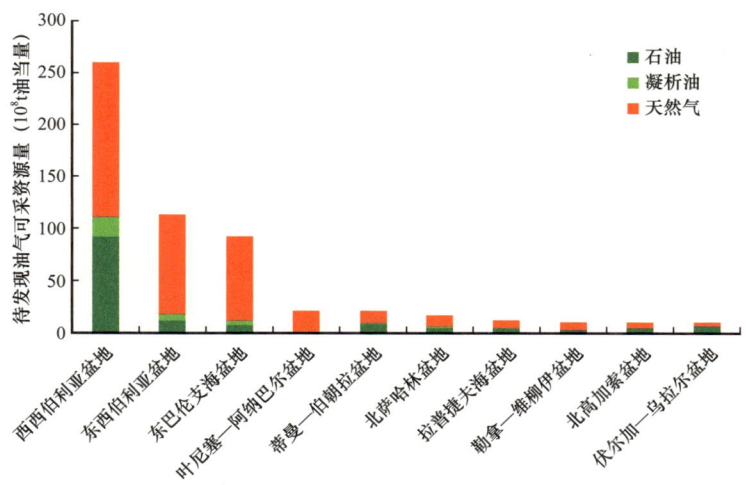

图 9-9　俄罗斯主要盆地待发现油气可采资源量柱状图

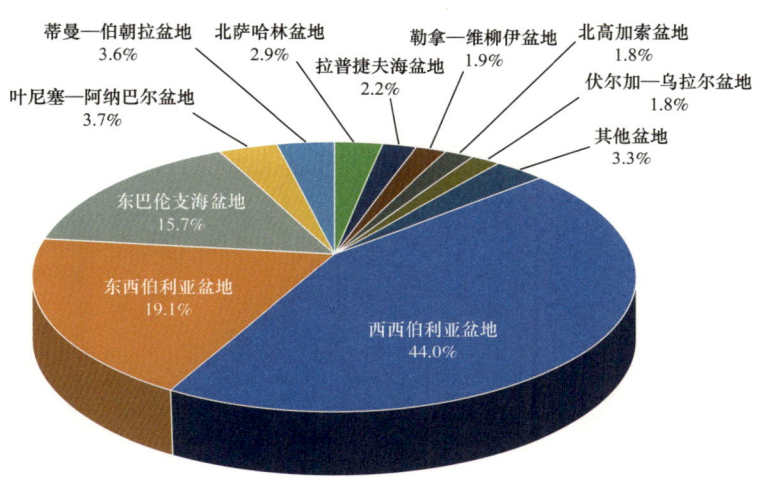

图 9-10　俄罗斯主要盆地待发现油气可采资源量饼状图

2. 海陆分布

俄罗斯地区待发现油气资源陆域小于海域，占比分别为 49.0% 和 51.0%（图 9-11）。天然气待发现油气资源远大于石油。

陆域油气待发现油气资源量 291.3×10^{8}t 油当量，其中石油占比 23.3%，凝析油占比 6.2%，天然气占比 70.5%。海域待发现油气资源量 303.7×10^{8}t 油当量，其中石油占比 26.7%，凝析油占比 6.7%，天然气占比 66.6%。

3. 岩性分布

俄罗斯地区待发现油气资源在碎屑岩中的分布远大于碳酸盐岩，分别占 90.1% 和

9.9%。天然气待发现油气资源量在碎屑岩和碳酸盐岩中的分布均大于石油，碎屑岩中天然气待发现油气资源量占比68.9%，碳酸盐岩中天然气待发现油气资源量占比64.7%（图9-12）。

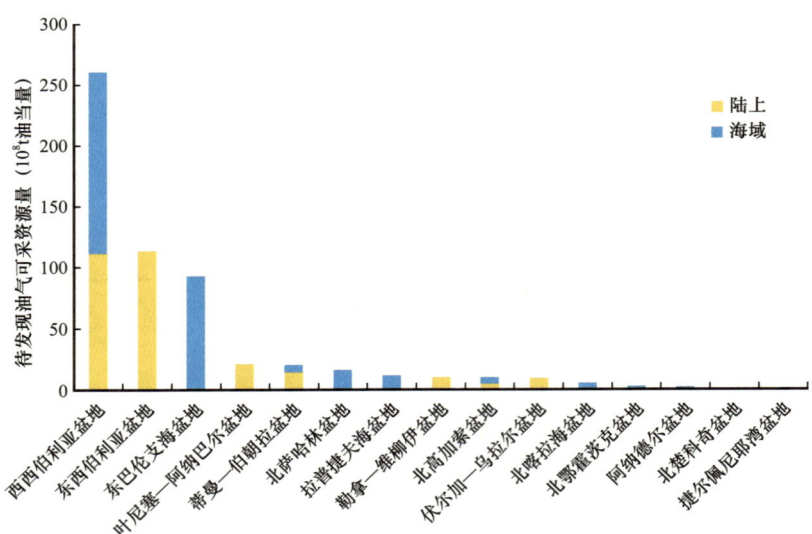

图9-11　俄罗斯主要盆地待发现油气可采资源量海陆分布柱状图

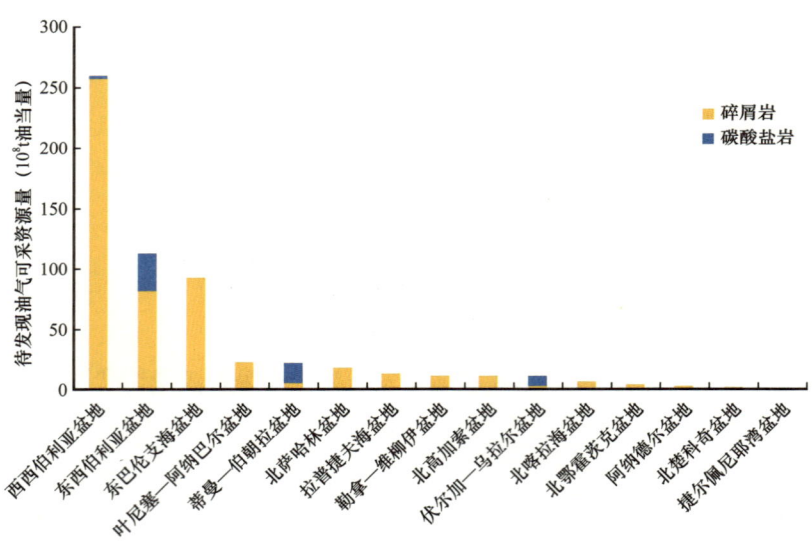

图9-12　俄罗斯主要盆地待发现油气可采资源量岩性分布柱状图

第二节　非常规油气资源

一、非常规油气可采资源类型分布

俄罗斯地区非常规资源丰富，资源类型包括油页岩、重油、油砂、页岩油、页岩气、致密气和煤层气 7 种类型，非常规油气可采资源总量 966.0×10^{8}t 油当量，占全球 15.2%。

1. 非常规石油国类型分布

俄罗斯地区非常规石油可采资源量 683.1×10^{8}t，占全球 16.9%；其中油页岩资源量最大，为 338.2×10^{8}t 油当量，占俄罗斯地区非常规石油可采资源量 49.5%；页岩油在俄罗斯非常规石油可采资源总量中排名第二，为 130.3×10^{8}t，占俄罗斯地区非常规石油可采资源量 19.1%；油砂可采资源量为 125.7×10^{8}t，占俄罗斯地区非常规石油可采资源量 18.4%；重油可采资源量为 89.0×10^{8}t，占俄罗斯地区非常规石油可采资源量 13.0%（图 9-13、图 9-14）。

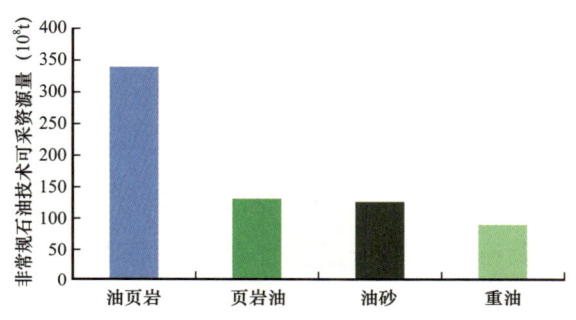

图 9-13　俄罗斯非常规石油技术可采资源量柱状图

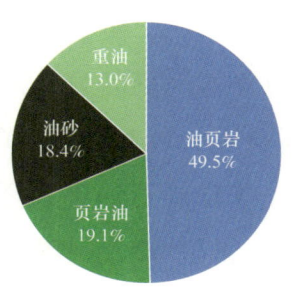

图 9-14　俄罗斯非常规石油技术可采资源量饼状图

2. 非常规天然气类型分布

非常规天然气可采资源量 33.1×10^{12}m^3，占全球 12.3%。其中页岩气 19.7×10^{12}m^3，占俄罗斯地区非常规天然气可采资源量 59.4%；煤层气 13.1×10^{12}m^3，占俄罗斯地区非常规天然气可采资源量 39.6%；致密气 0.3×10^{12}m^3，占俄罗斯地区非常规天然气可采资源量的 1.0%（图 9-15、图 9-16）。

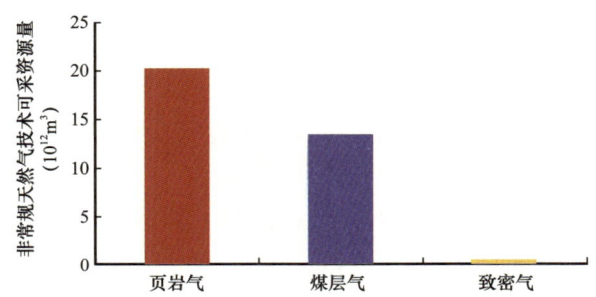

图 9-15　俄罗斯非常规天然气技术可采资源量柱状图

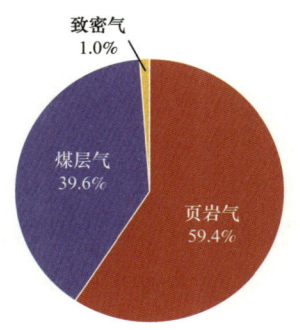

图 9-16　俄罗斯非常规天然气技术可采资源量饼状图

二、非常规油气资源盆地分布

俄罗斯地区的非常规油气可采资源分布于近乌拉尔山脉两侧的西西伯利亚盆地、蒂曼—伯朝拉盆地、伏尔加—乌拉尔盆地、北高加索盆地，东部的东西伯利亚盆地及远东的北萨哈林盆地等6个盆地内。非常规石油可采资源的83.5%富集于前三的盆地内，非常规天然气可采资源主要集中在西西伯利亚盆地、东西伯利亚盆地、伏尔加—乌拉尔盆地、蒂曼—伯朝拉盆地及库兹涅茨克盆地等5个盆地内。

1. 非常规石油盆地分布

俄罗斯地区非常规石油主要分布在西西伯利亚盆地、伏尔加—乌拉尔盆地和东西伯利亚盆地3个盆地中。西西伯利亚盆地非常规石油可采资源量为229.9×10^{8}t，占俄罗斯地区的33.7%，其中油页岩104.3×10^{8}t，页岩油93.2×10^{8}t，重油32.4×10^{8}t。伏尔加—乌拉尔盆地排名第二，非常规石油可采资源量为190.1×10^{8}t，占俄罗斯地区的27.8%，其中油页岩129.0×10^{8}t，油砂42.2×10^{8}t，页岩油18.8×10^{8}t。东西伯利亚盆地排名第三，非常规石油可采资源量为167.0×10^{8}t，占俄罗斯地区24.5%，其中油页岩104.8×10^{8}t，油砂62.2×10^{8}t。其他盆地非常规石油可采资源排名依次为蒂曼—伯朝拉盆地、北高加索盆地、北萨哈林盆地和阿纳德尔盆地（图9-17、图9-18）。

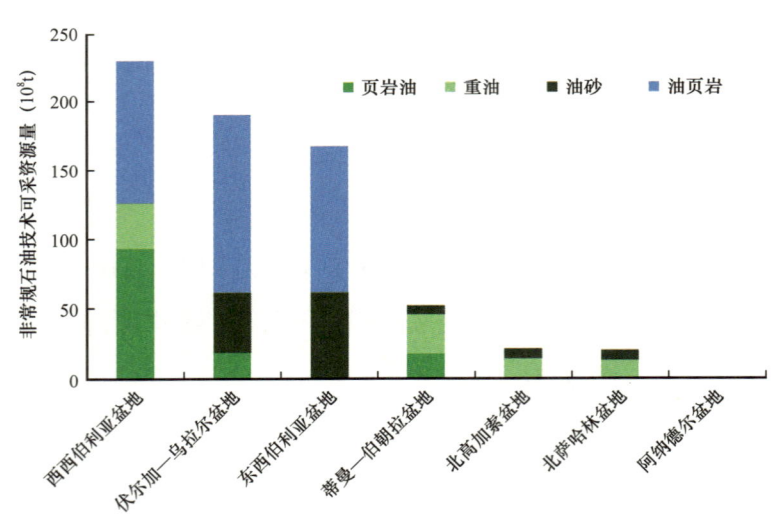

图9-17　俄罗斯非常规石油技术可采资源量盆地分布柱状图

俄罗斯地区71.6%的页岩油可采资源集中分布于西西伯利亚盆地；68.3%的重油可采资源集中分布于西西伯利亚盆地和蒂曼—伯朝拉盆地；83.6%的油砂可采资源分布于东西伯利亚盆地和伏尔加—乌拉尔盆地；油页岩分布的盆地包括伏尔加—乌拉尔盆地、西西伯利亚和东西伯利亚盆地。

第九章 俄罗斯地区油气资源分布

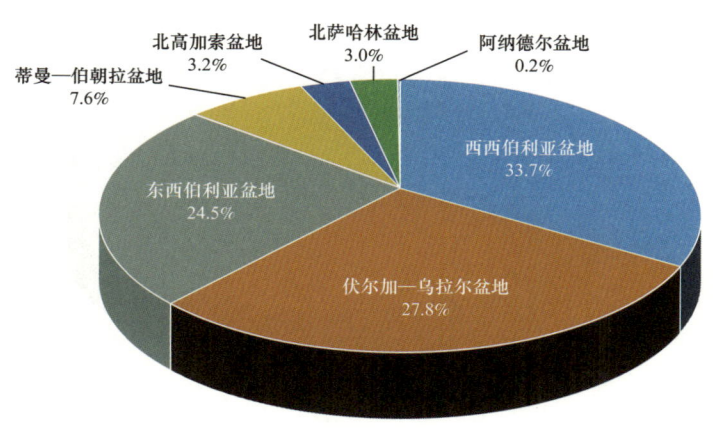

图 9-18 俄罗斯非常规石油技术可采资源量盆地分布饼状图

2. 非常规天然气盆地分布

俄罗斯地区非常规天然气主要分布在 5 个盆地内，其中东西伯利亚、库兹涅茨克盆地和西西伯利亚盆地非常规天然气可采资源排名前三。东西伯利亚盆地非常规天然气可采资源量 $10.5 \times 10^{12} m^3$，占俄罗斯地区 31.1%，其中页岩气 $5.8 \times 10^{12} m^3$，煤层气 $4.7 \times 10^{12} m^3$。库兹涅茨克盆地排名第二，以煤层气为主；可采资源量 $8.7 \times 10^{12} m^3$，占俄罗斯地区 25.7%。西西伯利亚盆地排名第三，以页岩气为主；可采资源量 $8.2 \times 10^{12} m^3$，占俄罗斯地区 24.3%。其他盆地排名依次为伏尔加—乌拉尔盆地和蒂曼—伯朝拉盆地（图 9-19、图 9-20）。

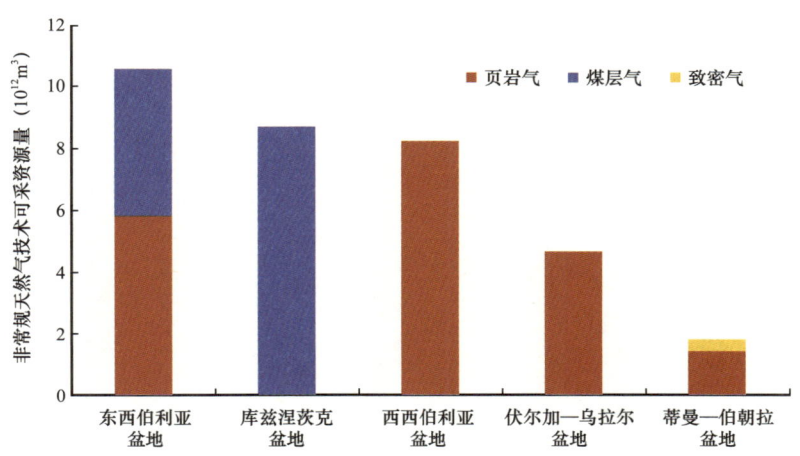

图 9-19 俄罗斯非常规天然气技术可采资源量盆地分布柱状图

俄罗斯地区 92.9% 的页岩气可采资源集中分布在西西伯利亚盆地、东西伯利亚盆地和伏尔加—乌拉尔盆地内；煤层气可采资源集中分布在库兹涅茨克盆地和东西伯利亚盆地内；致密气可采资源主要分布在蒂曼—伯朝拉盆地。

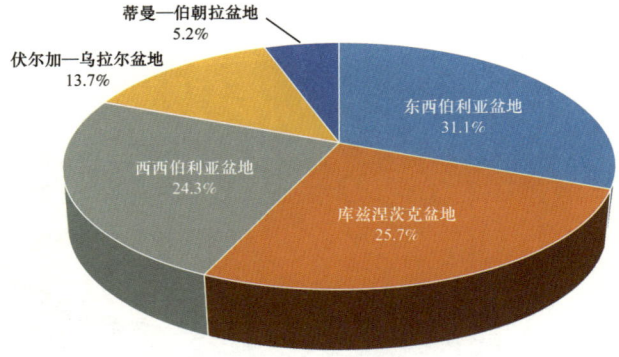

图 9-20 俄罗斯非常规天然气技术可采资源量盆地分布饼状图

第十章　亚太地区油气资源分布

亚太地区指的是东亚与东南亚等太平洋西岸的亚洲地区、大洋洲以及太平洋上的各岛屿，包括东亚的中国、日本、俄罗斯远东地区以及东南亚，且延伸至澳大利亚和新西兰（根据自然资源部公布的全国电子地图，本次评价不包含中国领土范围内盆地的油气资源）。除中国外，整个区域共发育114个沉积盆地，盆地总面积为 $1970 \times 10^4 \text{km}^2$。其中陆上沉积面积 $944 \times 10^4 \text{km}^2$，以克拉通盆地、前陆盆地和裂谷盆地居多，海域沉积面积 $1026 \times 10^4 \text{km}^2$，以弧后盆地和被动大陆边缘盆地为主。亚太地区富集了全球 6.1% 的油气资源，油气总可采资源量达 $1064.1 \times 10^8 \text{t}$ 油当量。

第一节　常规油气资源

亚太地区常规油气可采资源量为 $673.7 \times 10^8 \text{t}$ 油当量，占全球的 6.1%。其中可采储量为 $395.4 \times 10^8 \text{t}$ 油当量，占全球总量的 5.9%；油气累计产量为 $179.4 \times 10^8 \text{t}$ 油当量，占全球总量的 7.5%；剩余油气可采储量为 $215.9 \times 10^8 \text{t}$ 油当量，占全球的 5.1%；已发现油气田未来油气增长量预测为 $93.5 \times 10^8 \text{t}$ 油当量，占全球增长量的 8.5%；油气待发现可采资源量为 $184.9 \times 10^8 \text{t}$ 油当量，占全球的 5.8%。

一、剩余可采储量分布

亚太地区油气剩余可采储量 $215.9 \times 10^8 \text{t}$ 油当量，其中石油占 12.7%、凝析油占 5.9%、天然气占 81.4%。

1. 国家（地区）分布

澳大利亚剩余可采储量最多，印度尼西亚和马来西亚分别位居第二、第三（图 10-1、图 10-2）。

澳大利亚剩余可采储量 $66.6 \times 10^8 \text{t}$ 油当量，以天然气为主，其中石油占 3.3%，凝析油占 6.3%，天然气占 90.4%；印度尼西亚剩余油气可采储量位居第二，总量为 $50.4 \times 10^8 \text{t}$ 油当量，其中石油占 19.9%，凝析油占 4.3%，天然气占 75.8%；第三为马来西亚，剩余可采储量为 $31.0 \times 10^8 \text{t}$ 油当量，其中石油占 8.1%，凝析油占 4.2%，天然气占 87.7%。

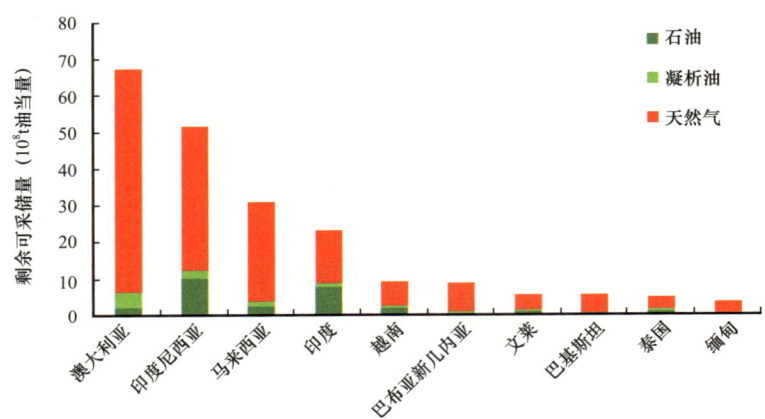

图 10-1　亚太主要国家（地区）剩余可采储量分布柱状图

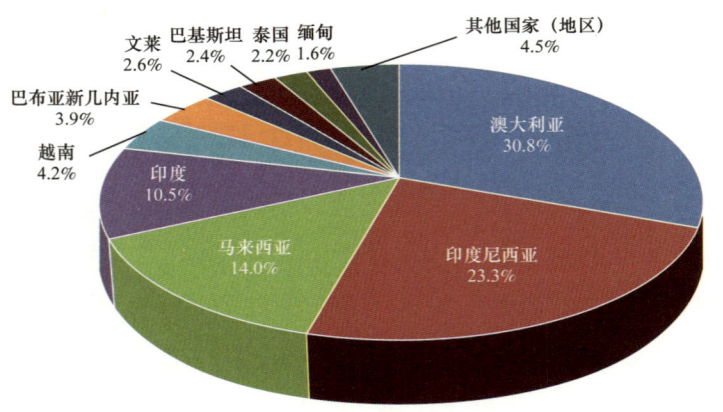

图 10-2　亚太主要国家（地区）剩余可采储量分布饼状图

2. 盆地分布

亚太地区剩余油气可采储量主要分布在北卡纳尔文盆地、文莱—沙巴盆地、曾母盆地、波拿帕特盆地等 74 个盆地，北卡纳尔文盆地、文莱—沙巴盆地和曾母盆地位居前三，前 10 位盆地总量占了该区的 57.9%（图 10-3、图 10-4）。

北卡纳尔文盆地剩余油气可采储量 29.0×10^8t 油当量，其中石油占 2.5%，凝析油占 4.4%，天然气占 93.1%。文莱—沙巴盆地以 14.2×10^8t 油当量位居第二，其中石油占 22.0%，凝析油占 5.2%，天然气占 72.8%。曾母盆地为 13.5×10^8t 油当量，其中石油占 8.6%，凝析油占 3.7%，天然气占 87.7%。

3. 海陆分布

亚太剩余油气可采储量中海域占比大，占亚太地区的 69.5%，无论是海域还是陆上，其天然气剩余可采储量都远远大于石油（图 10-5）。陆上剩余油气可采储量

$65.8×10^8$t 油当量，其中石油占 19.4%，凝析油占 4.5%，天然气占 76.1%。海域剩余可采储量 $150.1×10^8$t 油当量，其中石油占 9.8%，凝析油占 6.5%，天然气占 83.7%。

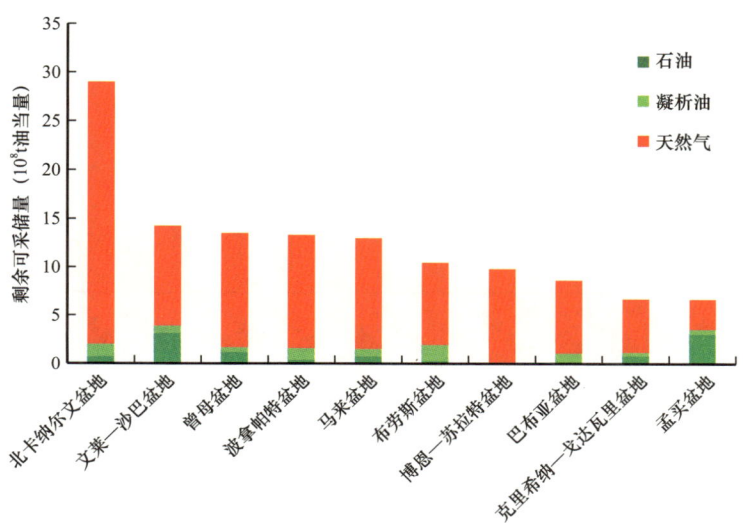

图 10-3 亚太主要盆地剩余可采储量分布柱状图 ❶

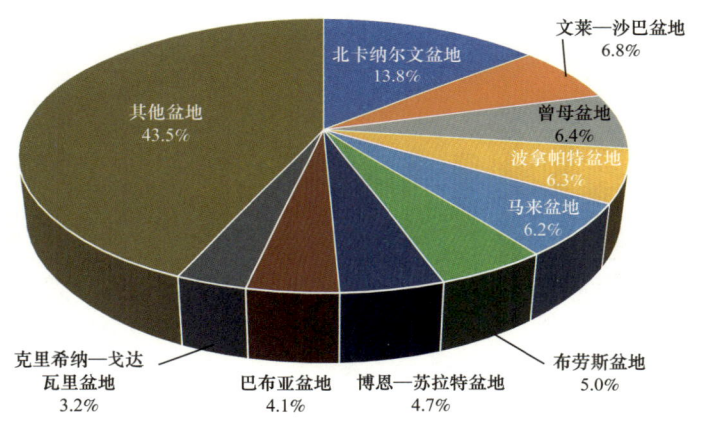

图 10-4 亚太主要盆地剩余可采储量分布饼状图

4. 岩性分布

亚太地区剩余油气可采储量以碎屑岩居多，碎屑岩和碳酸盐岩分别占 72.6% 和 27.4%，二者天然气剩余可采储量都大于石油（图 10-6）。

碎屑岩剩余油气可采储量为 $159.7×10^8$t 油当量，其中石油占 20.4%，凝析油占 6.29%，天然气占 73.24%。碳酸盐岩剩余可采储量 $56.2×10^8$t 油当量，其中石油占 10.6%，凝析油占 3.5%，天然气占 85.9%。

---

❶ 曾母盆地、文莱—沙巴盆地、昆山—万安盆地的各项数据均不含中国南海九段线以内部分，本书其他涉及三个盆地的数据都已经如此处理。

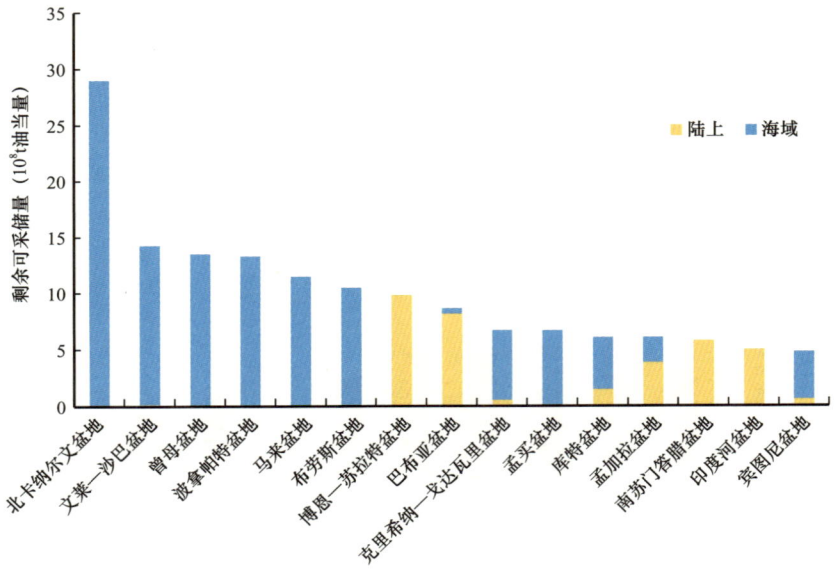

图 10-5　亚太主要盆地剩余可采储量海陆分布柱状图

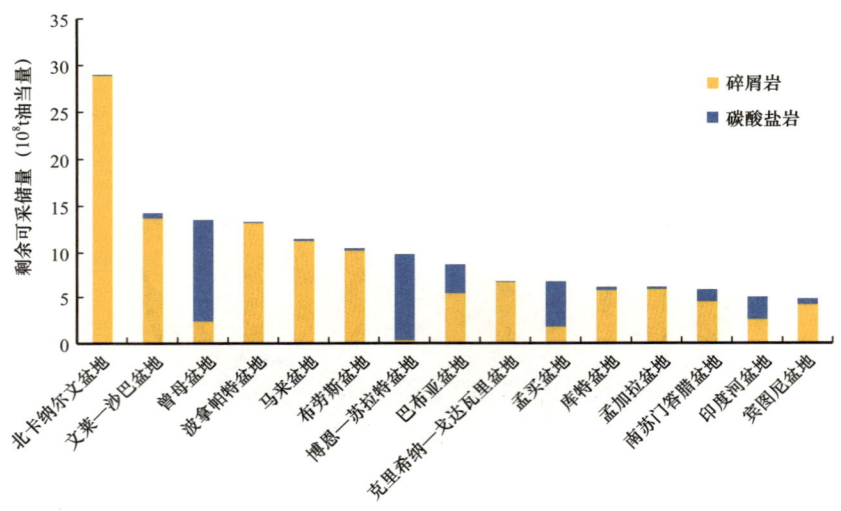

图 10-6　亚太主要盆地剩余可采储量岩性分布柱状图

二、已发现油气田储量增长趋势

亚太地区已发现油气田未来储量增长总计为 $93.5×10^8t$ 油当量，其中石油占 21.4%，凝析油占 4.9%，天然气占 73.7%。

1. 国家（地区）分布

亚太地区未来储量增长的 28.3% 来自印度尼西亚，其中天然气储量增长是石油的一倍多；马来西亚和印度未来油气储量增长潜力相当，分别占亚太的 17.7% 和 16.1%，澳大利亚天然气储量增长远大于石油（图10-7、图10-8）。

印度尼西亚已发现油气田未来储量增长为 26.4×10^8t 油当量，其中石油占 29.6%，凝析油占 4.6%，天然气占 65.8%；马来西亚为 16.5×10^8t 油当量，其中石油占 9.6%，凝析油占 4.0%，天然气占 86.4%；印度已发现油气田未来储量增长为 15.0×10^8t 油当量，石油占 25.8%，凝析油占 4.7%，天然气占 69.5%。

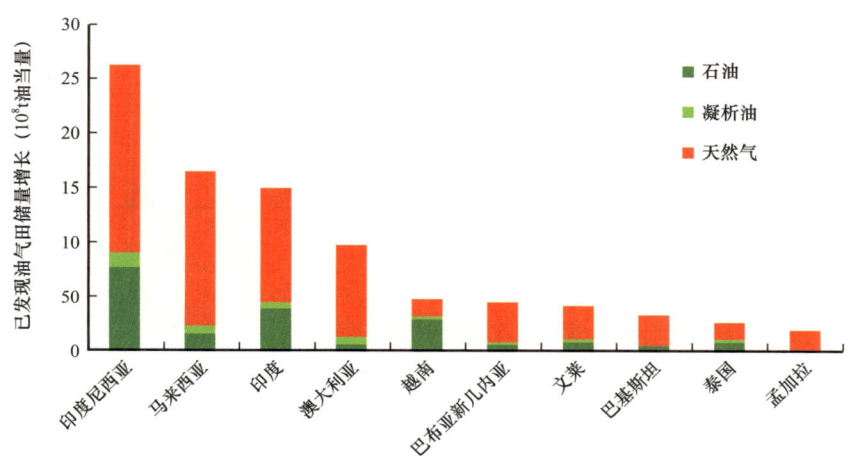

图 10-7 亚太主要国家（地区）已发现油气田未来储量增长柱状图

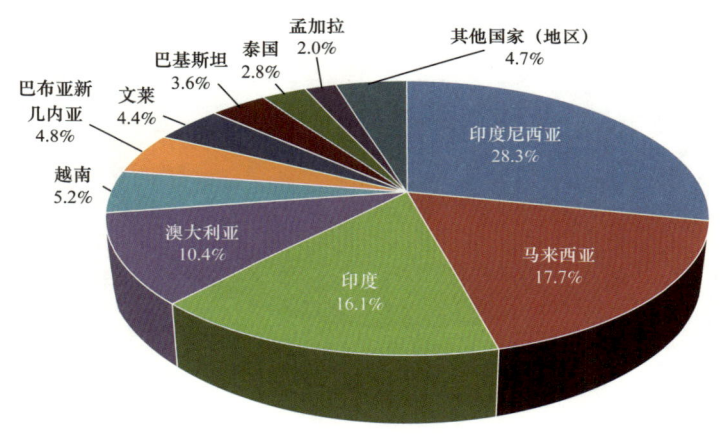

图 10-8 亚太主要国家（地区）已发现油气田未来储量增长饼状图

2. 盆地分布

亚太油气田未来储量增长主要来自文莱—沙巴盆地、曾母盆地、马来盆地、库特盆地、北卡纳尔文盆地等 56 个盆地。曾母盆地、文莱—沙巴盆地、克里希纳—戈达瓦里盆地位居前三。亚太地区未来油气田储量增长分布相对均匀，前 10 个盆地的已发现油气田未来储量增长仅占亚太约 50.9%（图 10-9、图 10-10）。

曾母盆地已发现油气田未来储量增长为 9.3×10^8t 油当量，其中石油占 7.8%，凝析油占 3.4%，天然气占 88.8%。文莱—沙巴盆地已发现油气田未来储量增长 8.4×10^8t 油当量，其中石油占 20.1%，凝析油占 4.5%，天然气占 75.4%。克里希纳—戈达瓦里盆地为 7.2×10^8t 油当量，其中石油占 6.5%，凝析油占 5.2%，天然气占 88.3%。

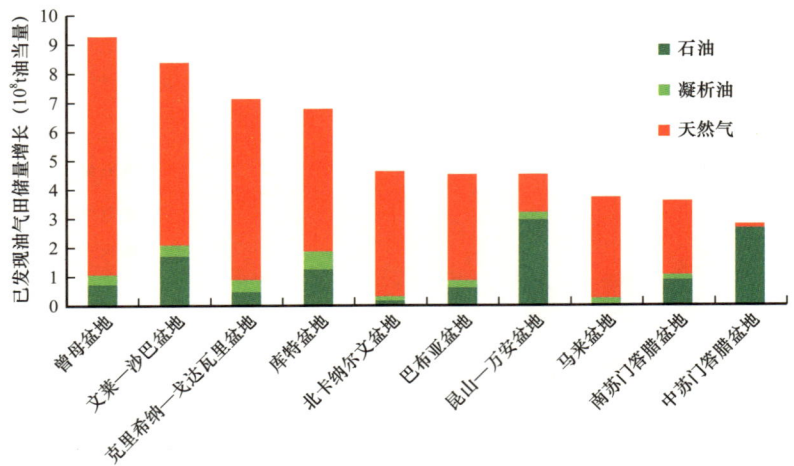

图 10-9　亚太主要盆地已发现油气田未来储量增长柱状图

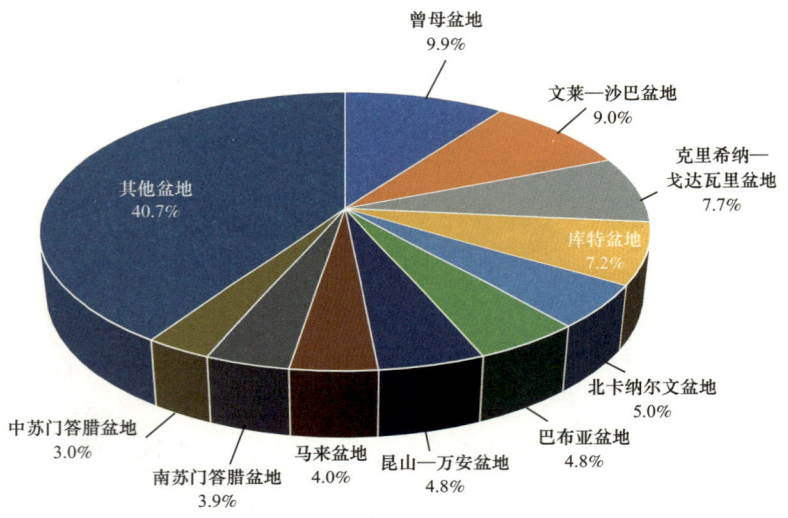

图 10-10　亚太主要盆地已发现油气田未来储量增长饼状图

3. 海陆分布

亚太地区已发现油气田未来储量增长仍以海域为主，占亚太的 64.1%。无论是陆上还是海域，未来天然气增长都远大于石油（图 10-11）。

海域已发现油气田未来储量增长为 59.9×10^8t 油当量，其中石油占 28.9%，凝析油占 6.1%，天然气占 65%。陆上已发现油气田未来储量增长为 33.6×10^8t 油当量，其中石油占 44.1%，凝析油占 3.2%，天然气占 52.7%。

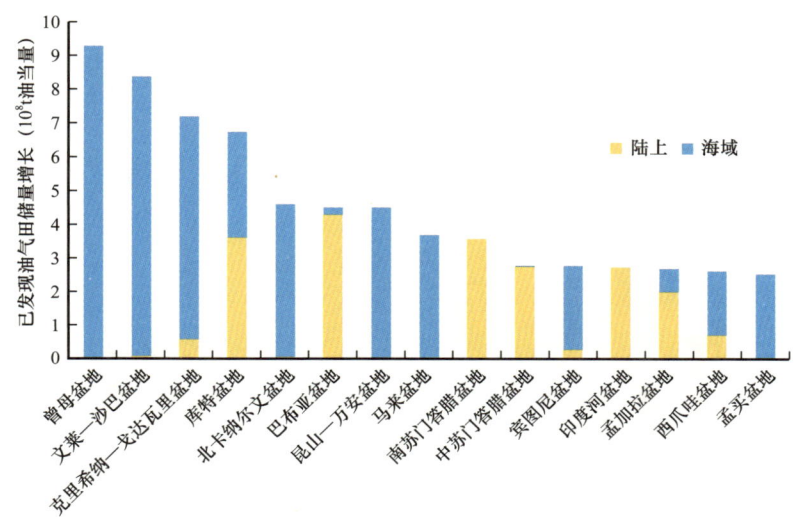

图 10-11　亚太主要盆地已发现油气田未来储量增长海陆分布柱状图

4. 岩性分布

亚太地区已发现油气田未来储量增长以碎屑岩为主，占已发现油气田储量增长的 74.7%；碳酸盐岩占 25.3%（图 10-12）。碳酸盐岩已发现油气田未来储量增长为 23.6×10^8 t 油当量，其中石油占 26.0%，凝析油占 4.8%，天然气占 69.2%。碎屑岩已发现油气田未来储量增长为 69.9×10^8 t 油当量，其中石油占 20.1%，凝析油占 3.9%，天然气占 76.0%。

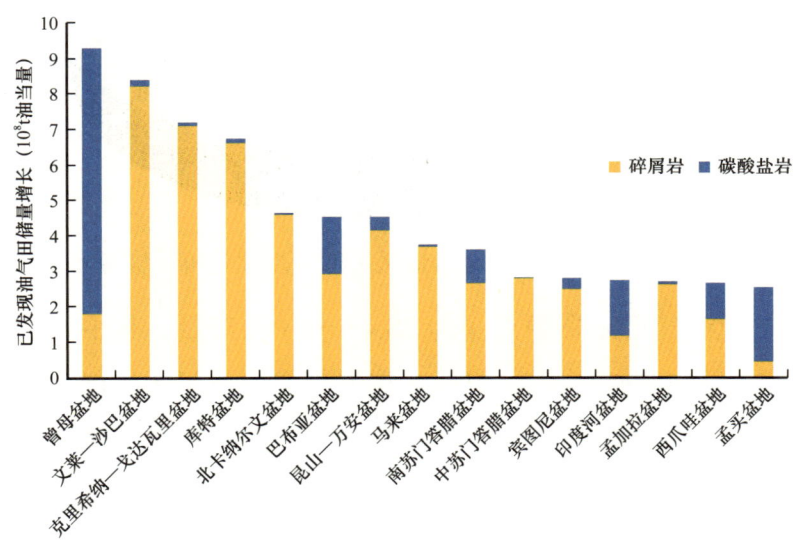

图 10-12　亚太地区主要盆地已发现油气田未来储量增长岩性分布柱状图

三、待发现油气资源分布特征

亚太地区待发现油气资源为 184.9×10^8 t 油当量，以天然气为主，其中石油为

$60.8×10^8t$，凝析油为 $21.6×10^8t$，天然气为 $12.0×10^{12}m^3$。

1. 国家（地区）分布

澳大利亚待发现资源最多，占亚太地区 20.7%；印度尼西亚和印度次之，占比分比为 16.4% 和 15.9%（图 10-13、图 10-14）。

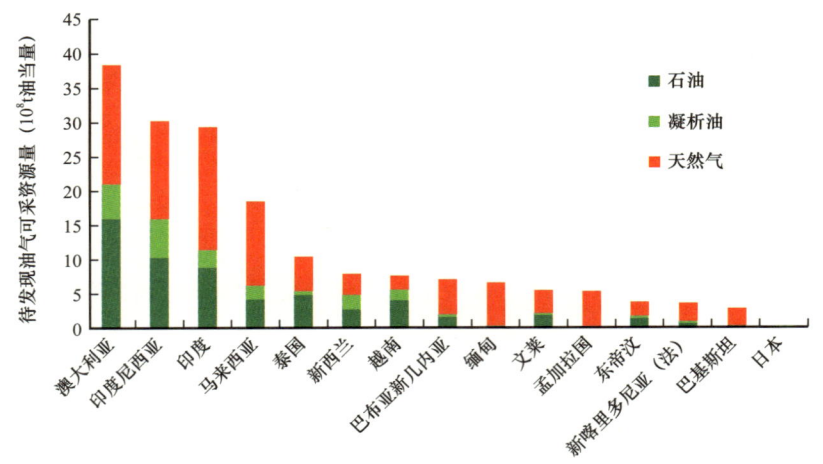

图 10-13 亚太地区主要国家（地区）待发现油气可采资源量柱状图

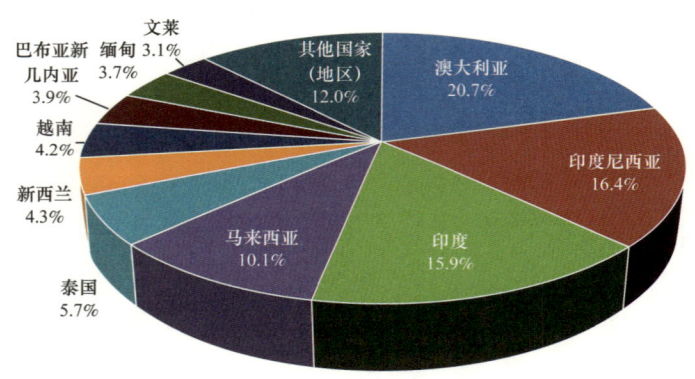

图 10-14 亚太地区主要国家（地区）待发现油气可采资源量饼状图

澳大利亚待发现油气可采资源总量为 $38.4×10^8t$ 油当量，其中石油占 41.9%，凝析油占 13.2%，天然气占 44.9%；印度尼西亚待发现资源总量为 $30.3×10^8t$ 油当量，其中石油占 34.5%，凝析油占 18.2%，天然气占 47.3%；印度待发现资源总量为 $29.3×10^8t$ 油当量，其中石油占 30.6%，凝析油占 8.8%，天然气占 60.6%。

2. 盆地分布

亚太地区待发现油气资源分布于 95 个盆地内，其中文莱—沙巴盆地、曾母盆地、孟加拉盆地等排名前十的盆地的待发现资源量占亚太地区的 38.9%（图 10-15、图 10-16）。

第十章 亚太地区油气资源分布

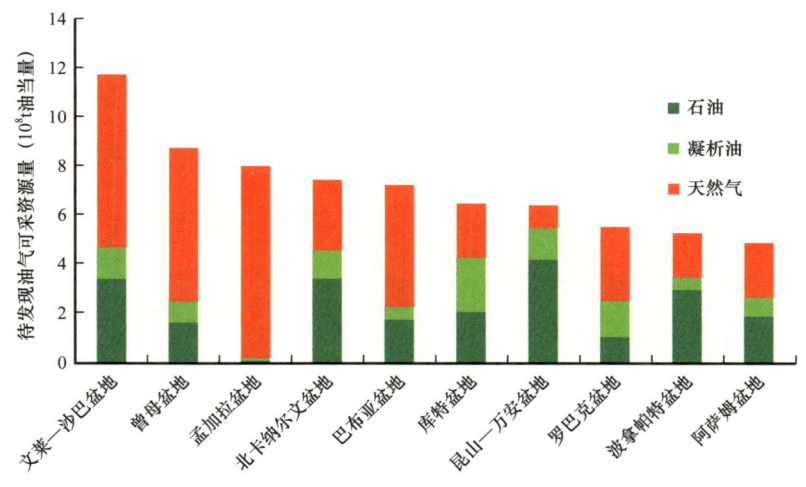

图 10-15 亚太地区主要盆地待发现油气可采资源量柱状图

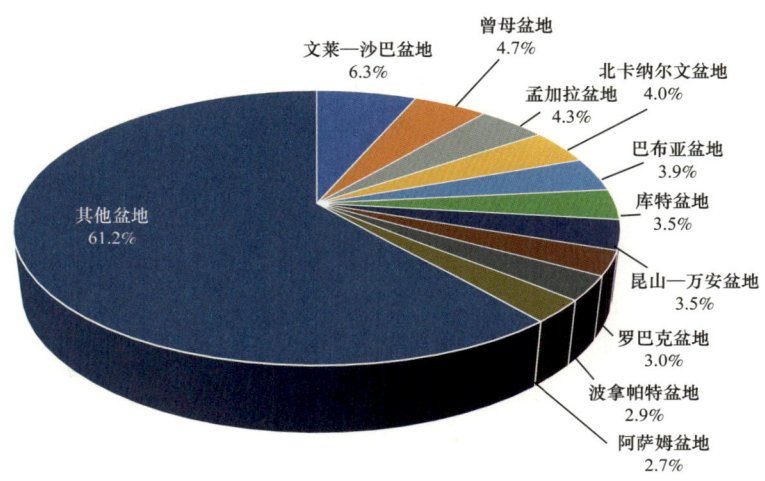

图 10-16 亚太地区主要盆地待发现油气可采资源量饼状图

文莱—沙巴盆地待发现油气资源为 11.7×10^8t 油当量，其中石油占 29.4%，凝析油占 10.5%，天然气占 60.1%。曾母盆地待发现油气资源 8.7×10^8t 油当量，其中石油占 19.3%，凝析油占 9.3%，天然气占 71.4%。孟加拉盆地待发现油气资源为 8.0×10^8t 油当量，其中石油占 1.1%，凝析油占 1.3%，天然气占 97.6%。

3. 海陆分布

亚太地区海域待发现油气资源大于陆上，分别占 62.6% 和 37.4%，海域待发现资源石油与天然气相当，陆上待发现资源天然气略多于石油（图 10-17）。

陆上待发现油气可采储量 69.2×10^8t 油当量，其中石油占 28.8%，凝析油占 11.4%，天然气占 59.8%。海域待发现可采储量 115.7×10^8t 油当量，其中石油占 35.3%，凝析油占 11.8%，天然气占 52.9%。

4. 岩性分布

亚太地区待发现油气资源碎屑岩储层远大于碳酸盐岩，占亚太油气待发现资源量的 74.7%。碳酸盐岩中天然气待发现资源量远大于石油，碎屑岩中石油略大于天然气（图 10-18）。

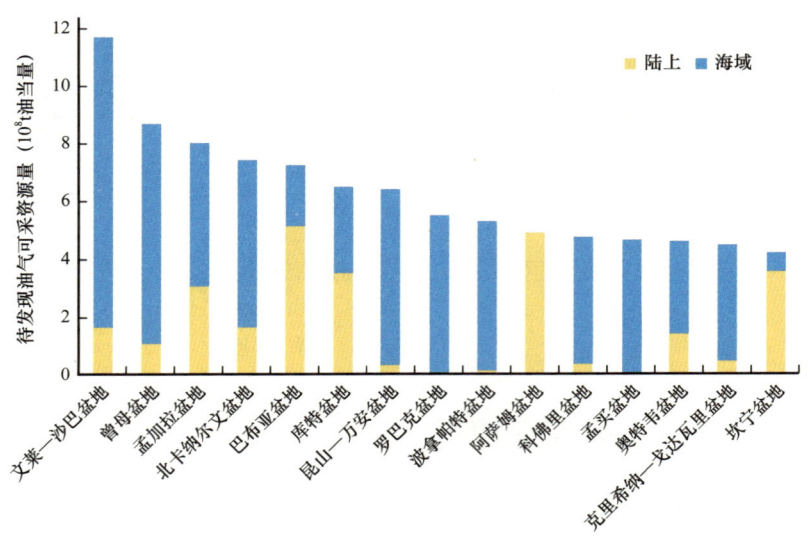

图 10-17　亚太地区主要盆地待发现油气可采资源量海陆分布柱状图

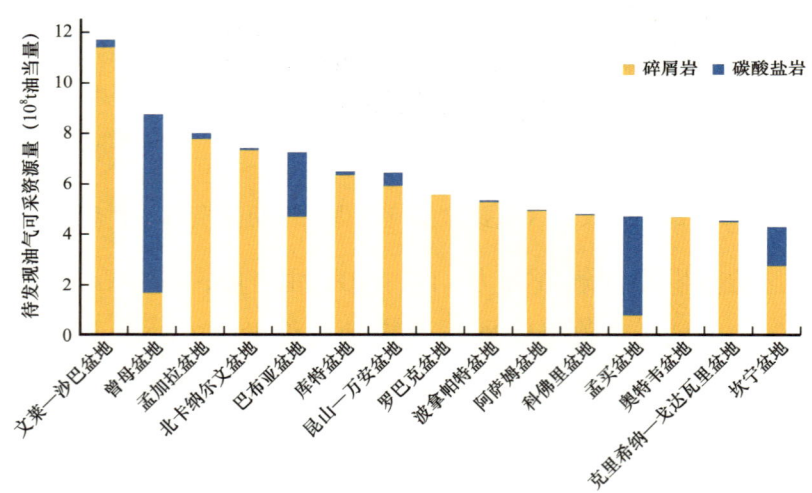

图 10-18　亚太地区主要盆地待发现油气可采资源量岩性分布柱状图

碳酸盐岩待发现油气可采资源量为 46.7×10^8 t 油当量，其中石油占 14.1%，凝析油占 6.0%，天然气占 79.9%。碎屑岩待发现油气资源量为 138.2×10^8 t 油当量，其中石油占 60.2%，凝析油占 8.0%，天然气占 31.8%。

第二节 非常规油气资源

亚太地区非常规油气资源类型以油页岩、重油、页岩油、页岩气、致密气和煤层气为主，非常规油气可采资源量 390.4×10^8t 油当量，占全球非常规总可采资源量的 6.1%。

亚太地区非常规石油可采资源量为 147.7×10^8t，占全球非常规石油总可采资源量的 3.6%。重油资源量最大，为 68.8×10^8t，占亚太非常规石油可采资源量的 46.6%；页岩油位居第二，为 42.2×10^8t，占亚太非常规石油可采资源量的 28.6%；油页岩可采资源量为 36.7×10^8t，占亚太非常规石油可采资源量的 24.8%（图 10-19、图 10-20）。

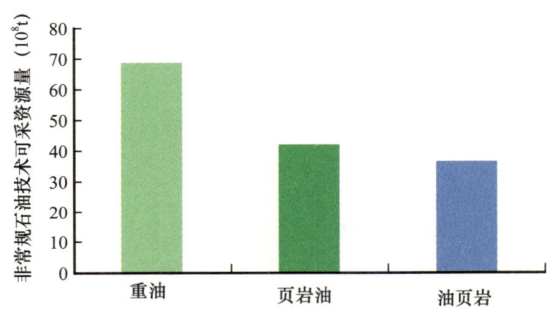

图 10-19　亚太地区非常规石油技术可采资源量柱状图

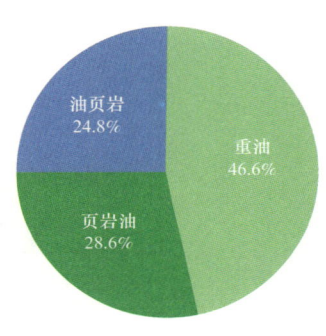

图 10-20　亚太地区非常规石油技术可采资源量饼状图

亚太地区非常规天然气可采资源量为 28.4×10^{12}m^3，占全球非常规天然气 10.5%。其中页岩气为 22.2×10^{12}m^3，占亚太非常规天然气可采资源量的 78.3%；煤层气为 6.0×10^{12}m^3，占亚太非常规天然气可采资源量的 21.0%；致密气最少，为 0.2×10^{12}m^3（图 10-21、图 10-22）。

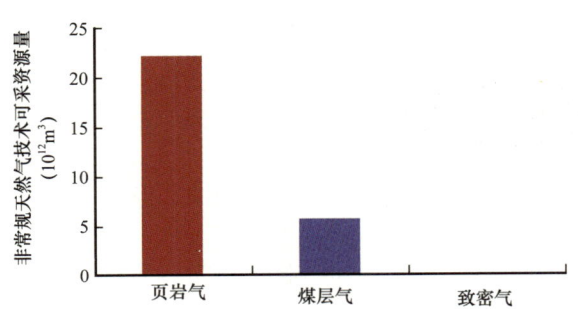

图 10-21　亚太地区非常规天然气技术可采资源量柱状图

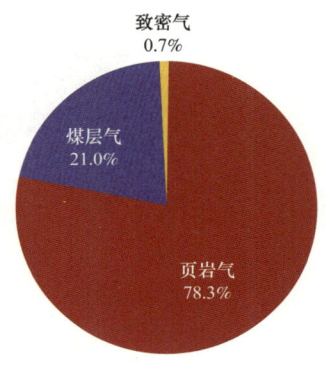

图 10-22　亚太地区非常规天然气技术可采资源量饼状图

一、非常规油气可采资源国家（地区）分布

1. 非常规石油国家（地区）分布

亚太地区非常规油气主要分布在澳大利亚、印度尼西亚、印度、巴基斯坦、马来西亚、孟加拉等国家。印度尼西亚非常规石油可采资源量为 $60.3 \times 10^8 t$，占亚太非常规石油可采资源量的 40.8%；澳大利亚非常规石油可采资源量达 $51.3 \times 10^8 t$，占 34.7%；印度非常规石油资源以重油为主，重油可采资源量为 $12.5 \times 10^8 t$（图 10-23、图 10-24）。

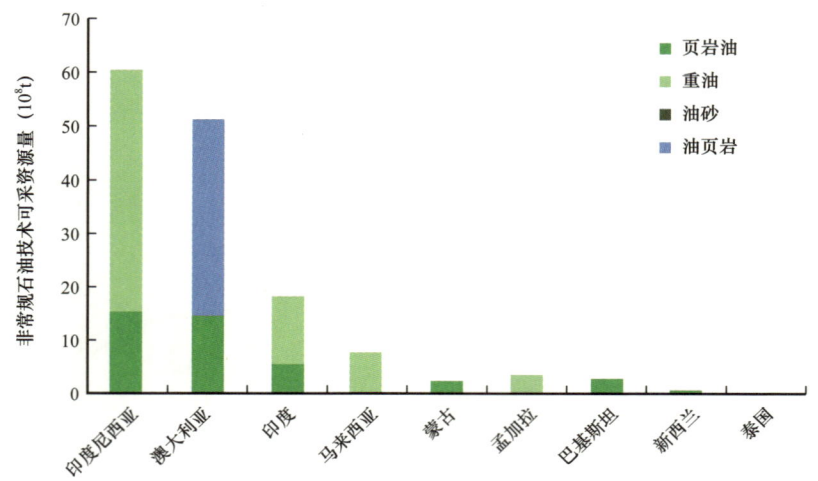

图 10-23 亚太地区非常规石油技术可采资源量国家（地区）分布柱状图

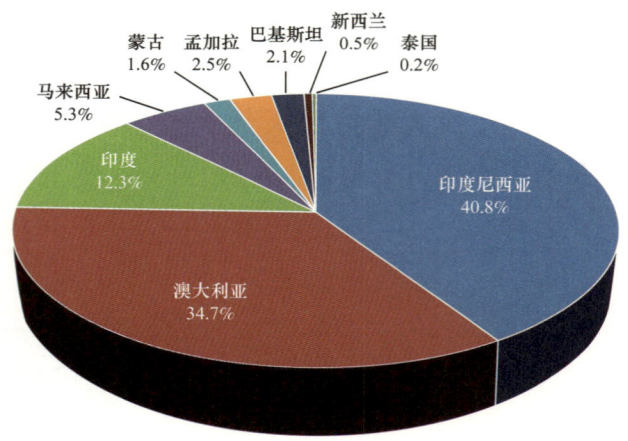

图 10-24 亚太地区非常规石油技术可采资源量国家（地区）分布饼状图

印度尼西亚以重油和页岩油为主，其中重油占 74.3%、页岩油占 25.7%；澳大利亚以油页岩和页岩油为主，其中油页岩可采资源量为 $36.6 \times 10^8 t$，页岩油 $14.7 \times 10^8 t$；印度尼西亚以重油为主，占该国非常规油总量的 68.7%。

2. 非常规天然气国家（地区）分布

亚太地区非常规天然气主要集中在澳大利亚、印度尼西亚、印度和巴基斯坦。澳大利亚非常规天然气可采资源 $15.1\times10^{12}m^3$，占亚太非常规天然气可采资源总量的 53.3%，其中页岩气可采资源量为 $11.7\times10^{12}m^3$，煤层气为 $3.3\times10^{12}m^3$；印度尼西亚非常规天然气可采资源量为 $6.6\times10^{12}m^3$，占亚太地区非常规天然气可采资源总量的 23.1%，其中页岩气为 $4.6\times10^{12}m^3$，煤层气为 $2.0\times10^{12}m^3$，印度非常规天然气可采资源量为 $3.4\times10^{12}m^3$，其中页岩气占该国非常规气的 79.9%（图 10-25、图 10-26）。

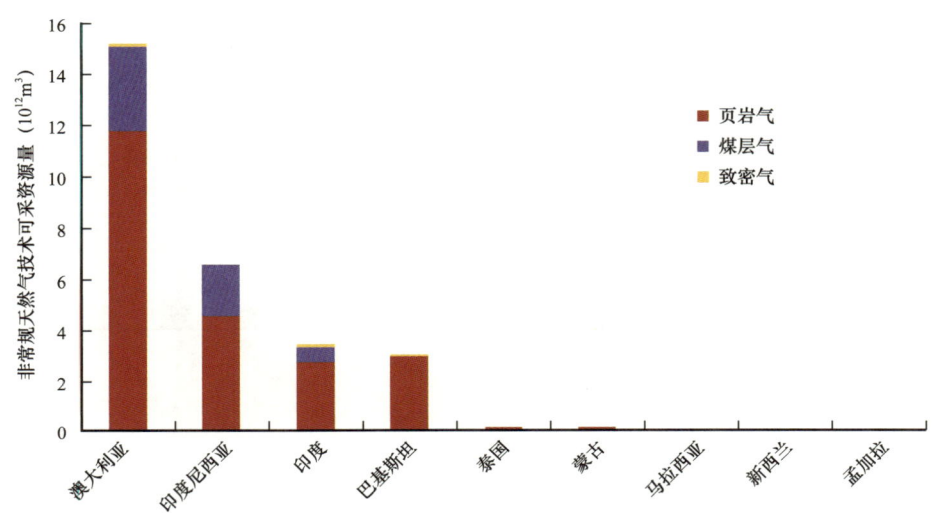

图 10-25 亚太地区非常规天然气技术可采资源量国家（地区）分布柱状图

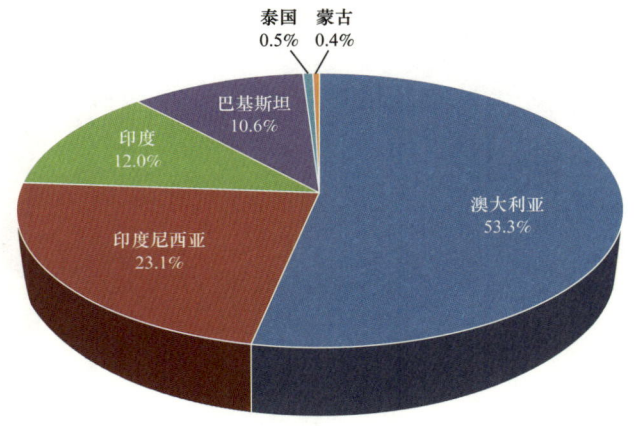

图 10-26 亚太地区非常规天然气技术可采资源量国家（地区）分布饼状图

二、非常规油气资源盆地分布

亚太地区非常规油气可采资源分布不均衡，非常规油气可采资源的 90.0% 富集在排名前十的盆地内。

1. 非常规石油盆地分布

亚太地区非常规石油资源主要富集在 24 个盆地内,其中印度尼西亚的中苏门答腊盆地在亚太地区排名第一,其非常规石油可采资源量为 $38.6×10^8$t,占亚太非常规石油可采资源总量的 26.1%,以重油为主;澳大利亚的博恩—苏拉特盆地位居第二,非常规石油可采资源量为 $34.8×10^8$t,占亚太的 23.6%,以油页岩为主;坎贝盆地排名第三,非常规石油可采资源量为 $9.8×10^8$t,占亚太的 6.6%,以页岩油和重油为主(图 10-27、图 10-28)。

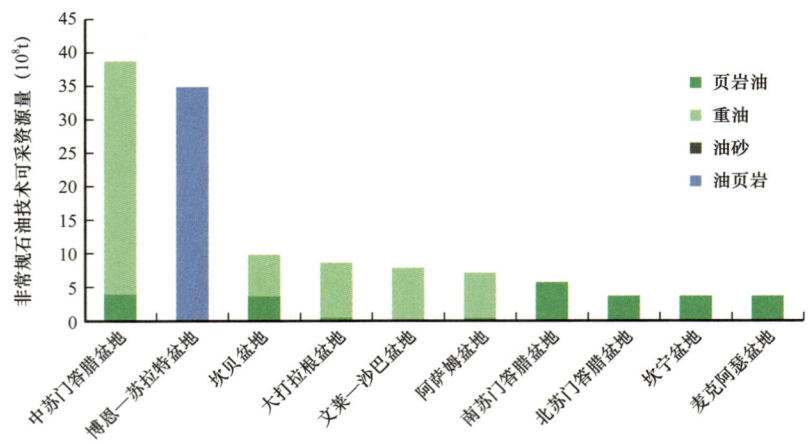

图 10-27　亚太地区非常规石油技术可采资源量盆地分布柱状图

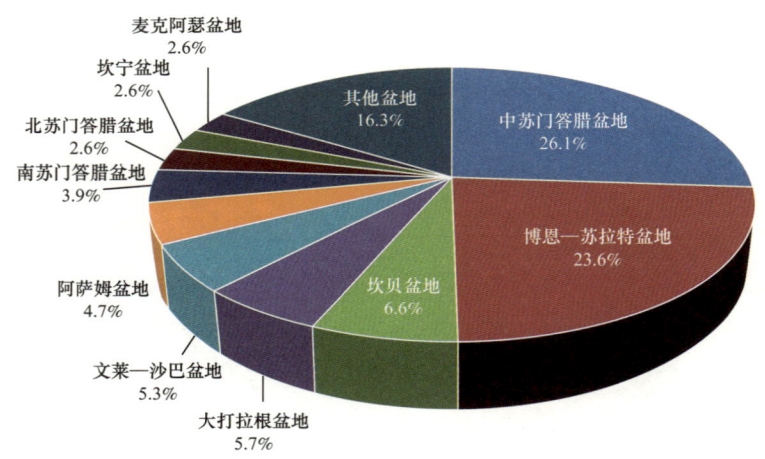

图 10-28　亚太地区非常规石油技术可采资源量盆地分布饼状图

亚太地区四分之三的页岩油可采资源集中分布在南苏门答腊盆地、中苏门答腊盆地、北苏门答腊盆地、坎宁盆地、麦克阿瑟盆地、坎贝盆地、埃罗曼加盆地和印度河盆地。大约一半的重油分布在中苏门答腊盆地;油砂可采资源全部分布在巴里托盆地。油页岩分布于博恩—苏拉特盆地和乔治娜盆地。

2. 非常规天然气盆地分布

亚太地区非常规天然气主要富集在 22 个盆地内，其中澳大利亚的坎宁盆地排名第一，其非常规天然气可采资源量为 $6.6\times10^{12}m^3$，占亚太地区非常规天然气可采资源总量的 23.4%，以页岩气为主；北苏门答腊盆地位居第二，其非常规天然气可采资源量为 $3.3\times10^{12}m^3$，占亚太 11.7%，以页岩气为主；埃罗曼加盆地排名第三，其非常规天然气可采资源量为 $3.2\times10^{12}m^3$，占亚太的 11.3%（图 10-29、图 10-30）。

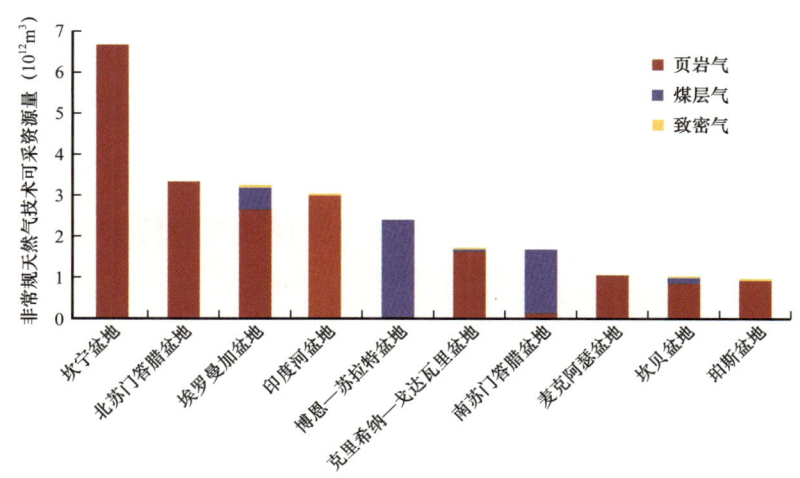

图 10-29　亚太地区非常规天然气技术可采资源量盆地分布柱状图

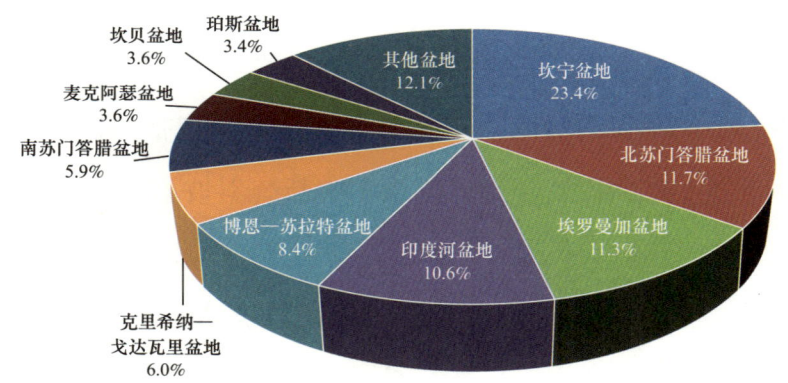

图 10-30　亚太地区非常规天然气技术可采资源量盆地分布饼状图

亚太地区 77.3% 的页岩气可采资源分布坎宁盆地、北苏门答腊盆地、印度河盆地、埃罗曼加盆地和克里希纳—戈达瓦里盆地内；64.8% 的煤层气可采资源分布在博恩—苏拉特盆地和南苏门答腊盆地；致密气全部分布在埃罗曼加盆地、克里希纳—戈达瓦里盆地、珀斯盆地、坎贝盆地和印度河盆地。

第十一章　未来重点勘探领域与合作方向

第一节　未来重点勘探领域

待发现油气资源潜力评价是在对每个盆地油气成藏条件系统分析基础上，根据不同勘探程度采用科学评价方法获得的。主要代表各盆地未来的勘探潜力，特别是风险勘探的潜力与方向。将油气地质条件、常规油气待发现可采资源潜力和非常规油气技术可采资源潜力相结合，可以明确常规和非常规油气资源未来的重点勘探领域与潜力。

一、常规石油重点勘探领域

常规石油未来重点勘探领域主要分布于以下7大盆地群：（1）北大西洋被动陆缘盆地群，包括斯科舍、大浅滩、塔尔法亚等盆地，主要成藏组合为侏罗系—白垩系断块构造与浊积砂体复合圈闭。（2）中大西洋被动陆缘盆地群，包括美国墨西哥湾、苏瑞斯特、加勒比海周缘等盆地，主要成藏组合为白垩系裂谷层系构造圈闭和古近系—新近系岩性圈闭。（3）南大西洋北段被动陆缘盆地群，包括福斯杜亚马孙、苏里南、圭亚那滨海盆地等，主要成藏组合为白垩系—中新统斜坡扇、盆底扇。（4）南大西洋中段被动陆缘盆地群，包括桑托斯、坎波斯、宽扎等盆地，主要成藏组合为盐上重力流、盐下碳酸盐岩、盐下砂岩等。（5）南大西洋南段被动陆缘盆地群，包括科罗拉多、萨拉多等盆地，主要成藏组合为白垩系裂谷层系构造和岩性圈闭。（6）俄罗斯前陆—裂谷盆地群，西西伯利亚大型裂谷盆地主要成藏组合为盆地北部海域的构造圈闭以及南部陆上上侏罗统岩性地层圈闭；蒂曼—伯朝拉盆地有利成藏组合为泥盆系地层构造圈闭；东西伯利亚盆地有利成藏组合为里菲系碳酸盐岩和文德系碎屑岩储层。（7）扎格罗斯/阿拉伯前陆盆地群，有利成藏组合主要为古生界、中生界、新生界背斜构造圈闭以及复杂逆冲构造等（图11-1、表11-1）。

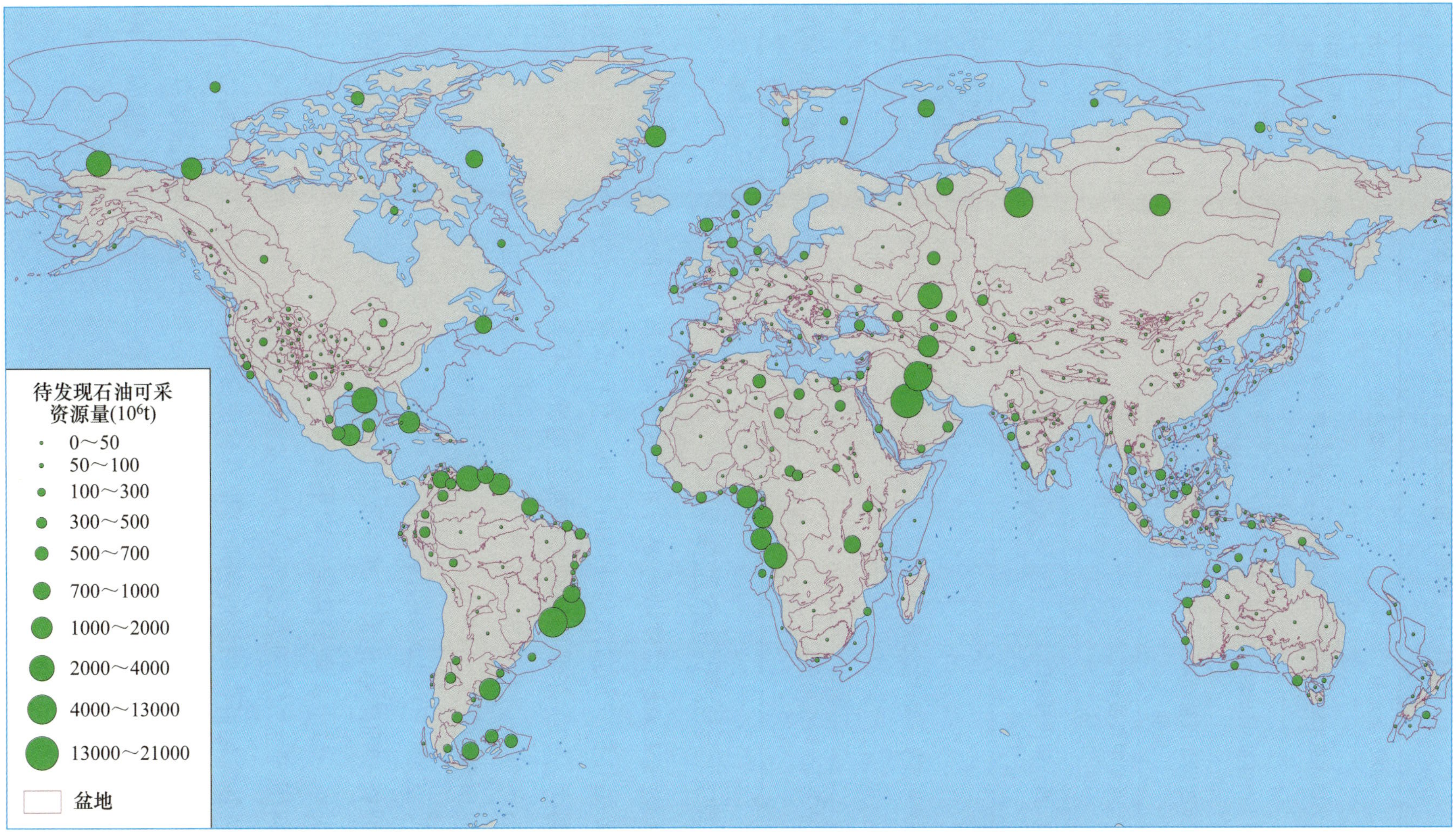

第十一章 未来重点勘探领域与合作方向

图 11-1 全球常规石油待发现可采资源量盆地分布图（米勒圆柱投影）

表 11-1　常规石油未来重点领域与方向基本信息表

序号	领域/盆地群	主要盆地	有利成藏组合
1	北大西洋被动陆缘盆地群	斯科舍、大浅滩、塔尔法亚等盆地	侏罗系—白垩系断块构造与浊积砂体复合圈闭
2	中大西洋被动陆缘盆地群	美国墨西哥湾、苏瑞斯特、加勒比海周缘等盆地	白垩系裂谷层系构造、古近系—新近系岩性
3	南大西洋北段被动陆缘盆地群	福斯杜亚马孙、苏里南、圭亚那	白垩系—中新统斜坡扇、盆底扇
4	南大西洋中段被动陆缘盆地群	桑托斯、坎波斯、宽扎等盆地	盐上重力流、盐下碳酸盐岩、盐下砂岩等
5	南大西洋南段被动陆缘盆地群	科罗拉多、萨拉多等盆地	白垩系裂谷层系构造、岩性圈闭
6	俄罗斯前陆—裂谷盆地群	西西伯利亚	北部海域构造圈闭、南部陆上上侏罗统地层岩性圈闭
		蒂曼—伯朝拉	泥盆系地层构造圈闭等
		东西伯利亚	里菲系碳酸盐岩、文德系碎屑岩
7	扎格罗斯/阿拉伯前陆盆地群	扎格罗斯盆地、阿拉伯盆地	古生界、中生界、新生界背斜构造圈闭以及复杂逆冲构造等

二、常规天然气重点勘探领域

常规天然气未来勘探领域主要分布于 6 大盆地群：（1）扎格罗斯/阿拉伯前陆盆地群，主要是扎格罗斯盆地和阿拉伯盆地，有利成藏组合为古生界、中生界深层大型背斜构造圈闭。（2）东非海域被动陆缘盆地群，主要包括索马里、赞比西三角洲、坦桑尼亚滨海等盆地，有利成藏组合为三角洲型被动陆缘四大环状构造带、白垩系—古近系斜坡扇和盆底扇。（3）北大西洋被动陆缘盆地群，主要包括斯科舍、大浅滩、塔尔法亚等盆地，有利成藏组合为侏罗系—白垩系断块构造和浊积砂体复合圈闭。（4）中亚裂谷—前陆盆地群，其中滨里海、楚河—萨雷苏、锡尔河盆地的有利成藏组合为古生界（盐下）碳酸盐岩；南里海盆地海域有利成藏组合为古近系—新近系构造圈闭；阿姆河盆地有利成藏组合为侏罗系盐下生物礁和砂岩岩性圈闭。（5）俄罗斯前陆—裂谷盆地群，西西伯利亚盆地有利成藏组合为北部海域大型构造圈闭；东西伯利亚盆地里菲系碳酸盐岩和文德系碎屑岩。（6）北极被动陆缘盆地群，主要包括喀拉海和巴伦支海等盆地，有利成藏组合为侏罗系—白垩系断块构造圈闭（图 11-2、表 11-2）。

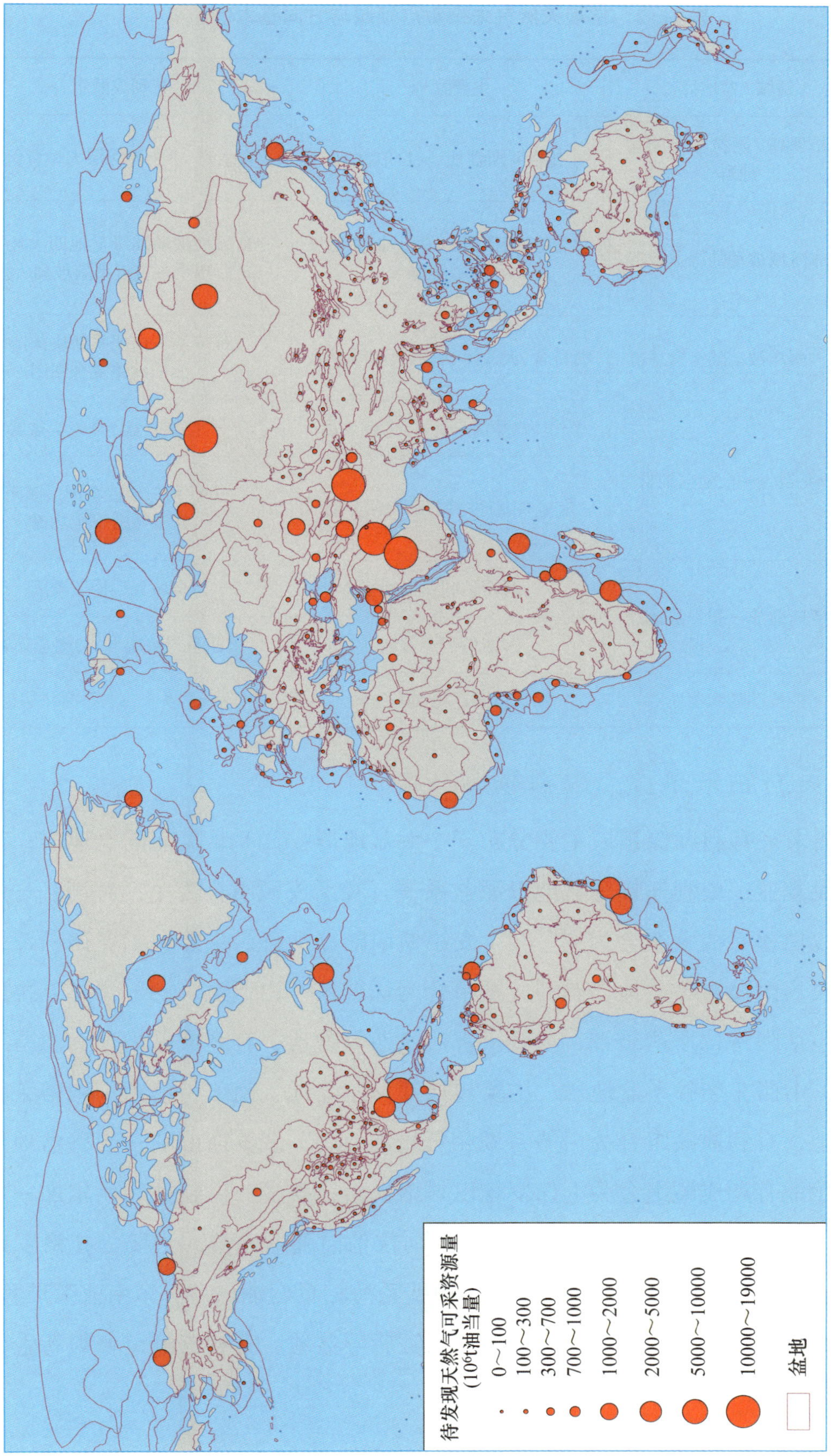

图 11-2 全球常规天然气待发现可采资源量盆地分布图（米勒圆柱投影）

表 11-2 常规天然气未来重点领域与方向基本信息表

序号	领域/盆地群	主要盆地	有利成藏组合
1	扎格罗斯/阿拉伯前陆盆地群	扎格罗斯盆地、阿拉伯盆地	古生界、中生界深层大型背斜构造
2	东非海域被动陆缘盆地群	索马里、赞比西三角洲、坦桑尼亚滨海盆地	三角洲型被动陆缘盆地四大环状构造带、白垩系—古近系斜坡扇/盆底扇
3	北大西洋被动陆缘盆地群	斯科舍、大浅滩、塔尔法亚等盆地	侏罗系—白垩系断块构造—浊积砂体复合圈闭
4	中亚裂谷—前陆盆地群	滨里海、楚河—萨雷苏、锡尔河	古生界（盐下）碳酸盐岩
		南里海盆地海域、阿姆河盆地	古近系—新近系构造圈闭、侏罗系盐下生物礁
5	俄罗斯前陆—裂谷盆地群	西西伯利亚盆地	海域大型构造圈闭
		东西伯利亚盆地	里菲系碳酸盐岩、文德系碎屑岩
6	北极被动陆缘盆地群	喀拉海和巴伦支海盆地	侏罗系—白垩系断块构造

三、页岩油未来重点勘探领域

页岩油未来有利勘探领域主要分布于 7 大盆地群：（1）北美前陆盆地群，其中二叠、阿巴拉契亚、威利斯顿等盆地以泥盆系—石炭系成藏组合为主；海湾、丹佛、粉河等盆地以白垩系成藏组合为主。（2）安第斯前陆盆地群，主要包括亚诺斯、普图马约、马拉农、内乌肯等盆地，有利成藏组合为侏罗系—白垩系。（3）北非克拉通盆地群，主要包括阿特拉斯褶皱带、三叠—古达米斯等盆地，有利成藏组合为志留系、泥盆系。（4）中西非裂谷系盆地群，主要包括邦戈尔盆地、南乍得盆地、穆格莱德、迈卢特等盆地，有利成藏组合为白垩系湖相页岩油。（5）俄罗斯前陆—裂谷盆地群，西西伯利亚盆地有利成藏组合为上侏罗统巴热诺夫组；蒂曼—伯朝拉和伏尔加—乌拉尔盆地为泥盆系多玛尼克组。（6）扎格罗斯/阿拉伯前陆盆地群，主要为扎格罗斯盆地和阿拉伯盆地，有利成藏组合为侏罗系、白垩系海相页岩油。（7）东南亚弧后盆地群，主要包括北苏门答腊、中苏门答腊、南苏门答腊等盆地，有利成藏组合为新生界湖相页岩油（图 11-3、表 11-3）。

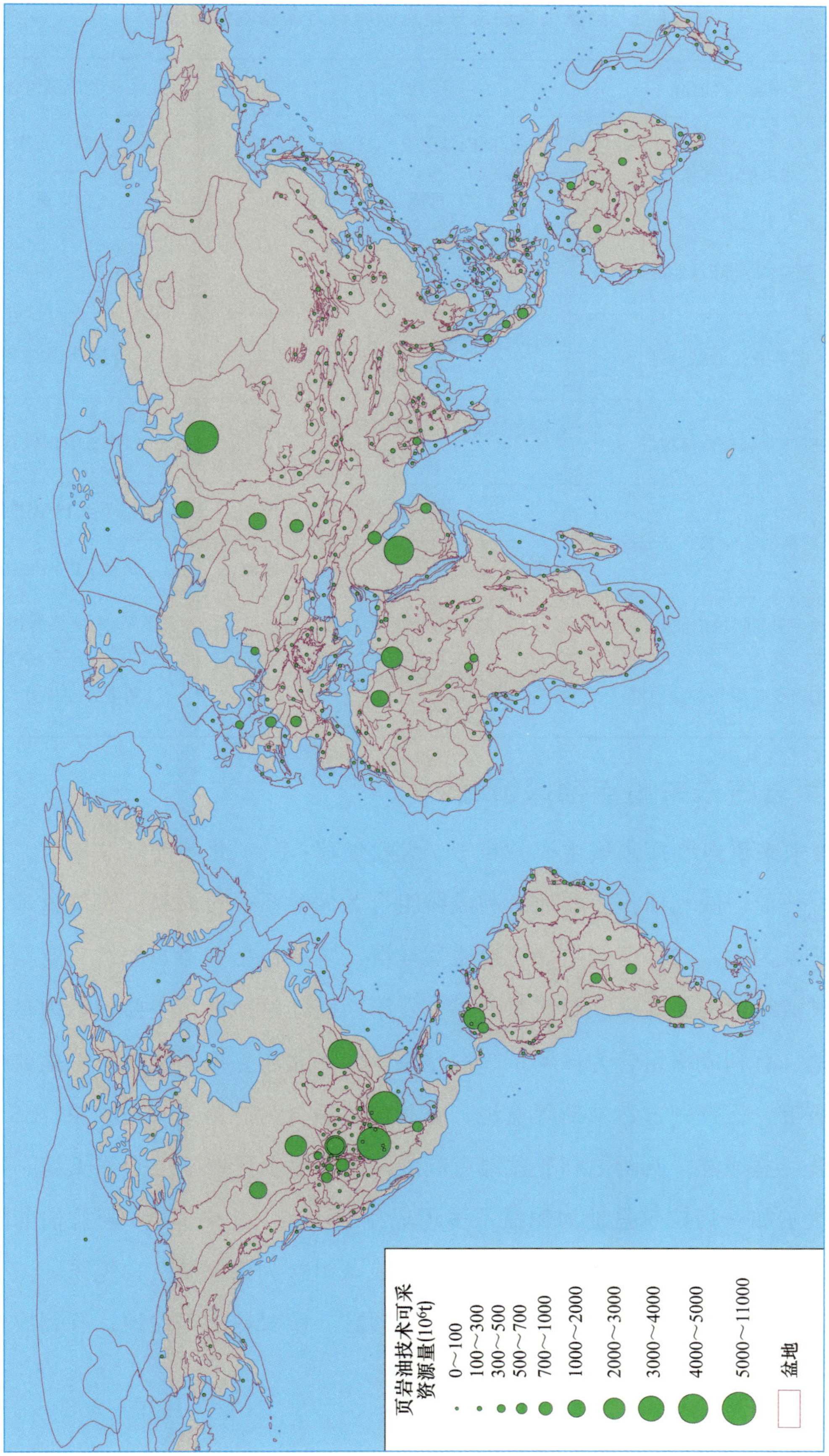

第十一章　未来重点勘探领域与合作方向

图 11-3　全球页岩油技术可采资源量盆地分布图（米勒圆柱投影）

表 11-3　全球页岩油未来重点领域与方向基本信息表

序号	领域/盆地群	主要盆地	有利成藏组合
1	北美前陆盆地群	二叠、阿巴拉契亚、威利斯顿等盆地	泥盆系—石炭系
		海湾、丹佛、粉河等盆地	白垩系
2	安第斯前陆盆地群	亚诺斯、普图马约、马拉农、内乌肯等盆地	侏罗系—白垩系
3	北非克拉通盆地群	阿特拉斯褶皱带、三叠—古达米斯等盆地	志留系、泥盆系
4	中西非裂谷系盆地群	邦戈尔、南乍得、穆格莱德、迈卢特等盆地	白垩系湖相页岩油
5	俄罗斯前陆—裂谷盆地群	西西伯利亚	上侏罗统巴热诺夫组
		蒂曼—伯朝拉、伏尔加—乌拉尔盆地	泥盆系多玛尼克组
6	扎格罗斯/阿拉伯前陆盆地	扎格罗斯盆地、阿拉伯盆地	侏罗系、白垩系海相页岩油
7	东南亚弧后裂谷盆地群	北苏门答腊、中苏门答腊、南苏门答腊	新生界湖相页岩油

四、页岩气未来重点勘探领域

页岩气未来重点勘探领域主要分布于 7 大盆地群：（1）北美前陆盆地群，其中二叠、阿巴拉契亚、威利斯顿等盆地有利成藏组合为泥盆系—石炭系，海湾盆地、粉河盆地以白垩系为主。（2）南美中部克拉通盆地群，主要包括查考、库约、亚马孙等盆地，有利成藏组合为泥盆系—石炭系。（3）安第斯前陆盆地群，主要包括内乌肯、麦哲伦等盆地，有利成藏组合为侏罗系—白垩系。（4）北非克拉通盆地群，主要包括阿特拉斯褶皱带、三叠—古达米斯等盆地，有利成藏组合为志留系和泥盆系。（5）俄罗斯前陆—裂谷盆地群，西西伯利亚盆地有利成藏组合为上侏罗统巴热诺夫组；蒂曼—伯朝拉和伏尔加—乌拉尔盆地为泥盆系多玛尼克组。（6）扎格罗斯/阿拉伯前陆盆地群，主要包括扎格罗斯、阿拉伯等盆地，有利成藏组合为侏罗系、白垩系。（7）澳大利亚中部克拉通盆地群，主要包括坎宁、麦克阿瑟、埃罗曼加等盆地，有利成藏组合为泥盆系—石炭系（图 11-4、表 11-4）。

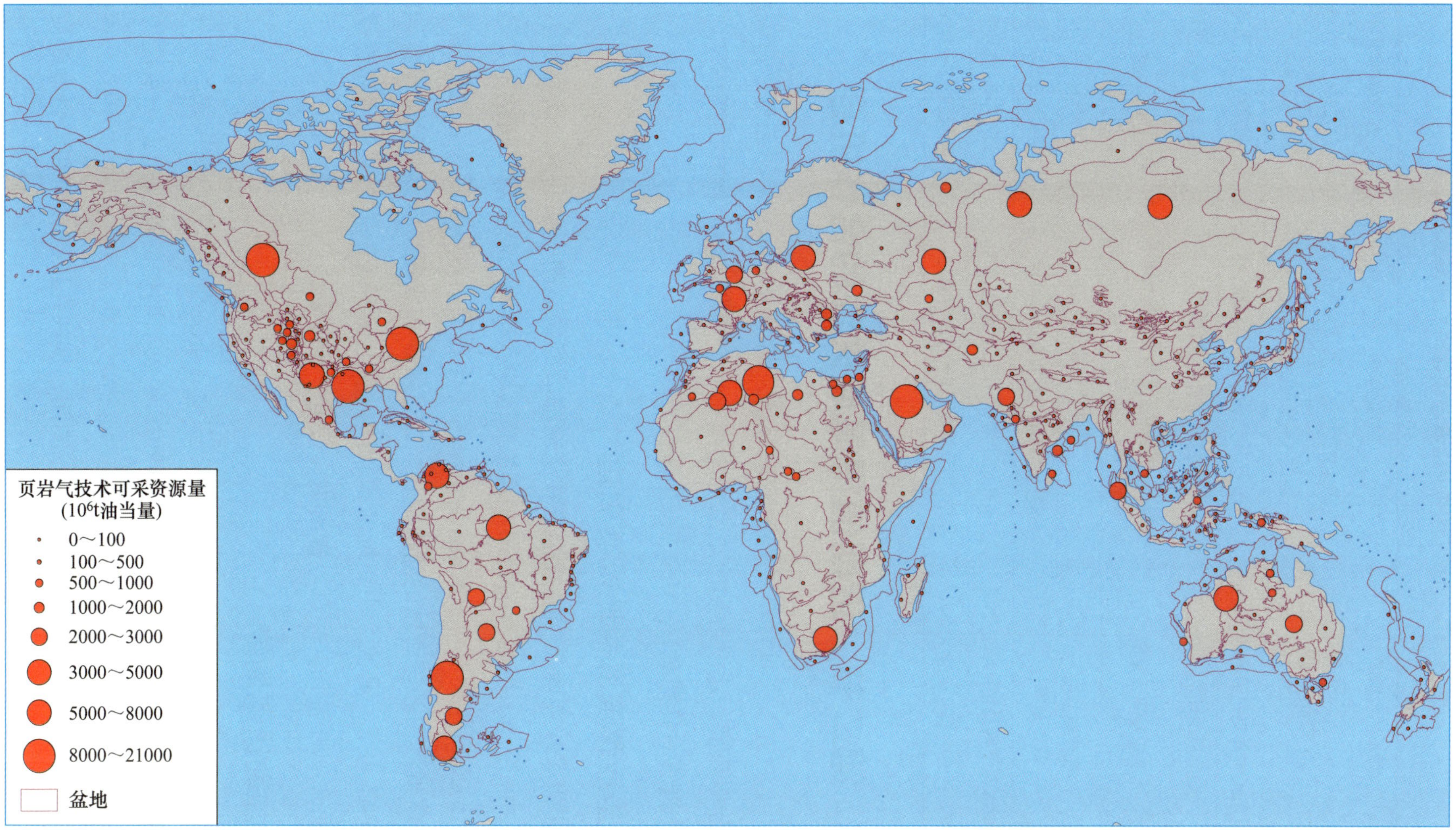

第十一章 未来重点勘探领域与合作方向

图 11-4 全球页岩气技术可采资源量盆地分布图（米勒圆柱投影）

表 11-4 全球页岩气未来重点领域与方向基本信息表

序号	领域/盆地群	主要盆地	有利成藏组合
1	北美前陆盆地群	二叠、阿巴拉契亚、威利斯顿等盆地	泥盆系—石炭系
		海湾、丹佛、粉河等盆地	白垩系
2	南美中部克拉通盆地群	查考、库约、亚马孙等盆地	泥盆系—石炭系
3	安第斯前陆盆地群	内乌肯、麦哲伦等盆地	侏罗系—白垩系
4	北非克拉通盆地群	阿特拉斯褶皱带、三叠—古达米斯等盆地	志留系、泥盆系
5	俄罗斯前陆—裂谷盆地群	西西伯利亚	上侏罗统巴热诺夫组
		蒂曼—伯朝拉、伏尔加—乌拉尔	泥盆系多玛尼克组
6	扎格罗斯/阿拉伯前陆盆地群	扎格罗斯、阿拉伯等盆地	侏罗系、白垩系
7	澳大利亚中部克拉通盆地群	坎宁、麦克阿瑟、埃罗曼加等盆地	泥盆系—石炭系

第二节 近期值得重点关注的合作机会

基于"十三五"全球油气勘探新发现分析，结合全球油气地质条件、待发现资源潜力以及合作环境，建议近期应重点关注圭亚那、加勒比海、南大西洋两岸、南非海域和东地中海等合作机会。

一、圭亚那滨海盆地及其周边

2015 年以来埃克森美孚持续推进在圭亚那滨海盆地的石油勘探，新发现了 Liza 等 18 个油田，并带动了塔洛石油公司在其相邻区块获得两个新发现、道达尔在苏里南海域 58 区块于 2020 年初取得了 Maka Central 等多个重要石油新发现（含凝析油及少量天然气），这将继续引领该海域的储量增长。该区域证实成藏组合以被动陆缘盆地的上白垩统浊积砂体为主，其次为中新统浊积砂体，而上侏罗统—下白垩统生物礁成藏组合虽然只发现 Ranger 油田，但其勘探潜力有待进一步探索。

二、加勒比海周缘

从 2019 年开始，加勒比海周缘的巴巴多斯、圣文森特、古巴等国家纷纷开展海域勘探区块招标，必和必拓公司将继续在 2019 年成功勘探的基础上进一步评价特立尼达—多巴哥超深水领域上新统浊积砂体的勘探潜力。MCG 和 CGG 等多用户公司的地震资料揭示加勒比海周缘发育多种类型远景圈闭，例如在巴巴多斯和多哥盆地发育大型

背斜构造和中新统水道异常体反射特征。总体而言，该领域勘探程度整体较低，构造复杂，不同盆地间成藏条件差异大，油气成藏规律认识不清。随着多用户资料的陆续采集和认识的不断深入，未来该区也是非常重要的勘探新领域。

三、南大西洋两岸盐下

随着 2018—2019 年巴西盐下第四、五、六轮产品分成合同勘探区块招标的落幕，中标者将按照合同规定要求，陆续开展桑托斯盆地盐下钻探活动。其中，埃克森美孚在其第四轮成功中标的 Uirapuru 区块进行钻探，该井于盐下目的层获得石油发现，命名为 Araucaria 油田。其他公司也在积极开展所获区块的钻前评价，并将直接影响巴西盐下第七轮、第八轮产品分成合同勘探区块招标的竞争态势。此外，道达尔将再次刷新海域深水钻井记录，其计划针对安哥拉 48 区块的盐下碳酸盐岩目的层进行风险钻探，水深可达 3628m。因此南大西洋两岸盐下成藏组合仍是近期需要重点关注的合作机会。

四、南非海域

道达尔在南非海域奥特尼瓜盆地陆续获得 2 个大型凝析气田发现，证实了白垩系重力流砂岩成藏组合的勘探潜力，进一步提振了南非、纳米比亚海域、莫桑比克南部以及与之共轭的阿根廷海域的勘探信心，有望成为未来一段时期的勘探热点。目前，壳牌、塔洛和 Serica 等众多油公司已经完成了在纳米比亚海域勘探资产的布局，识别出 50 多个待钻圈闭，包括礁体、浊积砂体在内的多种类型成藏组合。未来开启的莫桑比克海域新一轮招标和阿根廷海域第二轮勘探区块招标，也将吸引更多的油公司积极参与。

五、东地中海海域

埃克森美孚在塞浦路斯发现的 Glaucus 气田证实，东地中海普遍存在类似埃及 Zohr 巨型天然气田的白垩系—中新统大型生物礁成藏组合。道达尔和埃尼公司计划 2021 年将钻探黎凡特盆地向北部延伸到黎巴嫩的 9 区块，力争证实是否发育与以色列 Tamar 气田类似的中新统浊积砂体、是否存在热成因油气系统、是否可能发现石油等关键问题。该结果也将直接影响黎巴嫩海域第二轮区块招标形势。道达尔和埃尼公司将联合作业钻探埃拉托色尼海山大型构造圈闭，值得重点关注。整个东地中海白垩系以下深层热成因油气系统也是下步需要积极探索的方向。

六、西北非海域

自2015年以来，塞内加尔海域先后发现了SNE和Fan两种类型的成藏组合后，Kosmos、BP、Total等多个油公司快速跟进，拿下了周边几乎所有的勘探区块，并通过钻井证实了西北非海域发育的碳酸盐岩台地背景下的水道复合体和盆底扇两类重要的成藏组合。这种类型的盆地南起利比里亚北部海域，向北可延伸到摩洛哥海域，可以预见整个西北非海域和与之共轭的美国东部海域多个盆地将是下一步继续寻找该类成藏组合的重点领域。目前BP公司已布局该领域，计划建设成为新的LNG供应基地，未来该领域仍有众多合作机会值得关注。

七、东非索马里海域

索马里海域沉积盆地面积$58 \times 10^4 km^2$。截至2020年底已发现14个油气田，11个位于陆上，3个位于海域浅水区，200m以深的海域尚未钻探，勘探程度极低。分析TGS公司采集的二维多用户地震资料并与陆上欧加登盆地已证实成藏组合类比，认为索马里海域发育侏罗系生物礁、白垩系断块和滚动背斜等多种成藏组合，具有纵向潜力层系多、横向有利目标叠合连片的特点。索马里政局逐渐稳定，政府修改了石油合同以吸引投资，并计划推出招标区块，壳牌、埃克森美孚等西方公司已就初步勘探路线图达成协议，将与政府集中讨论勘探和开发近海油气资源等相关事宜。

八、扎格罗斯盆地深层

扎格罗斯盆地由于强烈的构造挤压，发育大型长条形北西—南东向构造背斜圈闭，垂向上多个逆冲推覆构造叠置。早期油气勘探主要针对浅层的侏罗系—新近系目的层。山地和高陡地层地震采集处理及复杂构造建模等技术的进步，使得该盆地三叠系及以下深部地层的复杂逆冲构造成像更加准确，新的地震资料揭示深层发育大量远景圈闭，以天然气为主。随着伊朗等国对天然气清洁能源的日益重视，盆地深层天然气的勘探潜力将逐渐得到释放。

九、俄罗斯北极地区

由于极寒地理条件和极地工程技术的限制，俄罗斯北极地区的油气勘探程度非常低。2014年以来，西西伯利亚盆地北极圈内的南喀拉海海域陆续获得重大天然气勘探新发现，主要成藏组合与盆地陆上一致，但由于烃源岩埋深较大，热演化程度较高，油气类型以天然气为主。地震资料显示南喀拉海海域还存在大量未钻圈闭，勘探潜力巨大。亚马尔、北极LNG-2等项目的成功运作，使得"冰上丝绸之路"的设想成为现

实，未来该领域的油气勘探进程必将进一步提速。

十、东非裂谷系

东非陆上裂谷系为中新世开始形成的系列陆内裂谷盆地，发育东、西两支。其中，西支从北向南主要发育阿尔伯特、坦葛尼喀和马拉维等六个裂谷，总面积超过 $11\times10^4{\rm km}^2$，跨乌干达、刚果（金）、坦桑尼亚等国，向南延伸至莫桑比克境内；东支主要发育图尔卡纳、洛基查和马加迪等系列小型裂谷，总面积超过 $9\times10^4{\rm km}^2$，跨肯尼亚、埃塞俄比亚和坦桑尼亚三个国家。截至2020年底，仅在西支北段的阿尔伯特裂谷东侧（乌干达境内）和东支中段的洛基查盆地（肯尼亚境内）分别发现19个和10个油田，探明石油可采储量 $2.36\times10^8{\rm t}$ 和 $0.76\times10^8{\rm t}$，探井成功率均超过60%。随着外输管道协议逐渐明朗，已发现油田投入开发，未来该领域具有相似成藏条件的其他裂谷盆地合作机会值得重点关注。

参 考 文 献

边海光，田作基，吴义平，等．2014．中东地区已发现大油田储量增长特征及潜力［J］．石油勘探与开发，41（2）：244-247．

窦立荣，汪望泉，肖伟，等．2020．中国石油跨国油气勘探开发进展及建议［J］．石油科技论坛，39（2）：21-30．

窦立荣，王景春，王仁冲，等．2018．中非裂谷系前寒武系基岩油气成藏组合［J］．地学前缘，25（2）：15-23．

窦立荣，魏小东，王景春，等．2015．乍得Bongor盆地花岗质基岩潜山储层特征［J］．石油学报，36（8）：897-904，925．

窦立荣，肖坤叶，胡勇，等．2011．乍得Bongor盆地石油地质特征及成藏模式［J］．石油学报，32（3）：379-386．

窦立荣．2019．埃克森美孚公司大举进入巴西深水领域［J］．世界石油工业，26（3）：71-73．

贺正军，温志新，王兆明，等．2020．西西伯利亚大型裂谷盆地侏罗系—白垩系成藏组合与有利勘探领域［J］．海相油气地质，25（1）：70-78．

计智锋，穆龙新，万仑坤，等．2019．近10年全球油气勘探特点与未来发展趋势［J］．国际石油经济，27（3）：16-22．

贾承造，邹才能，李建忠，等．2012．中国致密油评价标准、主要类型、基本特征及资源前景［J］．石油学报，33（3）：343-350．

刘朝全，姜学峰．2021．2020年国内油气行业发展报告［R］．北京：石油工业出版社，10-11．

刘合年，史卜庆，薛良清，等．2020．中国石油海外"十三五"油气勘探重大成果与前景展望［J］．中国石油勘探，25（4）：1-10．

刘小兵，边海光，汪永华，等．2019．全球油气勘探特点与启示［J］．石油科技论坛，38（6）：43-47．

刘小兵，贺正军，计智锋，等．2018．全球油气勘探形势分析与发展建议［J］．石油科技论坛，37（6）：48-52．

刘小兵，温志新，贺正军，等．2019．中东扎格罗斯盆地：沿走向变化的构造及油气特征［J］．岩石学报，35（4）：1269-1278．

刘小兵，张光亚，温志新，等．2017．东地中海黎凡特盆地构造特征与油气勘探［J］．石油勘探与开发，44（4）：540-548．

穆龙新．2017．新形势下中国石油海外油气资源发展战略面临的挑战及对策［J］．国际石油经济，25（4）：7-10．

穆龙新，计智锋．2019．中国石油海外油气勘探理论和技术进展与发展方向［J］．石油勘探与开发，46（6）：1027-1036．

全国石油天然气标准化技术委员会．2014．致密砂岩气地质评价方法：GB/T 30501—2014［S］．北京：中华人民共和国国家质量监督检验检疫总局．

全国石油天然气标准化技术委员会. 2015. 页岩气地质评价方法：GB/T 31483—2015［S］. 北京：中华人民共和国国家质量监督检验检疫总局.

全国石油天然气标准化技术委员会. 2020. 页岩油地质评价方法：GB/T 38718-2020. 北京：国家市场监督管理总局、中国国家标准化管理委员会.

石油地质勘探专业标准化技术委员会. 2011. 致密砂岩气地质评价方法：SY/T 6832—2011［S］. 北京：国家能源局.

石油地质勘探专业标准化技术委员会. 2014. 油砂矿地质勘查与油砂油储量计算规范：SY/T 6998—2014［S］. 北京：国家能源局.

史卜庆, 王兆明, 万仑坤, 等. 2021. 2020 年全球油气勘探形势及 2021 年展望［J］. 国际石油经济, 29（3）：39-44.

童晓光, 窦立荣, 田作基. 2004. 中国油公司跨国油气勘探的若干战略［J］. 中国石油勘探, （1）：58-64.

童晓光, 关增淼. 2001. 世界石油勘探开发图集：亚洲太平洋地区分册［M］. 北京：石油工业出版社.

童晓光, 关增淼. 2002. 世界石油勘探开发图集：非洲地区分册［M］. 北京：石油工业出版社.

童晓光, 徐树宝. 2004. 世界石油勘探开发图集：独联体地区分册［M］. 北京：石油工业出版社.

童晓光, 张刚, 高永生. 2004. 世界石油勘探开发图集：中东地区分册［M］. 北京：石油工业出版社.

童晓光, 张光亚, 王兆明, 等. 2018. 全球油气资源潜力与分布［J］. 石油勘探与开发, 45（4）：727-736.

童晓光, 窦立荣, 田作基, 等. 2003. 21 世纪初中国跨国油气勘探开发战略研究［M］. 北京：石油工业出版社.

童晓光, 何登发. 2001. 油气勘探的原理和方法［M］. 北京：石油工业出版社.

童晓光, 李浩武, 肖坤叶, 等. 2009. 成藏组合快速分析技术在海外低勘探程度盆地的应用［J］. 石油学报, 30（3）：317-323.

童晓光, 张光亚, 王兆明, 等. 2014. 全球油气资源潜力与分布［J］. 地学前缘, 21（3）：1-9.

童晓光, 张光亚, 王兆明, 等. 2018. 全球油气资源潜力与分布［J］. 石油勘探与开发, 45（4）：727-736.

王红军, 马锋, 等. 2017. 全球非常规油气资源评价［M］. 北京：石油工业出版社.

王红军, 马锋, 童晓光, 等. 2016. 全球非常规油气资源评价［J］. 石油勘探与开发, 43（6）：850-862.

温志新, 吴亚东, 边海光, 等. 2018. 南大西洋两岸被动陆缘盆地结构差异与大油气田分布［J］. 地学前缘, 25（4）：132-141.

温志新, 徐洪, 王兆明, 等. 2016. 被动大陆边缘盆地分类及其油气分布规律［J］. 石油勘探与开发, 43（5）：678-688.

吴义平, 田作基, 童晓光, 等. 2014. 基于储量增长模型和概率分析的大油气田储量增长评价方法及

其在中东地区的应用［J］.石油学报，35（3）：469–479.

余功铭，徐建山，童晓光，陈明霜.2014.全球已知油气田储量增长研究［J］.地学前缘，21（3）：195–200.

张功成，屈红军，张凤廉，等.2019.全球深水油气重大新发现及启示［J］.石油学报，40（1）：1–34.

张功成，屈红军，赵冲，等.2017.全球深水油气勘探40年大发现及未来勘探前景［J］.天然气地球科学，28（10）：1447–1477.

张宁宁，王青，王建君，等.2018.近20年世界油气新发现特征与勘探趋势展望［J］.中国石油勘探，23（1）：44–53.

中国石油集团经济技术研究院.2020.2020年国内外油气行业发展报告［M］.北京：石油工业出版社.

中国石油天然气集团公司.2014.致密油地质评价方法：SY/T 6943—2013［S］.北京：国家能源局.

中华人民共和国国土资源部.2003.煤层气资源/储量规范：DZ/T 0216—2002［S］.北京：中华人民共和国国土资源部.

邹才能，翟光明，张光亚，等.2015.全球常规—非常规油气形成分布：资源潜力及趋势预测［J］.石油勘探与开发，42（1）：13–25.

Ahlbrandt T S, Charpentier R R, Klett T R, et al. 2005. Global Resource Estimates from Total Petroleum Systems［M］. American Association of Petroleum Geologists.

BP. BP Statistical Review of World Energy 2020［EB/OL］.［2020–9–28］.https：//www.bp.com/en/global/corporate/energy–economics/statistical–review–of–world–energy.html.

EIA. Review of emerging resources：US shale gas and shale oil plays［EB/OL］.［2016–06–09］.http：//wwweiagov/analysis/ studies/usshalegas/pdf/usshaleplayspdf.

EIA. Technically recoverable shale oil and shale gas resources［EB/OL］.［2021–04–07］.https：//www.eia.gov/analysis/studies/worldshalegas/.

IEA，World Energy Model，IEA，Paris https：//www.iea.org/reports/world–energy–model. 2020.

IHS Markit. IHS energy：EDIN［EB/OL］.（2019–01–01）［2021–04–31］.https：//ihsmarkit.com/index.html.

Klett T R, Gautier D L, Ahlbrandt T S, et al. 2005. An evaluation of the U.S. Geological Survey World Petroleum Assessment 2000［J］. AAPG Bulletin，89（8）：1033–1042.

Klett T R. 2005. United States Geological Survey's Reserve–Growth Models and Their Implementation［J］. Nonrenewable Resources，14（3）：249–264.

RIPED. 2017.全球油气勘探开发形势及油公司动态（勘探篇·2017年）［M］.北京：石油工业出版社.

RIPED. 2018.全球油气勘探开发形势及油公司动态（2018年）［M］.北京：石油工业出版社.

RIPED. 2019.全球油气勘探开发形势及油公司动态（2019年）［M］.北京：石油工业出版社.

RIPED. 2020.全球油气勘探开发形势及油公司动态（2020年）［M］.北京：石油工业出版社.

ROBERTSON. Tellus sedimentary basins of the world plays & petroleum systems: Tellus [DB/OL]. [2017-02-22]. http://www.cgg.com/en/What-We-Do/GeoConsulting/Robertson.

SPE. Guidelines for application of the petroleum resources management system [EB/OL]. [2016-05-23]. http://www.spe.org/industry/docs/PRMS_Guidelines_Nov2011.pdf.

Wood Mackenzie. UDT (Upstream Date Tools) [D/OL]. (2019-01-01) [2021-04-31]. https://udt.woodmac.com/dv/.

附　　录

单位换算

1mile（英里）=1.609km（千米）

1m（米）=3.281ft（英尺）=1.094yd（码）

1km^2（平方千米）=100ha（公顷）=247.1acre（英亩）=0.386mile^2（平方英里）

1×10^{12}ft^3（万亿立方英尺）=283.17×10^{8}m^3（亿立方米）

1m^3（立方米）=1000L（升）=35.315ft^3（立方英尺）=6.29bbl（桶）

1bbl（桶）=0.14t（吨）（原油，全球平均）

1×10^{12}ft^3/d（万亿立方英尺/天）=283.17×10^{8}m^3/d（亿立方米/天）=10.336×10^{12}m^3/a（万亿立方米/年）

1bbl/d（桶/天）=50t/a（吨/年）（原油，全球平均）

1t（吨）=7.3bbl（桶）（原油，全球平均）

1bbl 原油 = 5800ft^3 天然气（按平均热值计算）

1bbl 原油 = 5.8×10^{6}Btu（英热单位）

1D（达西）= 1000mD（毫达西）=1μm^2（平方微米）

1cm^2（平方厘米）= 9.81×10^{7}D

1ft^3/bbl（立方英尺/桶）=0.2067m^3/t（立方米/吨）（气油比）

1°F/100ft = 1.8℃/100m（地温梯度）

1t（吨）=1000kg（千克）=2205 lb（磅）=1.102sh.ton（短吨）=0.984long ton（长吨）

API 度 = 141.5/相对密度 − 131.5（相对密度取 15.5℃时的值）

免责声明

本报告所载资料的来源及观点的出处皆被认为可靠，但中国石油勘探开发研究院不对其准确性或完整性做出任何保证。报告内容仅供参考，报告中的信息或所表达观点不构成所涉证券买卖的出价或询价或者其他投资的决策依据。中国石油勘探开发研究院不对因使用本报告的内容而引致的损失承担任何责任，除非法律法规另有明确规定。

读者不应以本报告取代其独立判断或仅根据本报告做出决策。中国石油勘探开发研究院可发出其他与本报告所载信息不一致及有不同结论的报告。本报告反映研究人员的不同观点、见解及分析方法，并不代表中国石油勘探开发研究院的立场。

报告所载资料、意见及推测仅反映研究人员于发出本报告当日的判断，可随时更改且不予通告。未经中国石油勘探开发研究院事先书面许可，任何机构或个人不得以任何形式翻版、复制、刊登、转载或者引用，否则由此造成的一切不良后果及法律责任由私自翻版、复制、刊登、转载或者引用者承担。